中等职业教育精品教材

计算机信息技术

主　编　陈　飞　胡静丽　邓　斌
副主编　王俊亭　张国华　王建军　岳乡城
林德顺　罗永明　陈俊运　段希顺
邬　琴
编　委　陈青霞　周　凡　朱怀锋　黄远德
王世聪　梁显诚　鄂玉梅

中国人民大学出版社
·北京·

图书在版编目（CIP）数据

计算机信息技术 / 陈飞，胡静丽，邓斌主编．-- 北京：中国人民大学出版社，2023.8
中等职业教育精品教材
ISBN 978-7-300-32084-7

Ⅰ.①计… Ⅱ.①陈… ②胡… ③邓… Ⅲ.①电子计算机－中等专业学校－教材 Ⅳ.①TP3

中国国家版本馆 CIP 数据核字（2023）第 143494 号

中等职业教育精品教材
计算机信息技术
主　编　陈　飞　胡静丽　邓　斌
副主编　王俊亭　张国华　王建军　岳乡城　林德顺　罗永明　陈俊运　段希顺　邬　琴
编　委　陈青霞　周　凡　朱怀锋　黄远德　王世聪　梁显诚　鄂玉梅
Jisuanji Xinxi Jishu

出版发行	中国人民大学出版社		
社　　址	北京中关村大街 31 号	邮政编码	100080
电　　话	010－62511242（总编室）		010－62511770（质管部）
	010－82501766（邮购部）		010－62514148（门市部）
	010－62515195（发行公司）		010－62515275（盗版举报）
网　　址	http://www.crup.com.cn		
经　　销	新华书店		
印　　刷	北京密兴印刷有限公司		
开　　本	787 mm×1092 mm　1/16	版　　次	2023 年 8 月第 1 版
印　　张	14.75	印　　次	2023 年 8 月第 1 次印刷
字　　数	326 000	定　　价	45.80 元

前言

“信息技术”是为各种专业学生提供信息技术一般应用所必需的基础知识、能力和素质的课程。本教材根据教育部2020版《中等职业学校信息技术课程标准》及最新发布的教学大纲编写。教材紧紧围绕中等职业教育的培养目标，遵循职业教育教学规律，从满足新时期社会发展对高素质技能型人才的需要出发，由具有丰富教学经验的一线教师编写，在课程结构、教学内容、教学方法等方面进行了新的探索，对提高广大中等职业学校学生的思想素质、职业能力和技能水平有积极的推动作用。

本教材落实立德树人的根本任务，通过理论知识学习、基础技能训练和综合应用实践，培养中等职业学校学生符合时代要求的信息素养和适应职业发展需要的信息能力。课程通过多样化的教学形式，帮助学生认识信息技术对当今人类生产、生活的重要作用；理解信息技术、信息社会等概念和信息社会的特征与规范；掌握信息技术基础、网络应用基础、图文编辑、数据处理、Python程序设计入门、数字媒体技术应用、信息安全基础和人工智能等相关知识与技能。

本书具有以下特点：

1.“教材定位”：本教材适用于中等职业技术学校公共基础必修课程“信息技术”的教学，通过系列教学项目认识信息技术对当前生产、生活、学习的重要作用，理解信息技术的内涵与发展。

2.“内容组成”：本教材在教学内容上遵循《中等职业技术学校信息技术课程标准》的要求，包括信息技术基础、网络应用基础、图文编辑、数据处理、Python程序设计入门、数字媒体技术、信息安全基础、人工智能共八个项目内容。

3.“编写特点”：本教材强调实用性和可操作性，采用项目引领、任务驱动的编排方式，每个教学项目中包含若干个学习任务，每个学习任务都包含知识和技能操作，既有理论学习内容，又强调动手实践，体现了以学生为主体的教育理念。

4.“教学建议”：本教材的项目采用“知识储备”“任务实施”“任务技能拓展”等结构编排。教师在教学中引导学生观察、体验，再了解其原理，可以结合实际教学进度增加或删减学习任务。

本教材以培养技能型人才为目标，内容上追求理论讲解实用为原则，强调实际操作技能的培养，可作为各类中职院校的公共基础课程的教材。通过本课程的学习，能够使学生具备简单的信息处理能力、综合应用信息技术解决生产、生活和学习情境中的各种问题。在数字化学习与创新过程中培养独立思考和主动探究能力，不断强化认知、合作、创新能力，为职业能力的提升奠定基础。

本教材编写的过程中，参考了大量文献资料，在此向这些文献资料的作者深表谢意。由于编者水平有限，时间又比较仓促，书中难免有疏漏和不妥之处，恳请广大读者提出宝贵意见。

编者

2023 年 6 月

目 录

信息技术基础

项目概述

“工欲善其事，必先利其器”。计算机或移动终端作为信息领域的重要工具，获取、处理、表达和传播信息已成为必备的基本能力，因此有必要熟悉和掌握相关的基础知识。

项目目标

通过对本项目的学习，能让学生将对计算机软硬件系统、信息存储、信息管理有初步的了解。

职业素养

通过对本项目的学习，能够拓宽学生的视野，提升学生的实操技能，使学生感受到计算机技术巨大的应用价值，培养学生在未来的工作中解释复杂系统运行规律的能力，让学生能够在全球化环境里保持竞争意识，负责任地行使自己的职责，承担社会责任。

目前，我国仍存在多项关键核心技术依赖发达国家，面对核心技术被“卡脖子”的问题，需要同学们学习领会党的二十大提出的“坚持发扬斗争精神。增强全党全国各族人民的志气、骨气、底气，不信邪、不怕鬼、不怕压，知难而进、迎难而上，统筹发展和安全，全力战胜前进道路上各种困难和挑战，依靠顽强斗争打开事业发展新天地”的精神，更需要我们广大青年学生一起不畏艰难、努力学习、砥砺前行。

任务一 计算机硬件组装

任务引领

计算机作为学习、办公、娱乐的主要工具，对其进行简单地选购、配置、连接外围设备并应对常见故障等，已成为必备的技能。

任务目标

通过本任务的学习，掌握必要的硬件常识，熟悉简单的安装流程。

知识储备

1946 年，美国宾夕法尼亚大学研制成功了人类历史上第一台电子计算机 ENIAC，从此人类社会进入以数字计算机为代表的信息时代。计算机的发展分为电子管、晶体管、集成电路和超大规模集成电路四个阶段，但个人计算机的设计一直遵循着冯·诺依曼体系结构。

一、台式计算机的外部组成

台式计算机的外部组成如图 1-1-1 所示，主要包括主机、显示器、鼠标、键盘等。

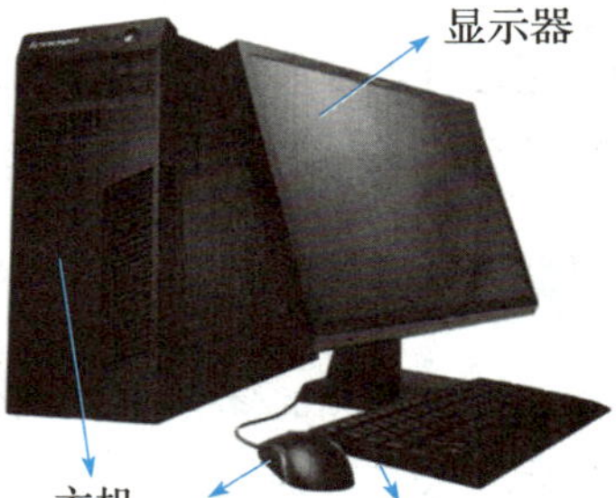

图 1-1-1 台式计算机的基本部件图

二、装机前的准备

在组装计算机前，先了解必要的装机知识并准备相应的装机工具，如螺丝刀、尖嘴钳、镊子、万用表等。在组装计算机时，要注意以下事项：

（1）防止静电。静电是一种处于静止状态的电荷，具有能量小、电压高的特点。操作时，为避免静电将集成电路内部击穿造成元器件损坏，可以在操作前洗一下手或用手触摸一下接地的导电体。

（2）防止液体进入配件。液体可能造成配件的电路短路而使配件损坏，因此不要把液体放在计算机边上，同时避免汗水滴落到配件上，也不要让手心的汗沾湿板卡。

（3）拿取配件时，要轻拿轻放，尤其是硬盘，将部件放在绝缘的地方，同时尽量不要碰配件的电路部分。

（4）装机时应确保电源已断开。

（5）不可粗暴拆装。安装配件时，要注意接口（缺口）位置，如果由于安装位置不到位或针脚插错而强行拧上螺丝或用力过大，则会造成配件针脚折断，板卡变形，导致配件无法正常工作，甚至损坏。

任务实施

组装计算机的操作步骤如下：

第 1 步：安装 CPU。安装 CPU 前先观察 CPU 的铭牌、针脚和主板上 CPU 插座，将主板平放在工作台上，将弯钩样的主板 CPU 卡鞘向外提到底，再将 CPU 卡架提到底，找到 CPU 缺角标记，将 CPU 缺角标记对应主板三角形缺口位置平放入 CPU，合上 CPU 卡架，扳下 CPU 卡鞘。CPU 的一角有一个缺口，安装时位置一定要对准，插入时要放平，避免弄歪针脚。安装时卡鞘要按紧，但也不要用力过大。

相关知识

CPU 是中央处理器（Central Processing Unit）（见图 1－1－2）的简称，包括运算器和控制器，是整个计算机系统的核心，控制系统指令的执行、算术与逻辑运算、数据的存储和传送等。CPU 的主频是其主要的性能指标，即 CPU 内核工作的时钟频率，单位是 GHz（吉赫兹），例如，酷睿 i7-7700K 主频为 4.2GHz。主频高通常意味着 CPU 处理速度快。

图 1－1－2　中央处理器

目前市场上流行的 Intel CPU 型号主要有酷睿（Core i3，Core i5，Core i7 等）、赛扬（Celeron）、奔腾（Pentium）等系列；AMD CPU 型号主要有速龙（Athlon）、羿龙（Phenom）、锐龙（Ryzen9、Ryzen7、Ryzen5）等系列，产品不断迭代更新。

第 2 步：安装 CPU 风扇。首先在 CPU 与风扇接触面均匀涂上硅脂，保证 CPU 与风扇无缝接触，提高散热效率；然后将风扇底座位置放好，再把风扇按正确方向与底座螺丝孔对齐放入位置，并用螺丝固定；最后连接 CPU 风扇的电源线。

第 3 步：安装内存条。安装内存条时先观察主板上的内存插槽，特别注意内存插槽中间防误插标记的位置，用双手大拇指将内存插槽两边的卡栓向外扳到底，将内存条的防误插标记与主板内存插槽的槽口对齐后，两手大拇指同时用力往下压。随着内存条的插入，当听到“咔”的一声，插槽两边卡栓自动弹起将内存条扣紧，表示内存条已安装好。

相关知识

内存（Memory）又称主存，是计算机的重要存储设备，在计算机通电运行时用于临时存储运行时的程序和数据，如图 1－1－3 所示。与外部存储器硬盘相比，它具有速度快、容量小、价格高、断电后内存中的数据会丢失等特点。计算机中所有程序的运行都是在内存中进行的，因此内存的性能对计算机的影响非常大。

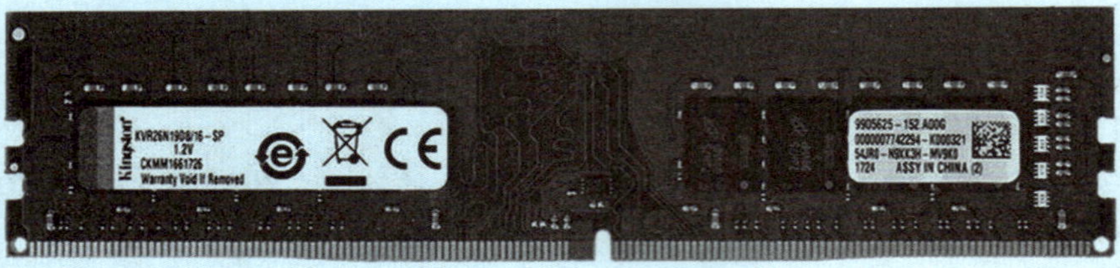

图 1-1-3　内存

内存的指标主要有以下三项：

(1) 类型：内存的发展经历了 DDR、DDR2、DDR3、DDR4 四种类型，目前主流是 DDR3 和 DDR4。不同主板支持的内存规格不一样，选择时要根据前面选择的 CPU 类型和主板情况来确定你所要选择的内存类型。

(2) 存储容量：内存的存储容量目前已达到单根 4GB、8GB、16GB 或更高，需根据实际需要选用。选购时尽量选用单条大容量内存，在同容量下单条内存在电气性能方面比同时使用两条要相对稳定得多，出错概率也小。

(3) 内存频率：指内存所能达到的最高工作频率，单位为 MHz（兆赫兹），通常内存频率越高代表速度越快，不同主板支持的内存主频不一样。

市面上常见的内存品牌有金士顿（KINGSTON）、现代（HYUNDAI）、威刚（VDATA）、三星（SAMSUNG）、金邦（GEIL）等。

第 4 步：安装主板。主板一般用 6～9 颗螺丝固定在机箱上，也有部分主板使用塑料扣子或铜螺帽固定。安装时应将主板平整地放入机箱内，注意主板上的定位孔与机箱底部的金属螺丝柱或塑料钉相对应，然后再拧紧螺丝，将主板牢牢地固定在机箱上。拆卸主板时要先将固定螺丝旋出，如果是塑料扣，要看准方向扳开，然后用双手手指卡住主板边缘从机箱中小心地取出，取出时切记不要碰到机箱边缘，以免损坏电路板；取出主板后，应将主板平放至指定位置。

相关知识

主板（Mainboard）又称母板，主板安装在机箱内，是微型计算机中基本的也是极其重要的部件之一，如图 1-1-4 所示。各种部件如 CPU、内存、显卡、硬盘等，都连接在主板上，并提供控制电路和数据传输通道，其性能会直接影响计算机整体性能及稳定性。市面上常见的主板品牌有华硕、技嘉、微星等。

图 1-1-4　主板

第 5 步：安装 SATA 硬盘。安装硬盘前先观察硬盘的 7 针 SATA 数据线接口和

15 针电源接口，观察其接口特点和安装位置。这两个接口都是扁平的 L 形插口，目的是防误插。安装时首先将硬盘装入硬盘架，然后将硬盘架固定到机箱中，最后将数据线与电源线分别插入硬盘各自相应的接口，将数据线的另一端插到主板标有“SATA1”或“SATA2”字样的 SATA 接口上。

相关知识

相对于内存，硬盘被称为外存，主要用于存储程序和数据。硬盘分为机械硬盘（HDD）和固态硬盘（SSD），如图 1－1－5 所示。HDD 采用磁性碟片来存储，SSD 采用固态电子存储芯片来存储。与 HDD 相比，SSD 具有体积小、重量轻、读取速度快、无噪声等优点，但价格比较高。它们的接口类型主要为 SATA，最高版本为 SATA3。目前固态硬盘发展迅速，在主板的支持下，新增了 M.2 等接口的固态硬盘，在不同的协议支持下，可以达到更快的传输速率。机械硬盘的传输速率约为 210MB/s，M.2 硬盘的传输速率可达到 3250MB/s。

图 1－1－5　硬盘

市面上机械硬盘常见的品牌有西部数据、希捷、东芝等。固态硬盘常见的品牌有金士顿、三星、西部数据等。目前主流硬盘容量已达到 1TB、2TB 甚至更高。

第 6 步：安装显卡。安装显卡前先观察显卡与主板的显卡插槽，将卡栓向外掰开，双手按住显卡上方垂直向下插入槽中，按紧后会听到“咔”的一声，卡栓自动归位，最后用螺丝将显卡固定好。

相关知识

显卡（Video adapter）也称为显示适配器，是主机与显示器之间的接口电路，承担输出显示图形的任务，如图 1－1－6 所示。显卡分为集成显卡和独立显卡两类。集成显卡是将显示芯片、显存及其相关电路集成在主板上，性能相对较低。独立显卡单独安装有显存，一般不占用系统内存，在技术上也比集成显卡先进得多，显示性能好。

图 1－1－6　显卡

目前独立显卡主要有两大图形芯片供应商：AMD 和 NVIDIA，前者的显卡被称为 A 卡，后者被称为 N 卡。常见的显卡品牌有影驰、七彩虹、华硕等。

第 7 步：安装机箱风扇。机箱风扇可以排出机箱内部热量，完成安装后，连接电源线至主板上。最后合上机箱侧板，完成主机内部的硬件安装。

第 8 步：连接外围设备。在主机箱背面各接口上分别连接显示器、键盘和鼠标，并插上电源，旋转至主机正面，打开电源开机。

虽然计算机配件的品牌与型号不尽相同，也可能会有多一些或少一些配件，但是基本安装过程是相似的。只要掌握了一般的安装步骤，就能顺利地进行计算机组装。

计算机组装过程如下：一要在主板上安装 CPU 及风扇。二要在主板上安装内存条。三要安装电源。四要配置机箱内部的挡板和卡钉位，把主板安装到机箱内。五要安装硬盘、光驱。六要安装显卡、声卡和网卡等板卡。七要连接机箱与主板间的线路，将电源线接到硬件供电接口上。八要插好键盘、鼠标、显示器等的连线。九要进行通电测试。十要安装机箱的侧面板。

任务技能拓展

目前电脑市场上台式机种类非常多，选购台式机之前首先要做的就是需求分析，明确购买计算机的用途。也就是说你购买计算机是为了做什么：工作？学习？还是娱乐？或者说你购买的计算机需要具备什么样的功能。其次，你还要明确自己的预算，打算投入多少费用购买这台计算机。只有明确了购买计算机的用途和愿意投入的费用这两点才能进入购机环节。

根据所学知识，结合查询计算机产品信息，综合对于普通办公室的需求，分析表 1－1－1 中哪种配置方案性价比更高。

表 1－1－1　计算机配置

配置一			配置二		
配置	品牌型号	数量	配置	品牌型号	数量
CPU	AMD Ryzen 7 2700X	1	CPU	Intel 酷睿 i3 9100F	1
主板	微星 B450 GAMING PRO CARBON AC	1	主板	华硕 PRIME H310M-K	1
内存	金士顿骇客神条 FURY 8 GB DDR4 2400	1	内存	威刚万紫千红 8 GB DDR4 2666	1
硬盘	希捷 Barracuda 1 TB 7200 rpm 64 MB 单碟	1	硬盘	希捷 Barracuda 2 TB 7200 rpm 256 MB	1
固态硬盘	金士顿 SKC300（120GB）	1	固态硬盘	金士顿 A400（240 GB）	1
显卡	EVGA GTX 750Ti 2GB SC	1	显卡	影驰 GeForce GTX1050Ti 大将	1
机箱	先马黑洞	1	机箱	爱国者 YOGO M2	1
电源	爱国者电竞 500	1	电源	长城 HOPE－6000DS	1
散热器	九州风神大霜塔	1	散热器	金河田三角龙	1
显示器	联想 ThinkVision S23d	1	显示器	AOC 24B1XH	1

任务二　操作系统安装

任务引领

随着信息化应用水平的不断提升，计算机已成为生活和工作的重要工具，在日益频繁的使用中，难免会碰到一些系统问题。

任务目标

通过本任务的学习，学生可以了解计算机系统的组成和常见的操作系统；掌握 Windows 10 操作系统的安装以及虚拟机的使用。

知识储备

计算机系统是由硬件系统和软件系统组成的，硬件系统已在前面介绍过，而软件系统包括系统软件和应用软件。操作系统是一种管理计算机硬件与软件资源的程序，是一种首要的、最基本的、最重要的系统软件，也是最庞大、最复杂的系统软件。操作系统的主要作用是管理和控制计算机软、硬件资源，合理组织计算机工作流程，为努力提高计算机的利用率，为用户提供良好的工作环境和友好的操作界面。常见的操作系统有 Windows、Unix、Mac OS、IOS、Android 和 Linux 等。

Windows 由微软公司研发，是一个多任务的操作系统，采用图形窗口界面，用户对计算机的各种复杂操作只需通过点击鼠标就可以实现，目前常用版本为 Windows 10。

Unix 是一个强大的多用户、多任务的操作系统，支持多种处理器架构，属于分时操作系统。

Mac OS 和 IOS 由苹果公司研发，其中 Mac OS 应用于苹果 Macintosh 系列计算机，IOS 则应用于 iPhone、iPad 等移动设备。Android 应用于手机等移动设备。

Linux 是开源操作系统，主要应用于服务器，是一个与 Unix 完全兼容的多用户、多任务的操作系统。

本实例是在虚拟机中练习安装 Windows 10 操作系统，因此在操作前需要先安装虚拟机软件 VMware Workstation，并下载 Windows 10 x64 系统 ISO 镜像文件。

任务实施

一、安装虚拟机

第 1 步：启动虚拟机软件。启动虚拟机软件 VMware Workstation，界面如图 1-2-1 所示。

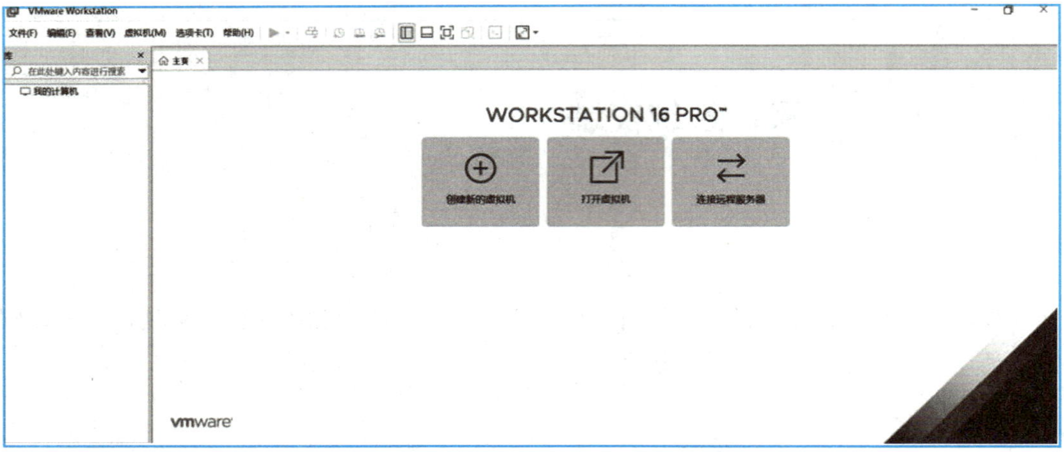

图 1－2－1　VMware Workstation 界面

第 2 步：创建新的虚拟机。单击“创建新的虚拟机”按钮，进入“新建虚拟机向导”，单击“下一步”按钮，建立“典型”配置的虚拟机，如图 1－2－2 所示。

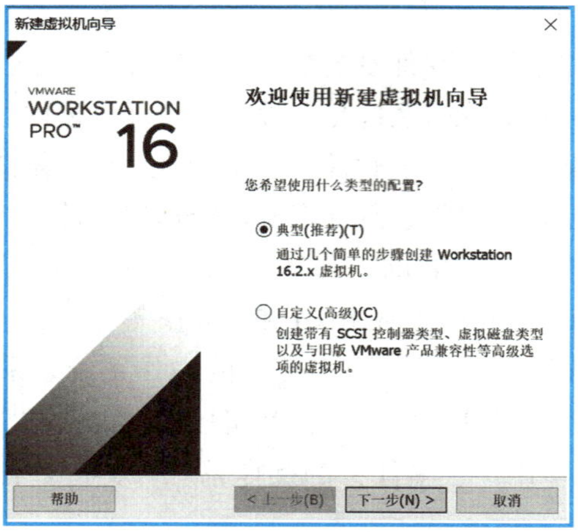

图 1－2－2　新建虚拟机向导界面

相关知识

虚拟机（Virtual Machine）是一款在传统基础物理计算机模拟出的一台虚拟计算机，用于真实电脑同等操作，包括重装系统、安装软件、构建网络等。

虚拟机，在计算机科学中的体系结构里，是指一种特殊的软件，它可以在计算机平台和终端用户之间创建一种环境，而终端用户则是在基于这个软件所创建的环境中操作软件。

VMware 可以使你在一台机器上同时运行两个或更多 Windows、DOS、Linux 系统。与“多启动”系统相比，VMware 采用了完全不同的概念。多启动系统在一个时刻只能运行一个系统，在系统切换时需要重新启动机器。VMware 是真正“同时”运行，多个操作系统在主系统的平台上，就像标准 Windows 应用程序那样切换。而且每个操作系统你都可以进行虚拟的分区、配置而不影响真实硬盘的数据，你甚至可以通过网卡将几台虚拟机用网卡连接为一个局域网，极其方便。安装在 VMware 操作系统的性能比直接安装在硬盘上的系统性能低不少，因此比较适合学习和测试。

第 3 步：设置安装来源。虚拟机支持使用物理机的光驱或使用操作系统镜像文件（.iso 格式）安装操作系统。如图 1-2-3 所示，本项目中选择“稍后安装操作系统(S)”，单击“下一步”按钮。

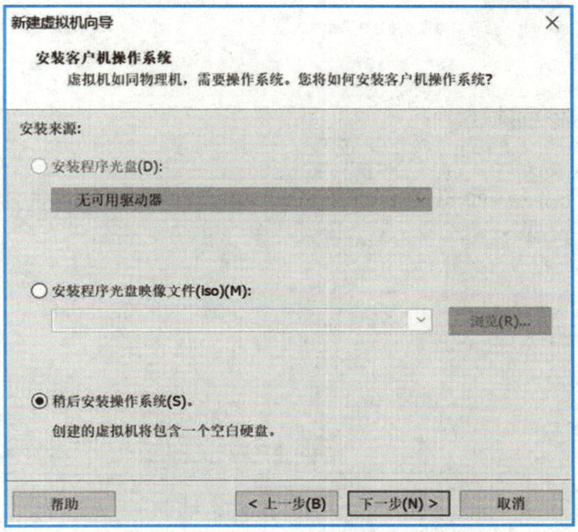

图 1-2-3 安装客户机操作系统

第 4 步：选择准备安装的操作系统。虚拟机可以安装 Windows、Linux、Apple、Mac OS X 等系统。如图 1-2-4 所示，本项目选择“Microsoft Windows（W）”，选择版本“Windows 10 x64”，单击“下一步”按钮。

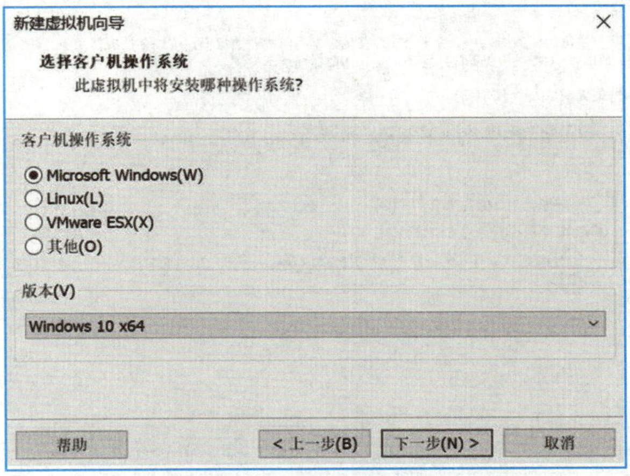

图 1-2-4 选择客户机操作系统

相关知识

“x64”表示64位的系统或软件，“x86”表示32位的系统或软件。32位操作系统最多只识别到4GB内存，64位操作系统则可识别4GB以上的内存。当前购买的计算机内存容量普遍较大，因此都预装64位操作系统。

第5步：命名虚拟机。如图1-2-5所示，可以自定义虚拟机的名称和安装位置（虚拟机是存储在硬盘中的一组文件）。选择默认设置，单击“下一步”按钮。

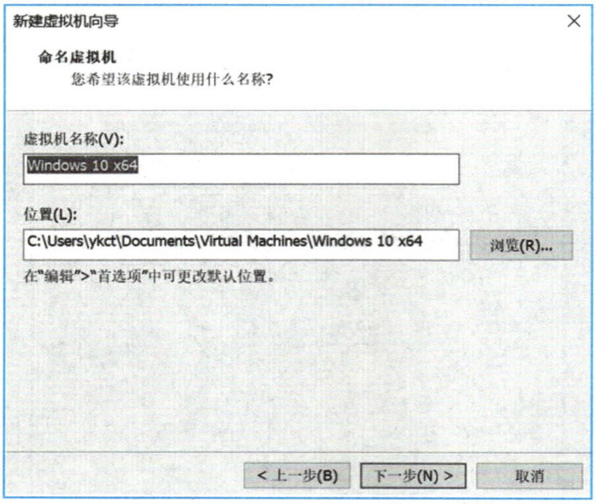

图1-2-5　命名虚拟机

第6步：指定磁盘容量。如图1-2-6所示，虚拟机的磁盘容量建议大小为60GB，可以选择虚拟机磁盘文件为单个文件或多个文件。采用默认设置，单击“下一步”按钮。

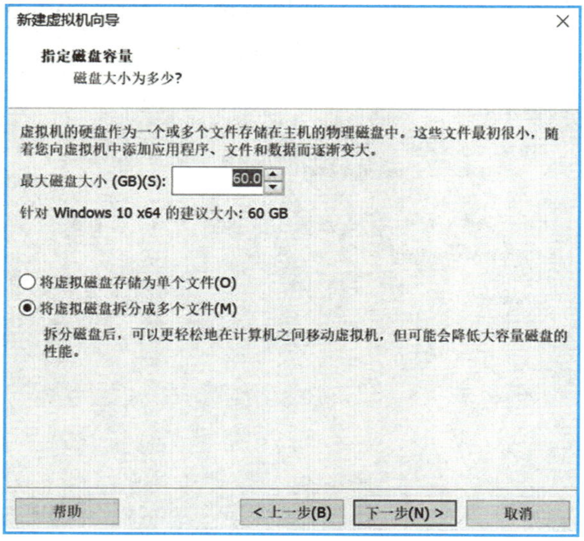

图1-2-6　指定虚拟机的磁盘容量

第 7 步：新建虚拟机。新建的虚拟机模拟了一个低配置的计算机，“硬件配置”如图 1－2－7 所示，具体配置为：2 核 CPU、2GB 内存、60GB 硬盘，带光驱、网卡、USB 接口等，新建的虚拟机处于“关机”状态，如图 1－2－8 所示。

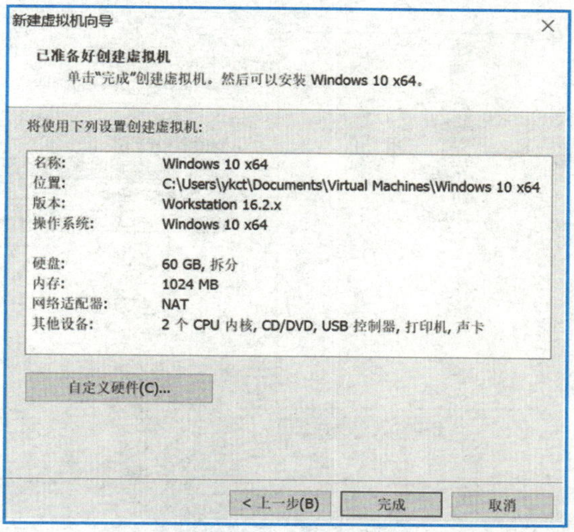

图 1－2－7　虚拟机硬件配置

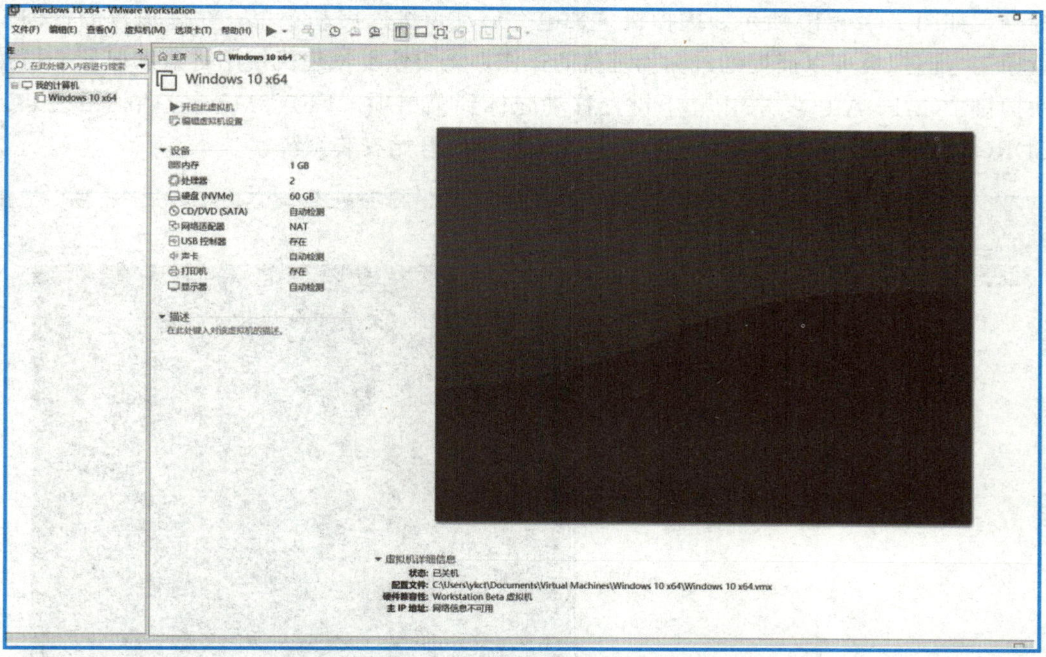

图 1－2－8　虚拟机 Windows 10 x64

二、虚拟机上安装 Windows 10 操作系统

第 1 步：虚拟机光驱加载 ISO 文件。打开“虚拟机设置”对话框，如图 1－2－9 所

示。单击“CD/DVD（SATA）”项，选择“使用ISO映像文件”，浏览选择D盘中预先下载的Windows 10 x64系统镜像文件。

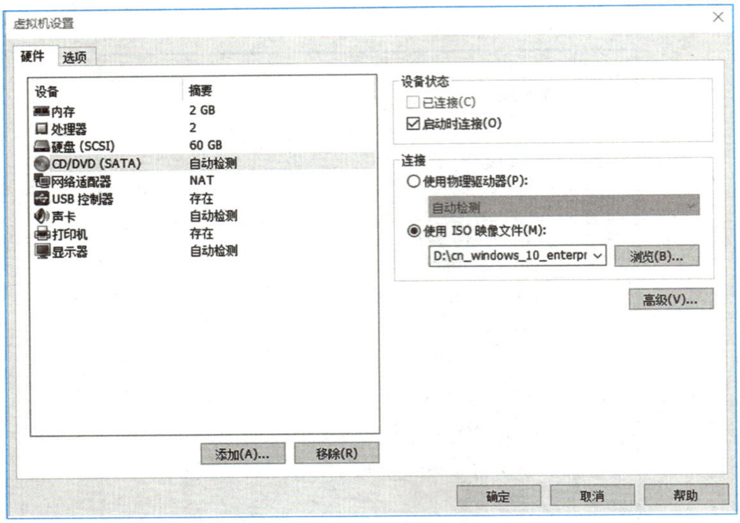

图 1-2-9　虚拟机设置

第2步：启动虚拟机。 单击菜单“虚拟机”→“电源”→“打开电源时进入固件”命令，如图1-2-10所示。虚拟机“加电”启动，进入启动菜单，在虚拟机的任何位置单击（虚拟机可以捕捉到鼠标和键盘的操作，若要恢复物理机使用键盘和鼠标，可按快捷键“Ctrl+Alt”），按上、下键，移动光标到菜单项“EFI VMware Virtual SATA CDROM Drive”，按回车键，虚拟机从光驱启动，开始安装系统。

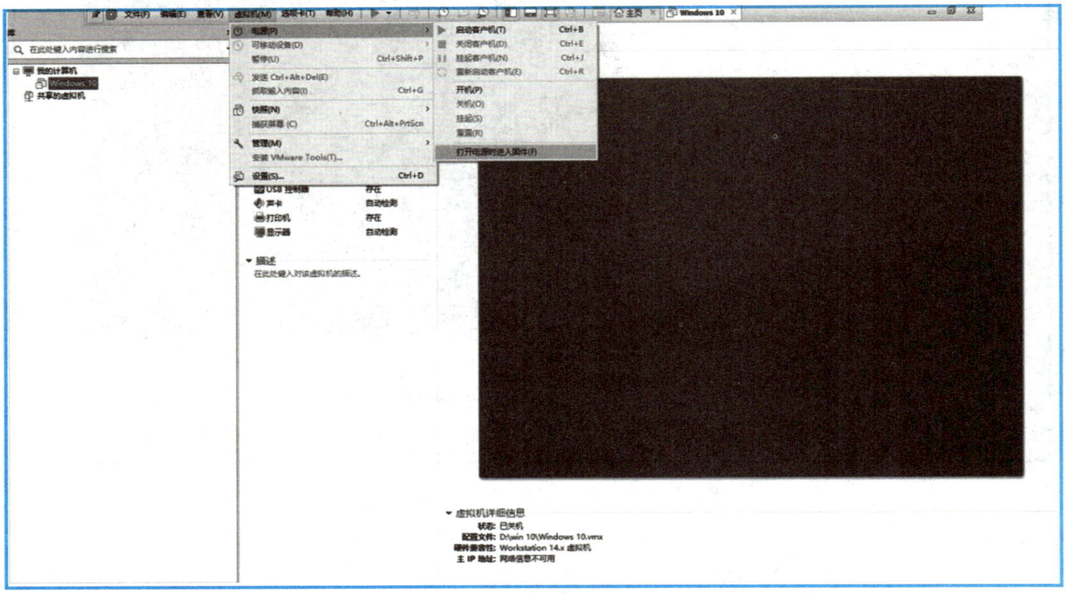

图 1-2-10　虚拟机打开电源时进入固件

第 3 步：安装操作系统

（1）虚拟机由“系统光盘”引导启动，进入 Windows 操作系统界面，选择安装语言和输入法等。根据图形界面的提示，单击“下一步”按钮，如图 1-2-11 所示。

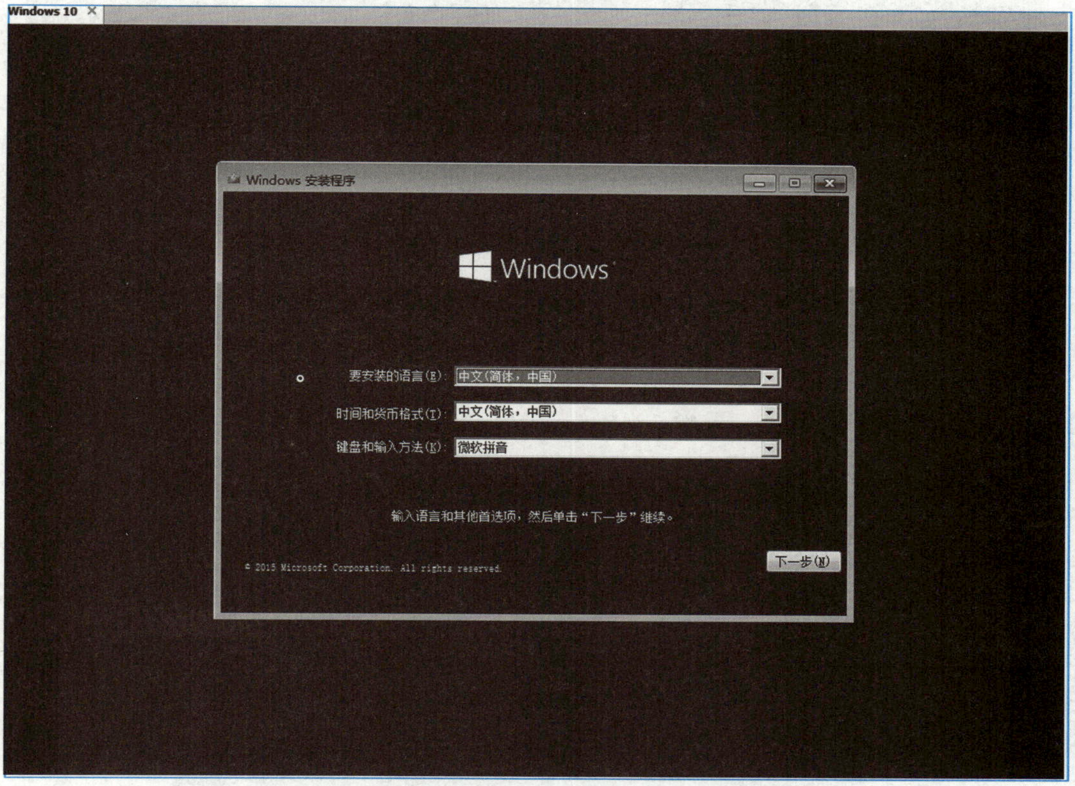

图 1-2-11 Windows 操作系统语言和输入法选择界面

（2）选择安装操作系统的版本。微软公司发行的 Windows 10 系统镜像文件包含多个版本（教育版、专业版、企业版等），选择“Windows 10 教育版”，单击“下一步”按钮。

（3）接受许可条款，单击“下一步”按钮。使用商业软件时，需购买有效许可，如图 1-2-12 所示。

（4）选择安装类型，如图 1-2-13 所示。系统可以从 Windows 7 进行升级，也可以全新安装。这里选择单击“自定义：仅安装 Windows（高级）”。

（5）选择系统安装位置。系统必须安装在经过分区和格式化的硬盘中。分区和格式化操作可以在安装系统前使用专业工具软件进行，也可以在安装系统过程中选择安装位置时进行。分区情况如图 1-2-14 所示，不仅创建了主分区，还创建了额外的恢复分区、系统分区和保留分区。操作系统必须安装在主分区，选中“主分区”，单击“下一步”按钮继续安装。

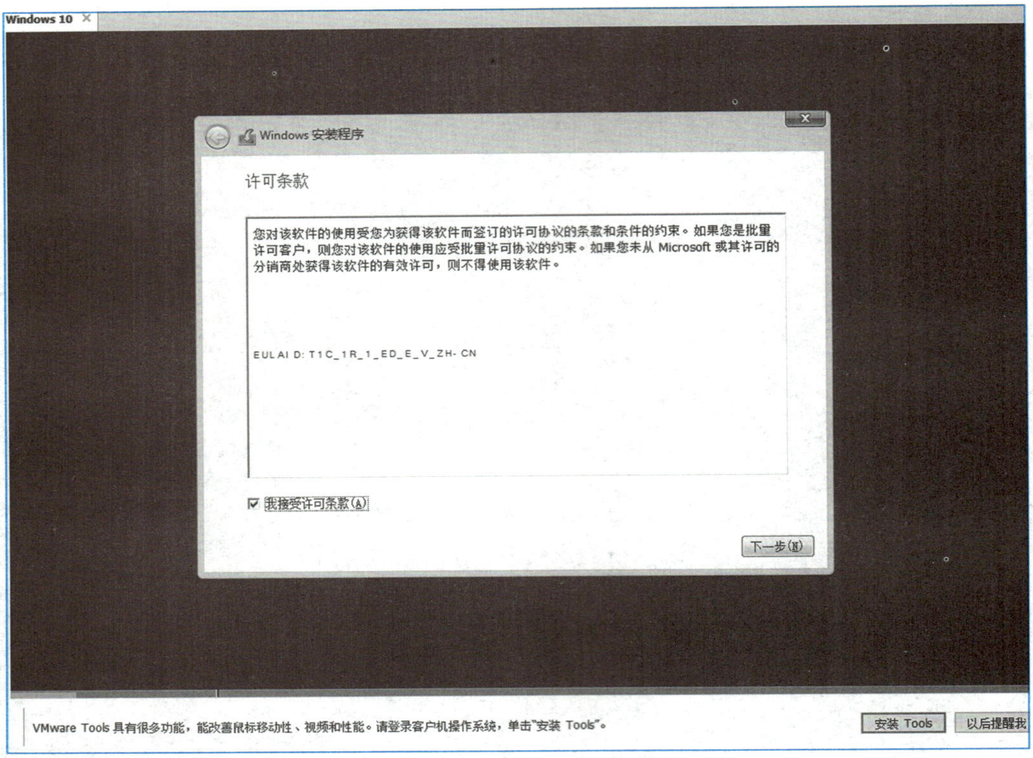

图 1-2-12　Windows 安装许可条款界面

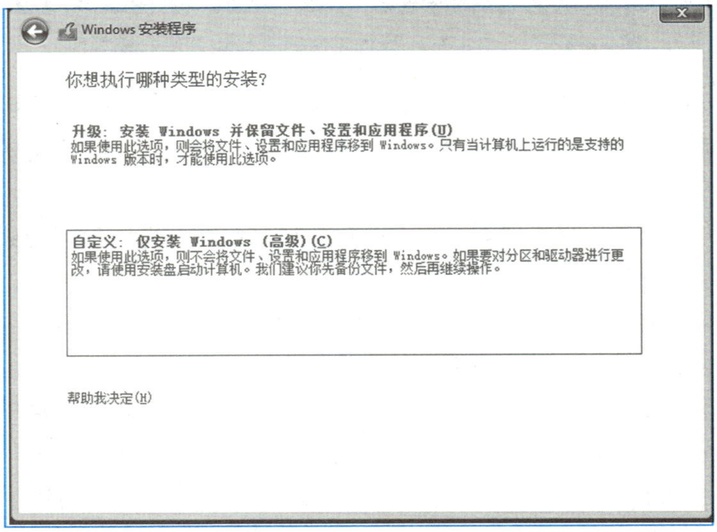

图 1-2-13　Windows 安装类型选择界面

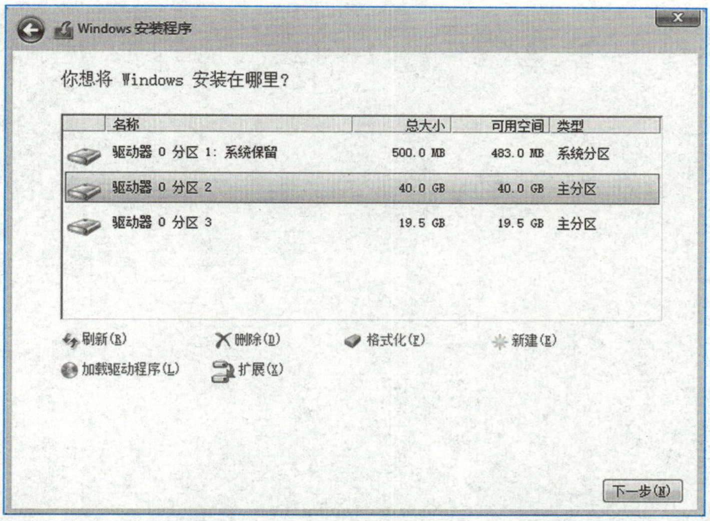

图 1-2-14　安装位置——主分区

(6) 安装系统文件，如图 1-2-15 所示。

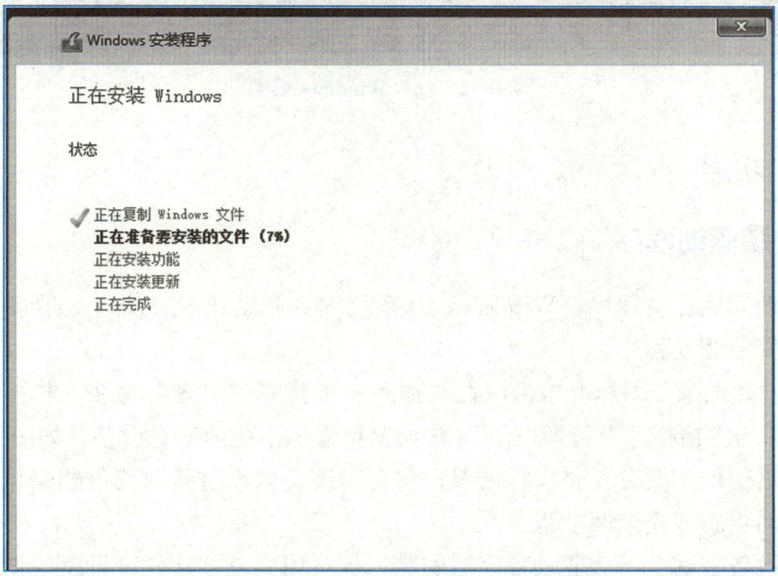

图 1-2-15　正在安装 Windows

(7) 虚拟机自动重启，继续安装系统，完成常规设置。

安装过程中需要进行一些常规设置，选择默认选项，单击“是”或“下一步”按钮即可。其中“基本”设置中可跳过“第二种键盘布局”；“账户”设置中，跳过“通过 Microsoft 登录”，选择“改为域加入”；根据实际情况设置用户名和密码。

(8) 设置完成后，继续安装系统，直至完成，出现 Windows 桌面即可正常使用，如图 1-2-16 所示。

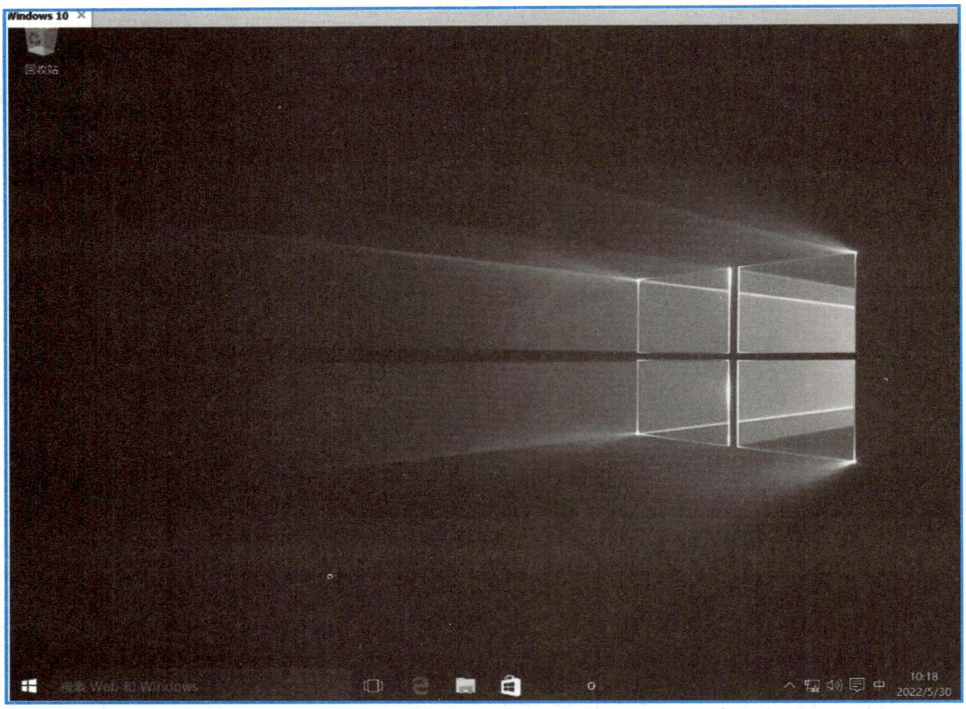

图 1-2-16　Windows 桌面

任务技能拓展

一、安装驱动程序

（1）手动安装驱动程序。Windows 10 系统内置驱动比较齐全，一般硬件设备均能识别并自动安装驱动程序。

在桌面“此电脑”图标上右击，在快捷菜单中选择“管理”命令，打开“计算机管理”窗口，单击左窗格“设备管理器”，中间窗格显示本机的所有设备，如图 1-2-17 所示。若设备驱动程序没有安装或有错误，将会在设备名称前显示黄色感叹号或问号，此时就需要手动更新或安装驱动程序。

（2）从设备官网上下载驱动程序后安装，也可用第三方软件进行设备识别和驱动程序的安装，如“驱动精灵”“驱动人生”“360 驱动大师”等。以“360 驱动大师”为例，操作步骤如下：

①安装“360 驱动大师”并运行。

②程序运行后，首先自动检测计算机上所有硬件设备的驱动程序，并与网络中的驱动程序库进行比较，如图 1-2-18 所示，列表显示未安装或需更新驱动程序的设备。

③逐个单击设备右边的“升级”或“安装”按钮，软件会备份现有驱动程序，然后自动下载驱动程序并进行安装。部分驱动程序安装后，需要重启计算机。

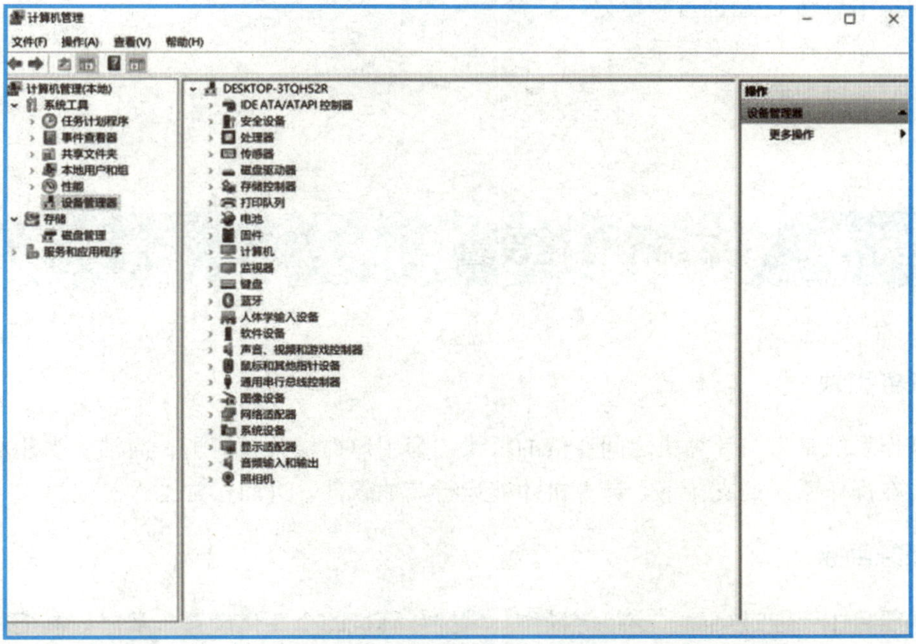

图 1－2－17 设备管理器界面

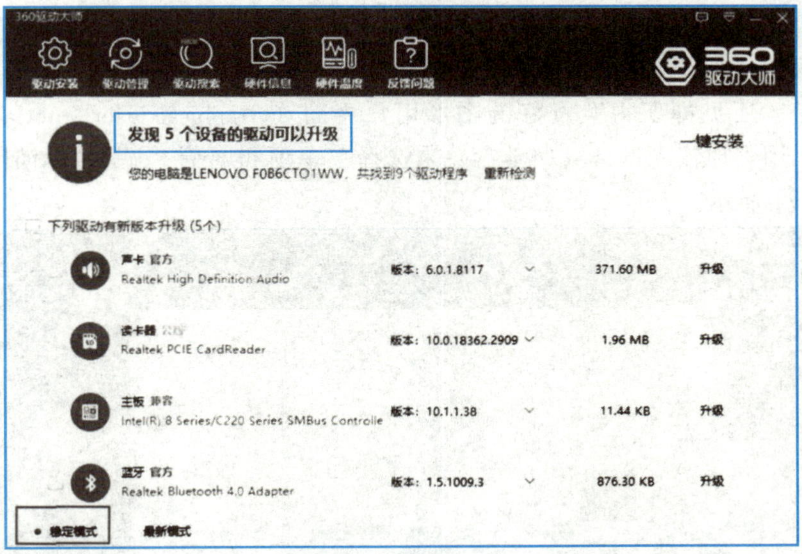

图 1－2－18 检测驱动程序

二、使用 U 盘维护计算机

使用 U 盘可以便捷地完成系统重装、备份与恢复。一般需要掌握以下技能。

（1）制作启动 U 盘。

（2）制作系统 U 盘。

（3）用启动 U 盘进行硬盘分区。

（4）用系统 U 盘安装系统。

（5）备份和恢复系统。

任务三　系统个性化设置

任务引领

操作系统是人与计算机之间通信的桥梁，为用户提供一个清晰、简洁、易用的工作界面，在操作系统的支持下，计算机才能运行其他软件，进而正常工作。

任务目标

本项目主要通过桌面、窗口等操作，掌握计算机的个性化设置，掌握控制面板的设置，以及磁盘清理和磁盘碎片整理，学会管理计算机。

知识储备

最初的计算机系统使用的是命令行界面，每执行一个操作都要敲入相应的指令，而如今都是“所见即所得”友好的图形用户界面（Graphical User Interface，GUI）。只要单击或用其他输入设备（如键盘）来选择菜单项和屏幕上显示的图形对象即可。如图 1－3－1 所示。

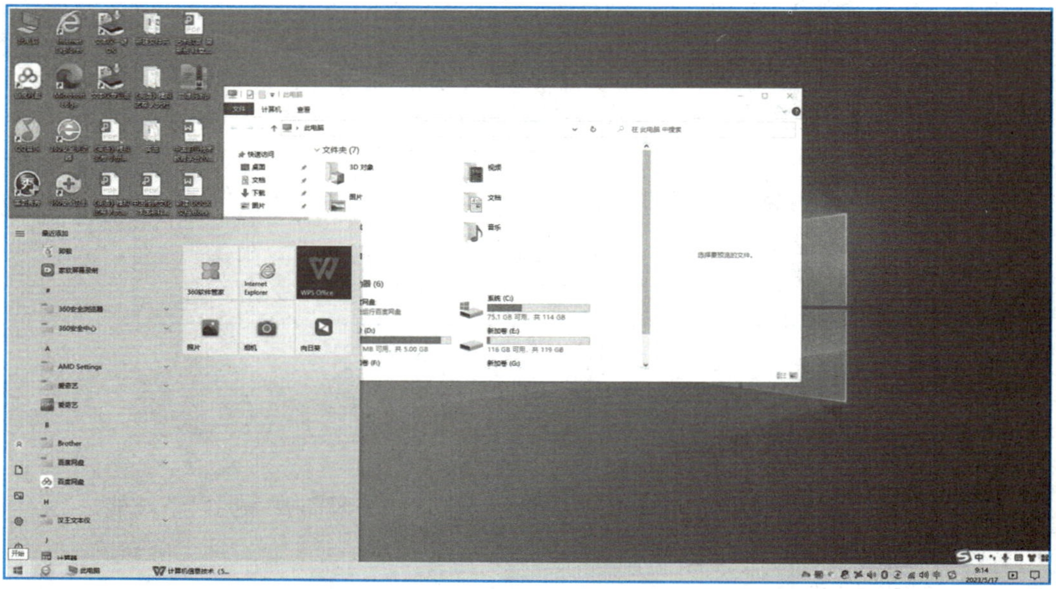

图 1－3－1　Windows 10 用户界面

用户登录到 Windows 10 系统后所看到的整个屏幕，我们称之为桌面。它是用户和计算机进行交流的窗口，用户经常用到的应用程序等都是以图标的形式存放在桌面上，用户可以根据自身需要进行添加，执行时只要双击图标即可，大大方便了用户的操作。

任务实施

一、窗口操作

第 1 步：认识 Windows 10 窗口

（1）窗口的基本组成：一般来说，窗口包含标题栏、菜单栏、工具栏、地址栏、工作区（主窗口）和状态栏等部分，如图 1-3-2 所示。

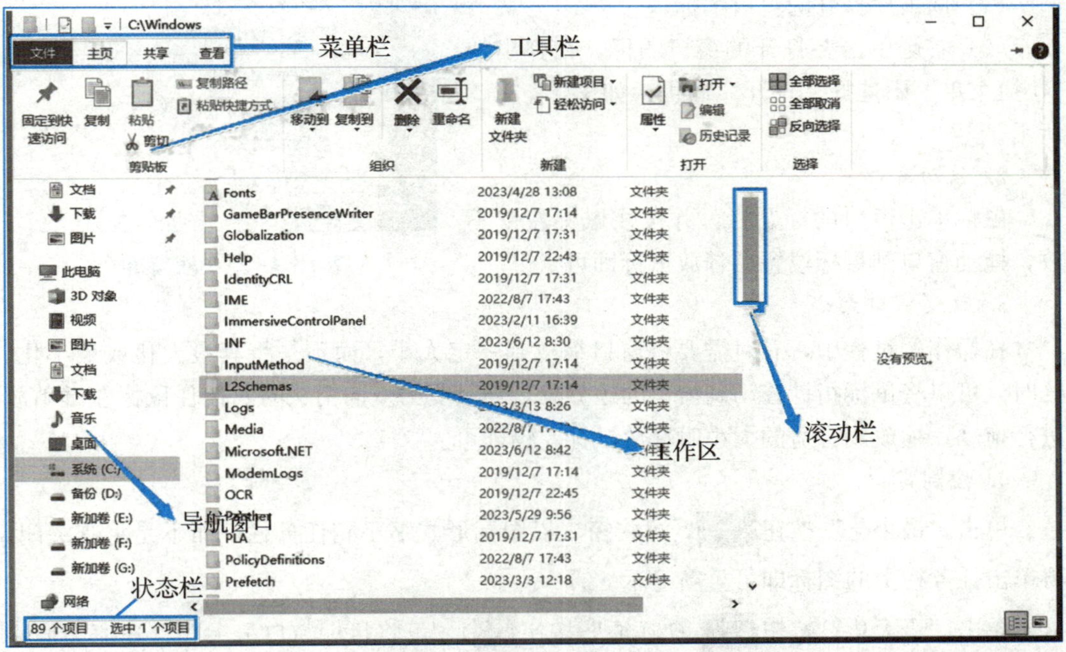

图 1-3-2　Windows 10 窗口界面

（2）窗口的分类：Windows 10 窗口类型分为文件夹窗口、应用程序窗口、对话框窗口、文档窗口 4 种。

①文件夹窗口：是 Windows 10 用来管理系统资源的矩形区域。

②应用程序窗口：是执行应用程序、面向用户的操作平台。

③对话框窗口：是系统在完成特定操作时，用来与用户交流信息的矩形框。与其他窗口不同的是大小固定，不可缩放，但可移动位置。因此严格意义上来说，它并不算真正的窗口。

④文档窗口：是应用程序窗口的一种。

相关知识

在 Windows 操作系统中，窗口是为完成用户指定的任务而在桌面上以矩形区域打开的可视化操作界面，是人机对话的重要手段。一个任务对应一个程序，一个程序对应一个窗口。Windows 10 是多任务操作系统，因而可以同时打开多个窗口，它为用户提供了多种工具和操作手段。用户可通过关闭一个窗口来终止一个程序的运行，也可通过选择应用程序窗口来选择相应的应用程序。

第 2 步：窗口的基本操作

1. 打开窗口

打开窗口可以采取两种方法实现。

（1）双击要打开的窗口图标；

（2）右键单击要打开的窗口图标，在弹出的“快捷菜单”中选择“打开”即可。如图 1-3-3 所示。

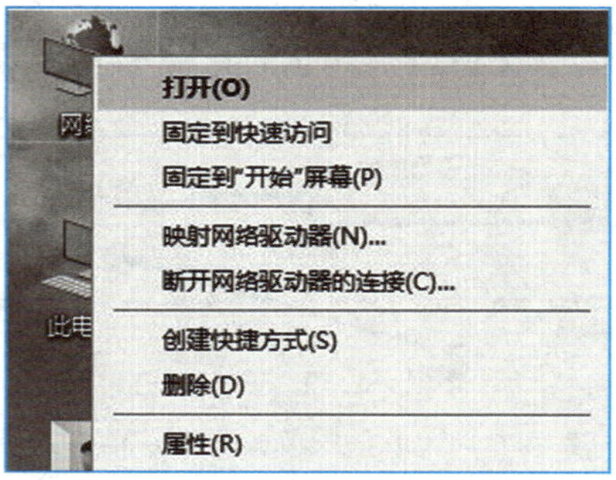

图 1-3-3　快捷菜单

2. 移动窗口

鼠标单击窗口的标题栏，并按住鼠标左键不放，拖动窗口到目标位置后释放鼠标即可。

3. 改变窗口大小

在操作的过程中，有时需要将窗口缩放到一定大小，而不是将其最大化或最小化。这时，可以将鼠标指针移动到窗口的边界处，当其变为双向箭头时，按住鼠标左键不放进行拖动，缩放到合适的大小时释放鼠标左键即可。

4. 控制窗口

单击“最小化”按钮，可将窗口以图标形式缩小到任务栏，而不是将其关闭，再单击任务栏上的图标即可重新显示。

单击“最大化”按钮（“还原”按钮），可将目标窗口最大化（还原为原来状态）。除此之外，用鼠标左键直接双击窗口的标题栏，也可实现窗口的最大化和还原操作。

单击“关闭”按钮，可关闭当前窗口。此外，关闭窗口的方式还有多种，如：

（1）双击窗口左上角的控制菜单按钮；

（2）单击控制菜单按钮，在弹出的“下拉式菜单”中选择“关闭”按钮；

（3）如果目标窗口处于最小化状态在任务栏上，可以右键单击任务栏上的图标，在弹出的“快捷菜单”中选择“关闭”按钮；

（4）使用“Alt+F4”组合键。

5. 切换窗口

Windows 操作系统可进行多任务操作，所以用户可同时打开多个窗口，但当前的工作窗口只能有一个，因此需要用户在不同窗口之间来回切换。

（1）鼠标左键单击窗口的任意位置，可将该窗口置换为当前活动窗口；

（2）单击任务栏上的图标，可以实现窗口前后台之间的相互转换。

（3）使用“Alt＋Tab”组合键，即同时按下 Alt 和 Tab 键，然后松开 Tab 键后，屏幕上会出现任务切换栏。在此任务切换中，按住 Alt 键不放的同时，按一下 Tab 键再松开，则当前选定程序的下一个程序将被启用，再松开 Alt 键就切换到当前选定的窗口中了。

（4）使用“Alt＋Esc”组合键，即先按下 Alt 键，再按 Esc 键，系统就会按照窗口图标在任务上的排列顺序切换窗口。注意：此方法只能切换非最小化窗口，对于最小化窗口只能激活，不能放大。

6. 排列窗口

鼠标右键单击“任务栏”的空白处，在弹出的“快捷菜单”中列出了“层叠窗口”“堆叠显示窗口”“并排显示窗口”三个选项，可以实现窗口之间的排列（要求打开的窗口至少两个以上），如图 1-3-4 所示。

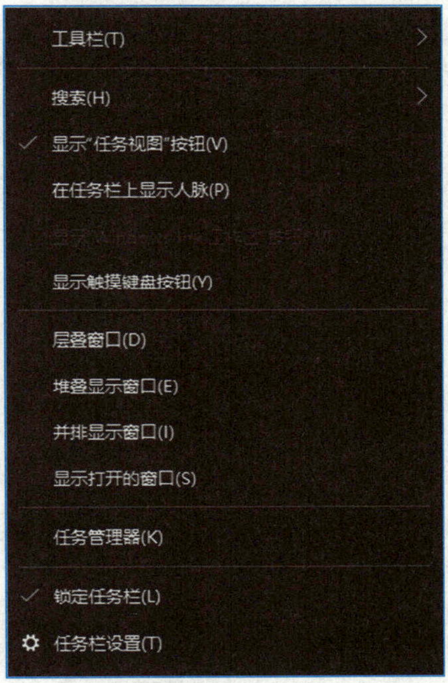

图 1-3-4　排列窗口

7. 滚动窗口内容

当窗口的内容比较多，不能同时显示在窗口中时，可以用鼠标左键按住水平或垂直滚动条来查看窗口内容。此外，还可用鼠标左键单击水平滚动条两侧的按钮或按钮（垂直滚动条的两侧为按钮或按钮），每单击一次移动一列或一行。

二、桌面操作

第 1 步：认识桌面图标

1. 桌面图标的分类

Windows 10 桌面上的图标分为系统图标和应用程序图标。系统图标主要有计算机、网络、控制面板、回收站和用户文件这五大部分。应用程序图标是安装软件时放在桌面的快捷图标。

2. 创建图标的快捷方式

鼠标右键单击应用程序图标，在弹出的快捷菜单中选择“发送到”，在它的级联菜单中选择“桌面快捷方式”选项，即可完成创建，如图 1-3-5 所示。

3. 桌面图标的查看

鼠标右键单击桌面空白处，在弹出的快捷菜单中选择“查看”命令，在它的级联菜单中列出了图标的多种查看方式。如若在选项前带有“●”标志，则说明此选项为单选选项；若在选项前带有“√”，则说明此选项为复选选项。如图 1-3-6 所示。

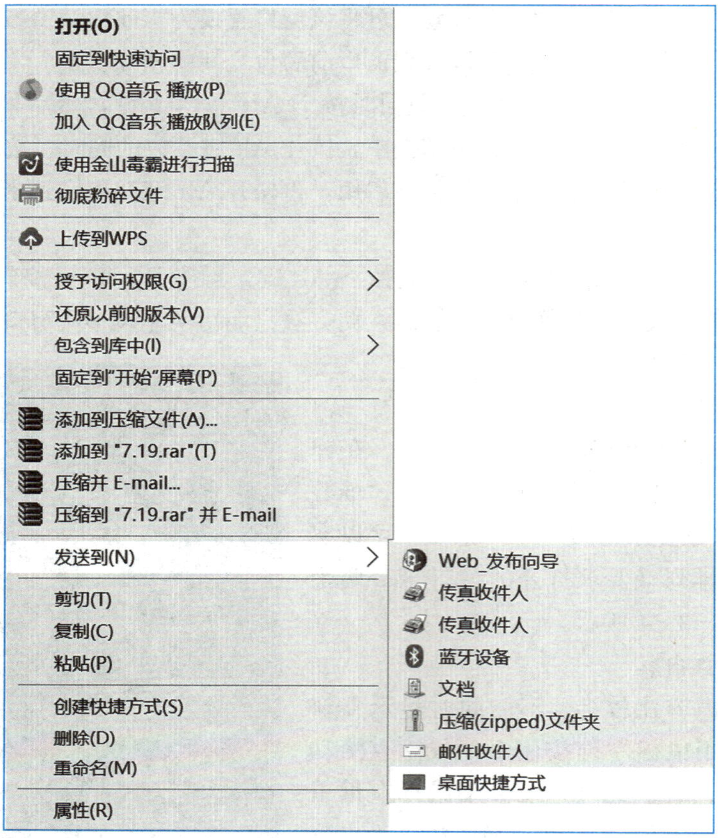

图 1-3-5　创建桌面快捷方式

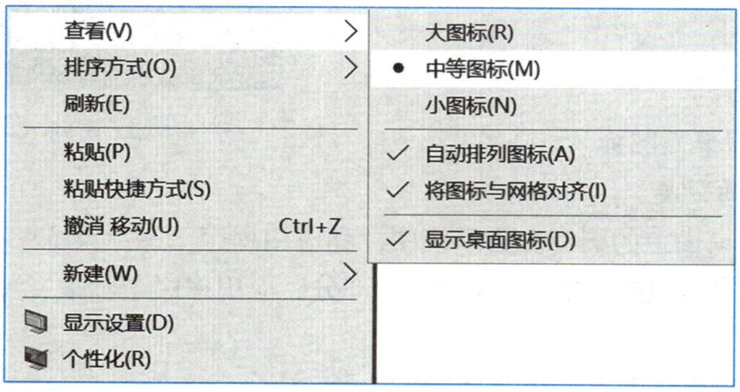

图 1-3-6　查看桌面图标选项

4. 桌面图标的排序方式

为了使桌面显得整洁，便于查看和管理，用鼠标右键单击桌面空白处，在弹出的快捷菜单中列出了图标的多种排序方式，如按“名称”“大小”“项目类型”和“修改日期”，如图 1-3-7 所示，其中的修改日期为此文件的最后一次修改日期。

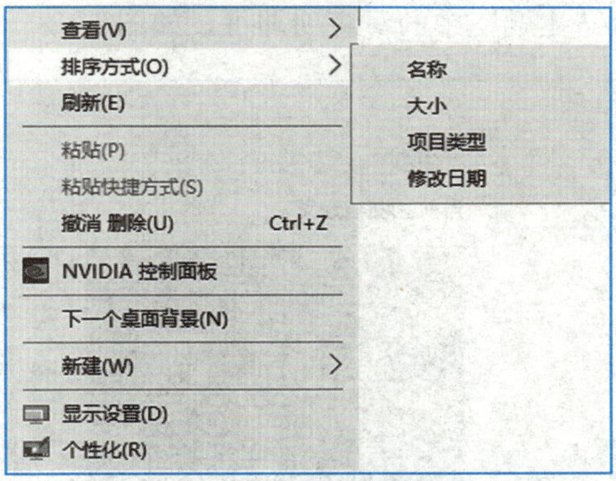

图 1-3-7　桌面图标的排序方式

第 2 步：桌面个性化设置

1. 设置桌面背景

桌面背景俗称为“壁纸”，在 Windows 10 的操作系统中，列出了多种背景图片，具体操作步骤如下。

鼠标右键单击桌面空白处，在弹出的快捷菜单中选择“个性化”选项，如图 1-3-7 所示，然后在弹出的“个性化”窗口中，选择“背景”选项，在右侧“背景”窗格中，单击选中的图片或单击“浏览”按钮选择相应的图片即可，如图 1-3-8 所示。

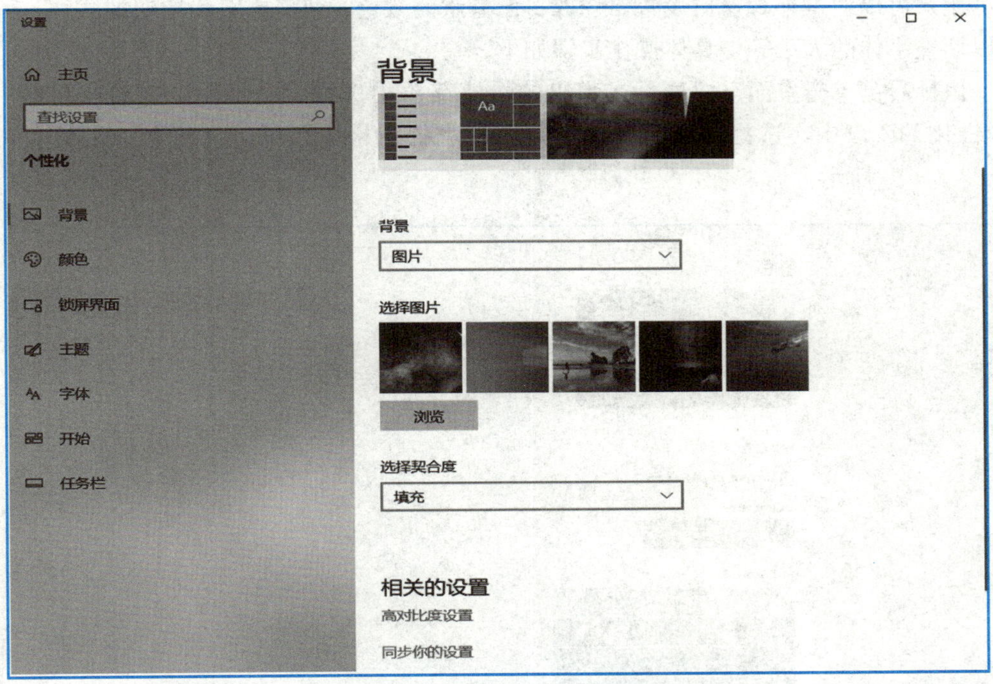

图 1-3-8　桌面背景设置

2. 设置桌面主题

鼠标右键单击桌面空白处，在弹出的快捷菜单中选择“个性化”选项；在弹出的

“个性化”窗口中，选择“主题”中的对应项即可，如图 1-3-9 所示。

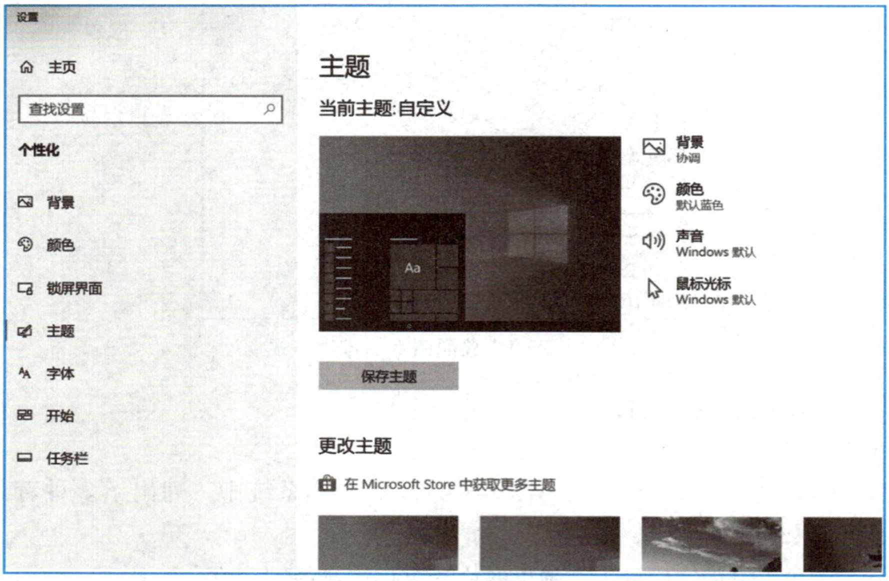

图 1-3-9　桌面主题设置

3. 设置窗口颜色

用户可以通过外观窗口设置，选取自己喜欢的颜色、色彩方案和按钮的式样，同时可以调整字体的大小等。具体操作步骤如下。

鼠标右键单击桌面空白处，在弹出的快捷菜单中选择“个性化”选项；在弹出的“个性化”窗口中，选择“颜色”选项，在右边的窗格中，可以进行相应的设置，如图 1-3-10 所示。

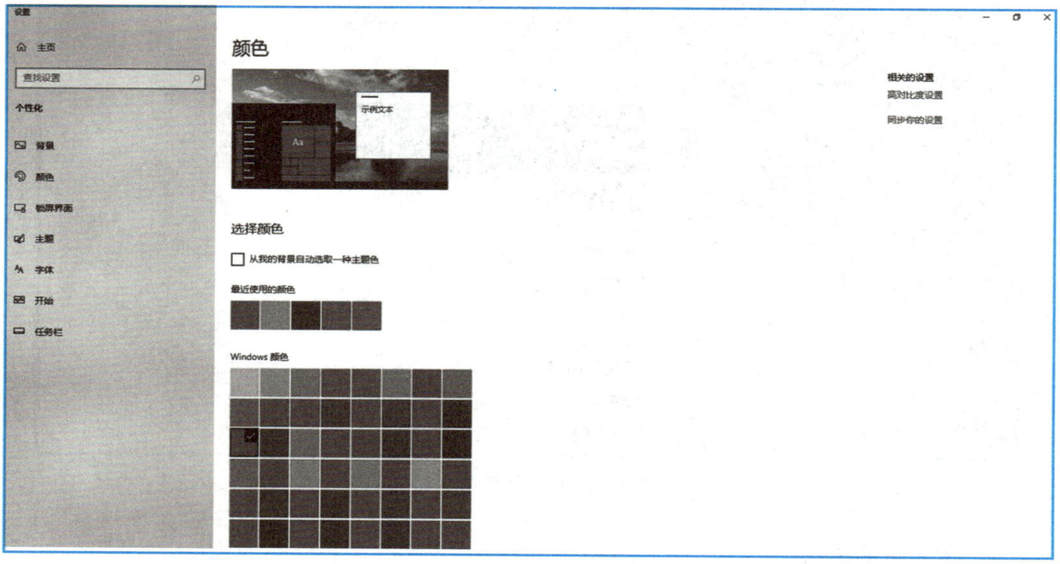

图 1-3-10　窗口颜色设置

4. 设置屏幕分辨率

分辨率是指显示器上显示的像素数量，分辨率越高，显示器显示的像素就越多，显示的画面就越清晰，显示的信息也越多。具体操作步骤如下。

鼠标右键单击桌面空白处，在弹出的快捷菜单中选择“显示”选项，在弹出的“显示”窗口中，单击“分辨率”下拉按钮，并用鼠标左键进行上下拖动，即可对分辨率大小进行调节，如图 1－3－11 所示。

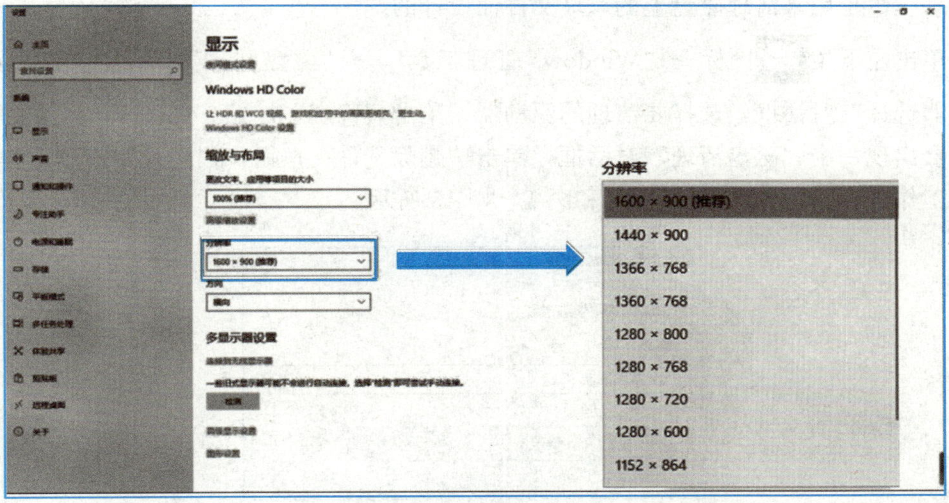

图 1－3－11　屏幕分辨率设置

第 3 步：任务栏操作

右击任务栏空白处，选择“任务栏设置”菜单项，弹出“任务栏”对话框，划动“在桌面模式下自动隐藏任务栏”，将任务栏设置为自动隐藏，同时设置“当你将鼠标移动到任务栏末端的‘显示桌面’按钮时，使用‘速览’预览桌面”，如图 1－3－12 所示。

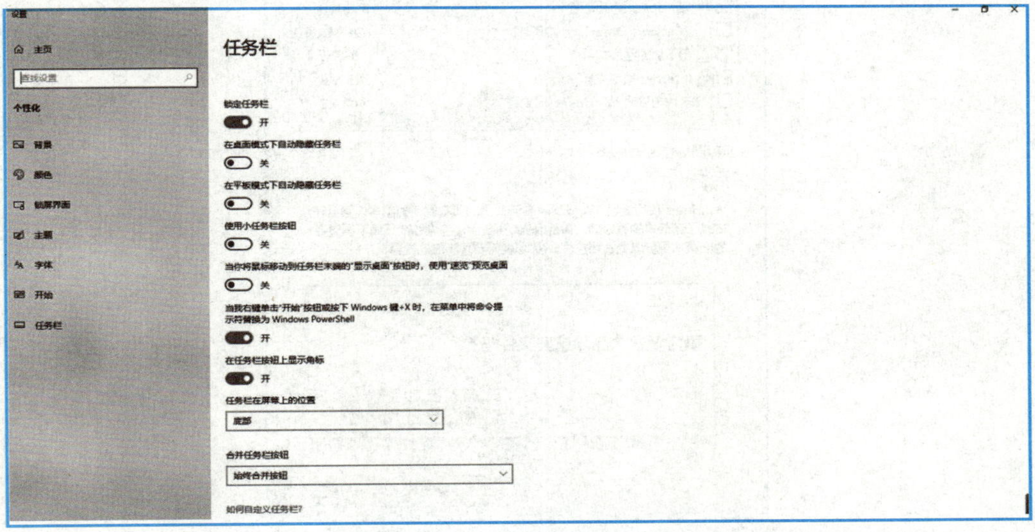

图 1－3－12　任务栏设置

第 4 步：磁盘清理和磁盘碎片整理

系统工具主要用来维护操作系统的正常运行，磁盘清理和磁盘碎片整理程序是比较常用的系统工具。

1. 磁盘清理

计算机使用一段时间后，一些临时文件、已下载的程序文件以及回收站文件等，会一点点侵蚀磁盘空间，这就需要做一下清理工作，以删除这些无用文件。顾名思义，磁盘清理程序是用来清理磁盘上的垃圾文件而设计的。

单击左下角图标→“Windows 管理工具”→“磁盘清理”，弹出“磁盘清理：驱动器选择”对话框，选择要清理的驱动器，单击“确定”按钮，如图 1－3－13 所示。此时会出现一个“磁盘清理”对话框，单击“删除文件”按钮，程序开始清理工作，并显示工作进度条，如图 1－3－14 和图 1－3－15 所示。

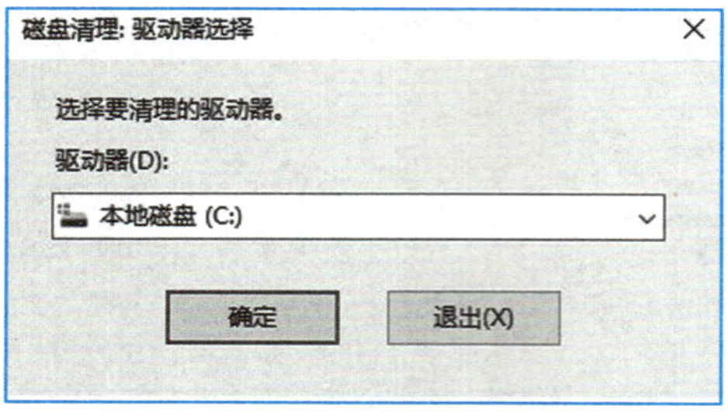

图 1－3－13　磁盘清理：驱动器选择

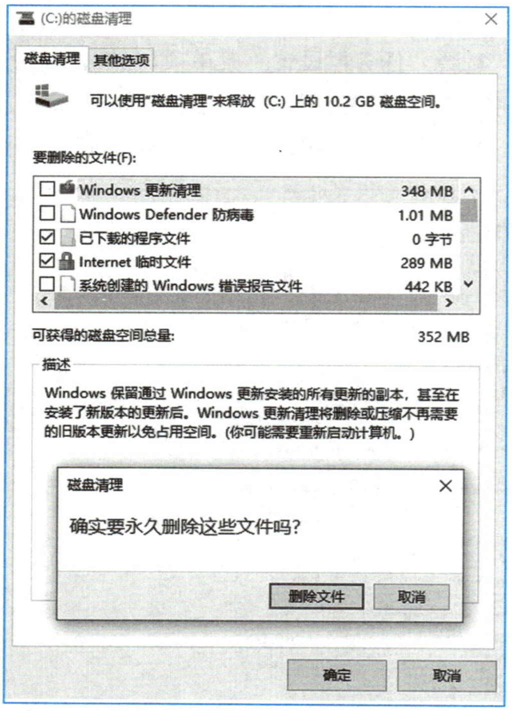

图 1－3－14　磁盘清理对话框

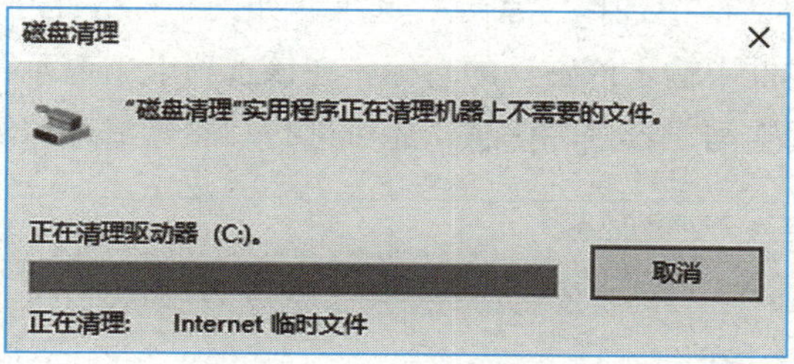

图 1－3－15　磁盘清理进程

2. 磁盘碎片整理程序

整理磁盘碎片就是将分散在磁盘内的文件碎片集中起来，连续地存放在一起，以提高系统对文件的操作速度。

单击→“Windows 管理工具”→“碎片整理和优化驱动程序”，弹出“优化驱动器”对话框，选择相应的驱动器进行优化，如图 1－3－16 所示。

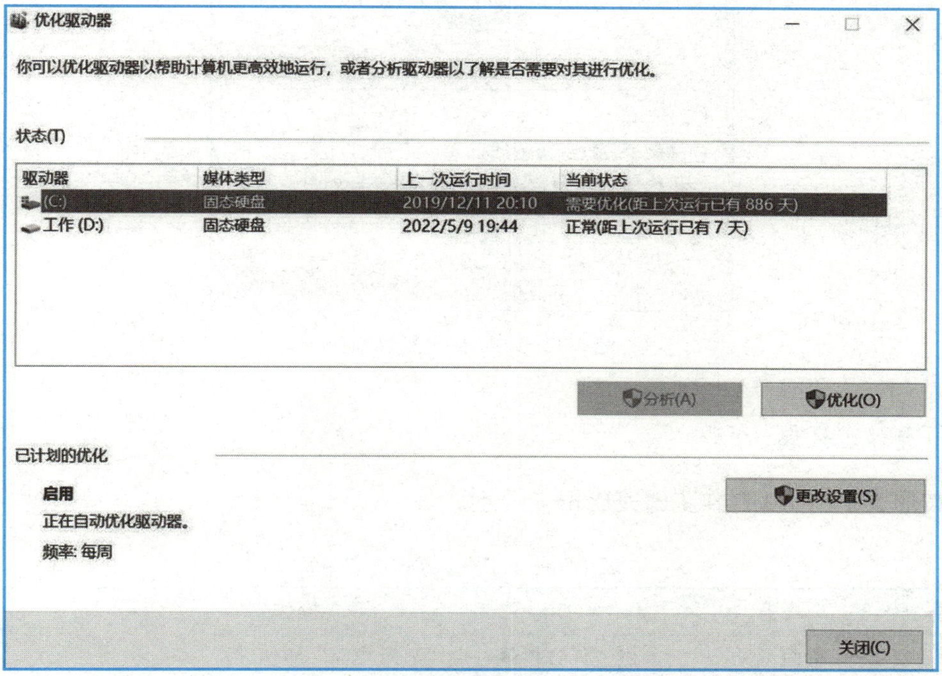

图 1－3－16　磁盘碎片整理

3. 查看磁盘属性

磁盘的属性通常包括磁盘的类型、文件系统、空间大小、卷标信息等常规属性，以及磁盘的查错、碎片整理等处理程序和磁盘的硬件信息等。查看磁盘的常规属性可执行以下操作：

（1）双击“我的电脑”图标，打开“我的电脑”对话框；

（2）右击要查看属性的磁盘图标，在弹出的快捷菜单中选择“属性”命令；

（3）在磁盘属性对话框中选择“常规”选项，如图 1－3－17 所示。在该选项中，用户可以在最上面的文本框中输入该磁盘的卷标，在该选项卡中显示了该磁盘的类型、文件系统、已用空间及可用空间、容量等信息，还可进行“磁盘清理”等操作。

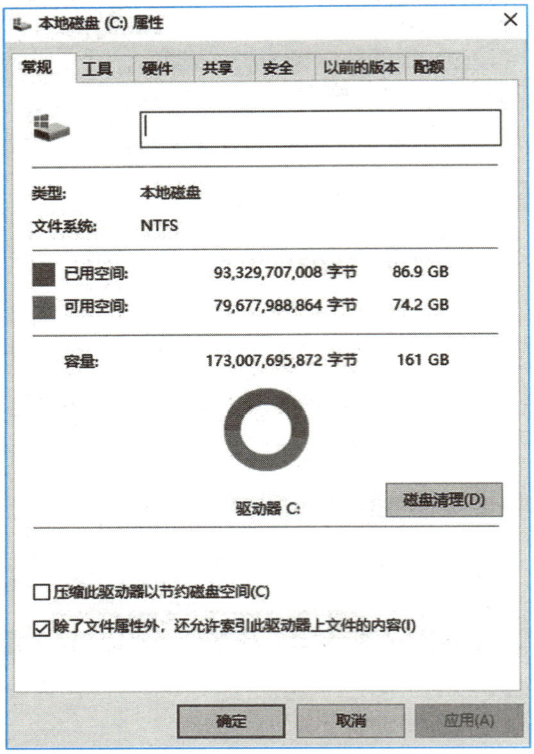

图 1－3－17　磁盘属性窗口

任务技能拓展

按照表 1－3－1 操作步骤完成相应任务。

表 1－3－1　基本操作练习表

序号	任务	操作
1	桌面可见	点击任务栏最右端“显示桌面”按钮
2	鼠标左键按住某窗口	拖动该窗口并摇动，所有屏幕上的其他窗口都会最小化到任务栏，再次摇动窗口可以还原所有窗口
3	最大化窗口	将窗口的边框拖动到桌面顶部，释放窗口使其扩展为全屏显示
4	还原窗口	将窗口的边框拖动至桌面边缘，当鼠标触及桌面边缘时释放鼠标可恢复原始大小
5	垂直展开窗口	拖动窗口的上边框或下边框到桌面的顶部或底部，可使窗口宽度不变而高度最大化

续表

序号	任务	操作
6	比较两个窗口的内容	只需要将一窗口拖到桌面的另一边，当鼠标接触到边缘时，窗口将重新调整大小以填充另一半桌面
7	自动排列窗口	右击任务栏的空白区域，打开任务栏快捷菜单，单击“层叠窗口”“堆叠显示窗口”或“并排显示窗口”
8	窗口间的切换	如果你的计算机不支持 Aero，请通过按“Alt+Tab”或“Alt+Esc”快捷键查看计算机上打开的程序和窗口。若要在打开窗口间循环切换，再按“Tab”键、箭头键或使用鼠标选择
9	Aero 三维窗口切换	Aero 三维窗口切换以三维堆栈排列窗口，通过按“Windows 徽标键+Tab”或“Ctrl+Windows 徽标键+Tab”快捷键
10	复制窗口	通过按“Alt+Print Screen”快捷键捕获当前活动窗口到 Windows 剪贴板，如要复制整个屏幕，直接按“Print Screen”键即可

任务四　文件管理

任务引领

在日常学习和生活中，有时会看到杂乱的计算机桌面、无序的硬盘，大量文件被随意存放，当需要时却“找不到了”，因此掌握计算机系统中文件和文件夹管理的基本知识，培养良好的工作习惯，对信息的管理、维护和应用很有必要。

任务目标

本任务将学习文件的归类、压缩与管理。要求学生了解文件系统结构、路径的描述（绝对路径和相对路径）；掌握文件和文件夹的命名；认识文件扩展名的类型；掌握资源管理器的使用，文件和文件夹重命名、移动和复制等基本操作；了解文件的搜索与压缩；掌握二进制、位和字节的描述，存储容量单位的转换。

知识储备

计算机中的信息是以文件形式存储的，一台计算机中存储着大量的文件。Windows 操作系统采用树状结构的文件系统，以文件夹组织和管理文件，如图 1-4-1 所示。其中“D:\”称为“D 盘根文件夹”，“内蒙古美食”则是它的一级子文件夹。路径用于表示文件或文件夹的位置，分为绝对路径和相对路径。其中从根文件夹开始的路径称为绝对路径，如文件夹“风干牛肉”的绝对路径为“D:\内蒙古美食\通辽美食\风干牛肉”。如果当前文件夹为“内蒙古美食”，则“通辽美食\风干牛肉”就是文件夹“风干牛肉”的相对路径。

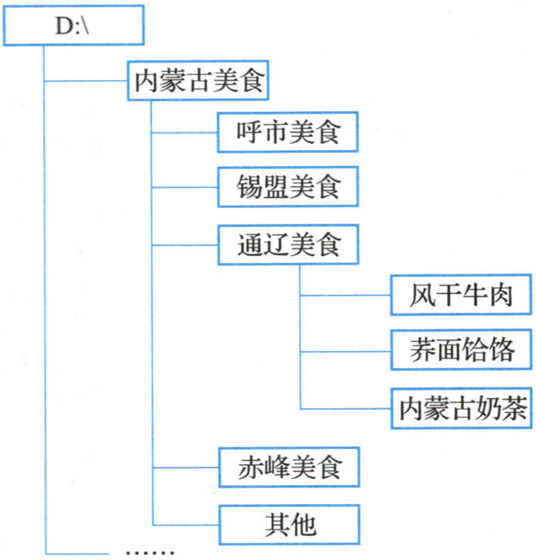

图 1-4-1　树状结构的文件系统

图 1-4-1 所示的是根据本节资源包中“任务说明.txt”的要求，将资源包中“内蒙古美食.rar”和“风干牛肉.rar”两个压缩文件解压后，重新整理形成的文件夹结构。

图 1-4-2 所示是文件资源管理器的窗口界面，它是 Windows 操作系统管理文件和文件夹的重要工具。双击桌面“此电脑”图标，或者右击桌面左下角图标，在弹出的快捷菜单中选择“文件资源管理器”命令，或者使用快捷键“Windows+E”，均可打开文件资源管理器。界面中：①为功能区，②为导航窗格，③为文件夹内容窗口，④为搜索框。

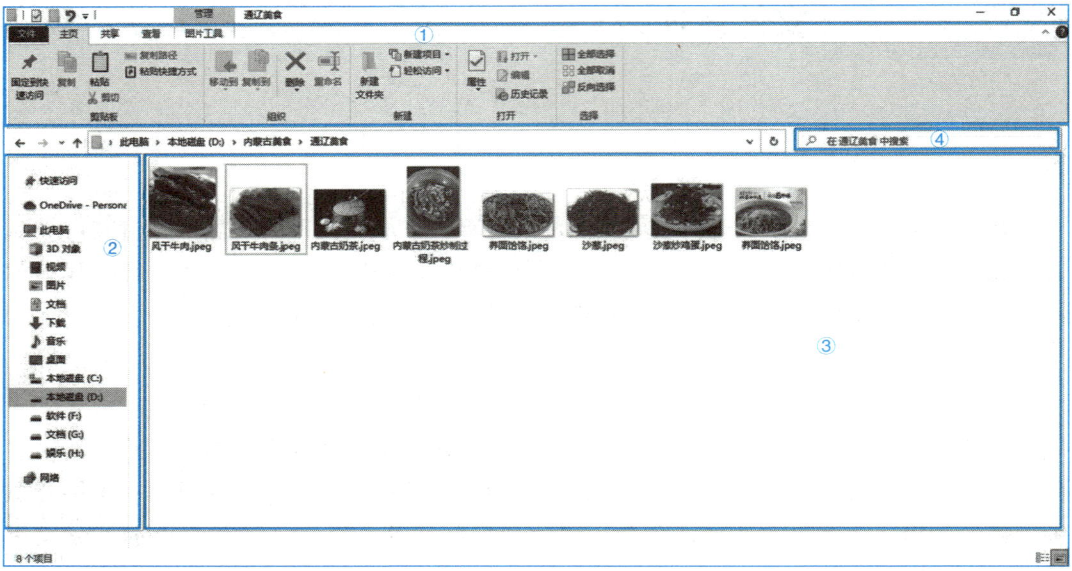

图 1-4-2　文件资源管理器

任务实施

一、文件命名和文件类型

第 1 步：复制资源包。打开文件资源管理器，复制资源包文件夹“信息基础”，粘贴至“D:\”。

第 2 步：显示文件扩展名。打开“D:\信息基础”文件夹，里面有四个文件，分别是“Winrar”“任务说明”“内蒙古美食”和“风干牛肉”。

相关知识

如图 1-4-3 所示，在文件资源管理器“查看”选项卡中，勾选“显示/隐藏”组的“文件扩展名”复选框，则显示为“Winrar. exe”“任务说明. txt”“内蒙古美食. rar”和“风干牛肉. rar”，其中后缀中的“exe”“txt”和“rar”均为文件的扩展名，相关概念如下：

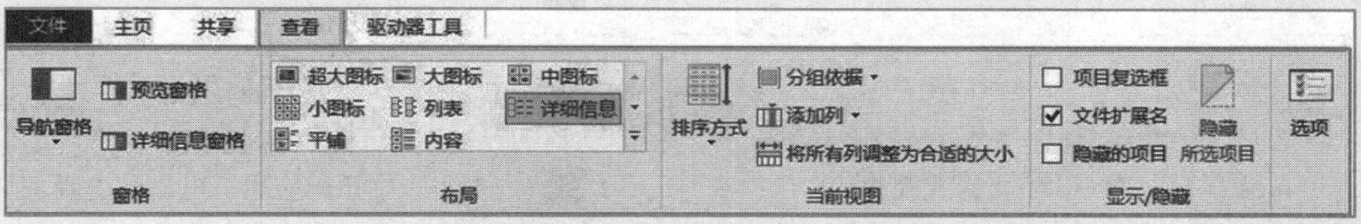

图 1-4-3 “查看”选项卡

（1）文件是一组相关信息的集合，是用来存储和管理信息的基本单位，计算机中的所有信息都以文件的形式存放在磁盘上，用户能看到的都是文件。但是，在计算机系统内部，所有信息均采用二进制“0”和“1”表示，因此文件最终以二进制的形式存储在磁盘上。

（2）为了区分不同的文件，必须要给文件名命名。文件名由文件主名和扩展名两部分组成。文件主名和扩展名之间以一个“.”字符分隔，如“任务说明. txt”，其中“任务说明”是文件主名，“txt”是扩展名，中间用“.”字符分隔。

（3）Windows 系统中文件和文件夹命名要遵守如下规则：

①文件和文件夹的名称最多不超过 255 个字符。

②文件名允许使用字母、数字、空格、中文及特殊字符，但不允许使用以下字符（英文状态）：\ /: *?” |<>。

③文件名中字母不区分大小写，同一文件夹中，文件不得重名；不同文件夹中，可以用相同的文件名。

④扩展名一般为 3 个或 4 个字符，用来标识文件类型。计算机系统根据扩展名确定打开文件的默认关联程序、显示相应的文件图标。安装 Office 软件的 Windows 环境下常见的文件类型，见表 1-4-1。

表 1-4-1 安装 Office 软件的 Windows 环境下常见的文件类型

扩展名	文件类型	默认图标	默认打开程序
. exe	应用程序（可执行文件）	（由软件确定）	双击执行
. docx	图文编辑文档		Word

续表

扩展名	文件类型	默认图标	默认打开程序
. xlsx	电子表格文档		Excel
. pptx	演示文稿文档		PowerPoint
. txt	文本文档		系统应用：记事本
. jpg	JPG 格式图像		系统应用：照片
. bmp	位网		系统应用：画图
. mp4	MP4 格式视频		系统应用：电影和电视
. rar	RAR 格式压缩文件		WinRAR

二、文件解压

第 1 步：查看“任务说明. txt”。双击打开“D:\信息基础”文件夹中的“任务说明. txt”，阅读其中的五个任务。

第 2 步：安装 WinRAR 软件。双击“D:\信息基础\Winrar. exe”，默认安装路径为“C:\Program Files\WinRAR”，此时也可以单击“浏览”按钮更改路径，如图 1 - 4 - 4 所示。完成安装后，自动关联“. rar”文件，文件图标与软件一致，如图 1 - 4 - 5 所示。

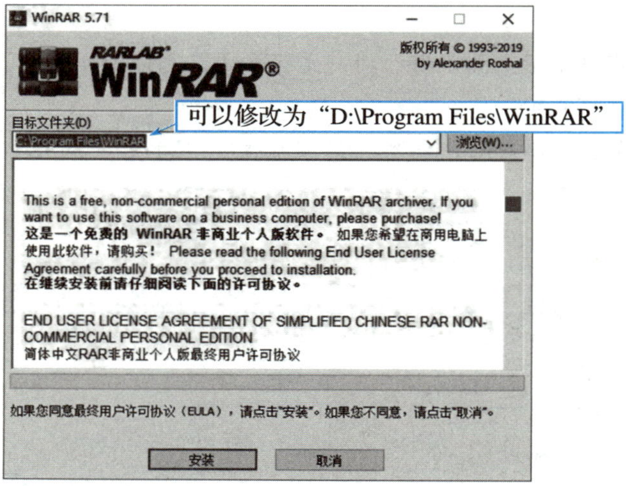

图 1 - 4 - 4　安装 WinRAR 软件

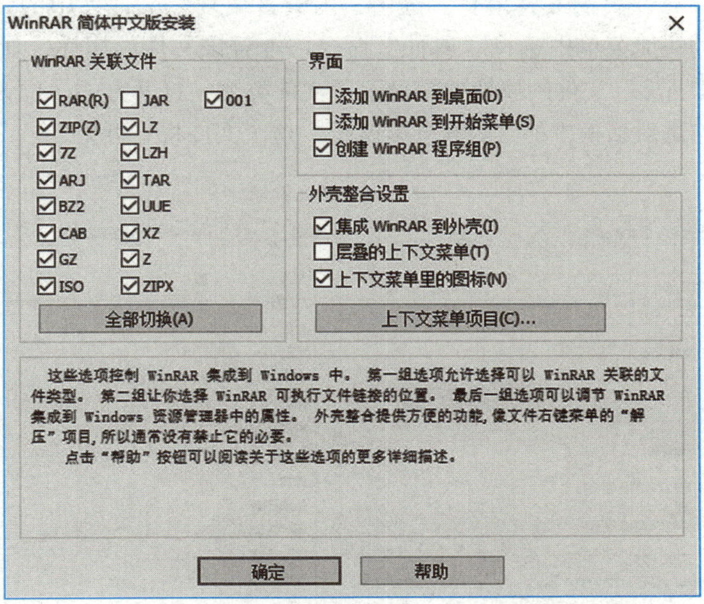

图 1-4-5　关联文件

第 3 步：解压“内蒙古美食.rar”。双击打开“内蒙古美食.rar”文件，如图 1-4-6 所示，单击“解压到”按钮，弹出“解压路径和选项”对话框，修改目标路径，把文件解压到“D:\内蒙古美食”中。

第 4 步：查看“D:\内蒙古美食”文件夹。在文件资源管理器中，打开“D:\内蒙古美食”文件夹，在“查看”选项卡的“布局”组中任选“超大图标”“大图标”“中图标”“小图标”“列表”“详细信息”“平铺”和“内容”，查看文件及相关信息。

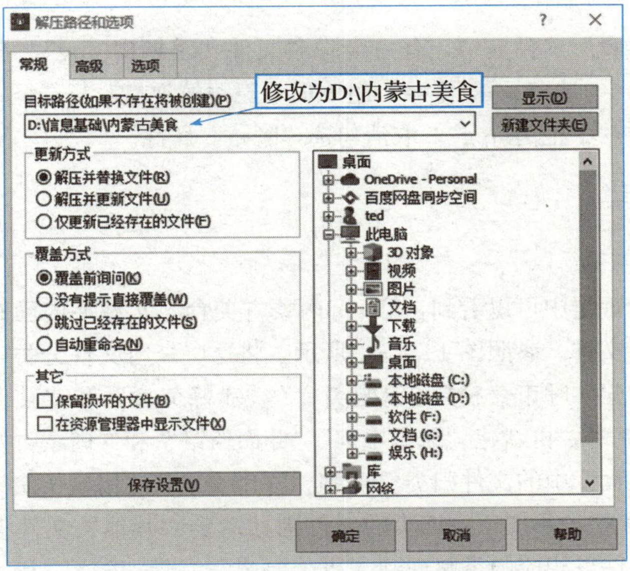

图 1-4-6　解压文件

第 5 步：查看并更改文件属性。选中“内蒙古美食”文件夹中的“烤全羊.jpg”，右击，在弹出的快捷菜单中选择“属性”命令，查看该文件的属性，如图 1-4-7 所示。在“烤全羊.jpg”文件的属性中，显示了文件类型、打开方式、位置、大小及其他详细信息，若勾选对话框中的“隐藏”复选框，这个文件将不可见。

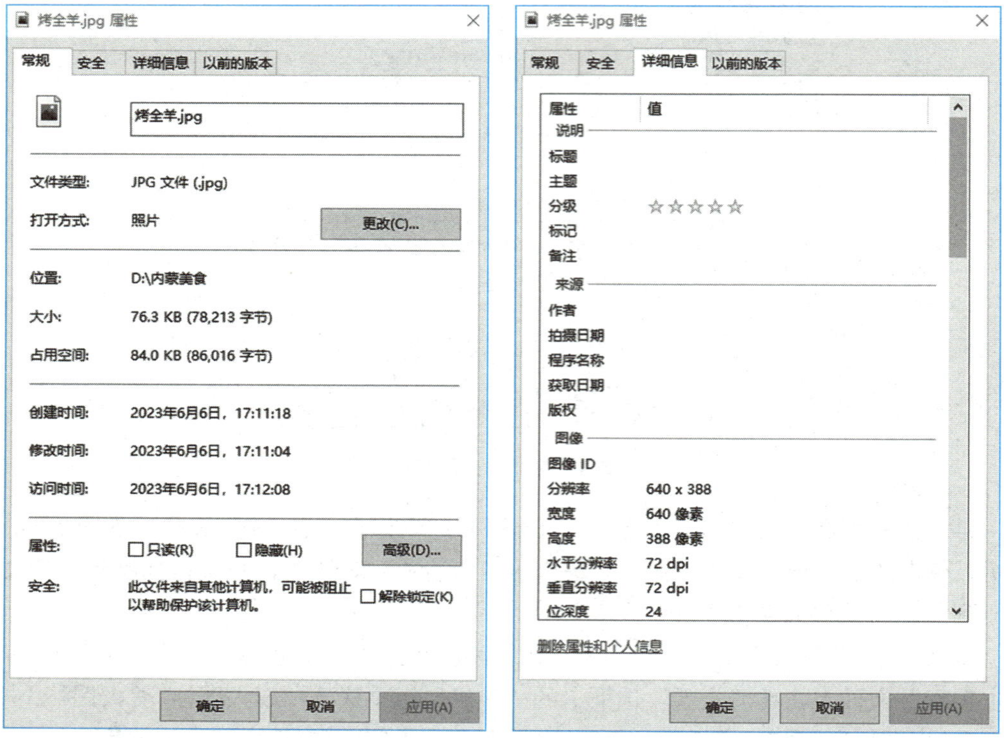

图 1-4-7　查看文件属性

在“内蒙古美食”文件夹中，有一个隐藏文件“手把肉.jpg”。在文件资源管理器“查看”选项卡中，勾选“显示/隐藏”组中的“隐藏的项目”复选框，则显示出被隐藏的文件。选中文件“手把肉.jpg”，取消勾选“隐藏”属性。

三、文件归类

第 1 步：文档归类

在文件资源管理器中可以看到，“D:\内蒙古美食”文件夹内已有“通辽美食”子文件夹和各种资料文件。参照图 1-4-1 所示，将这些资料文件分类，依次在“内蒙古美食”文件夹中新建“呼市美食”“锡盟美食”“赤峰美食”和“其他”子文件夹，在“通辽美食”文件夹中，再新建“风干牛肉”“荞面饸饹”和“内蒙古奶茶”子文件夹。

将“内蒙古美食”中的文件归类整理到“呼市美食”“锡盟美食”“赤峰美食”和“通辽美食”文件夹中，不属于这四类的文件则移动到“其他”文件夹中；将“通辽美食”文件夹中的文件也相应归类整理到“风干牛肉”“荞面饸饹”和“内蒙古奶茶”文件夹中。

相关知识

整理文件的方法是选中文件和文件夹后，进行复制或剪切、粘贴、删除等操作。

（1）选取文件或文件夹对象，如表 1－4－2 所示。

表 1－4－2　文件和文件夹的选择方法

选择对象	选择方法
选择单个对象	用鼠标直接单击对象
选择多个连续的对象	用鼠标左键单击选择第一个对象，按住“Shift”，再用鼠标左键单击选择最后一个对象
选择多个不连续的对象	先按住“Ctrl”键不放，再逐一单击选择的对象
选择全部对象	打开“编辑”菜单，选择“全选”命令或按“Ctrl＋A”组合键
取消	在窗口的空白区域单击鼠标左键

（2）选中对象后，按快捷键“Ctrl＋X”为剪切，按快捷键“Ctrl＋C”为复制，按快捷键“Ctrl＋V”为粘贴。

整理文件也可以通过文件资源管理器中“主页”选项卡中的工具完成，如图 1－4－8 所示。

图 1－4－8　“主页”选项卡

第 2 步：解压归档

解压“D:\信息基础\内蒙古奶茶. rar”文件，解压目标路径为“D:\内蒙古美食\通辽美食\内蒙古奶茶”。压缩包内文件“内蒙古奶茶. jpg”解压到“内蒙古奶茶”文件夹时，与文件夹内原有文件重名了，这在同一个文件夹内是不允许的，开始解压后，弹出“确认文件替换”对话框。单击“是”按钮，将替换原文件，只保留解压后得到的文件，如图 1－4－9(a) 所示；或者单击“重命名”按钮，重命名为其他文件名，则两个文件都保留，如图 1－4－9(b) 所示。

四、文件搜索

第 1 步：搜索文件并修改。查找“荞面饸乐”这个命名错误的文件。在文件资源管理器中打开“内蒙古美食”文件夹，在“搜索框”内输入关键字“荞面”，默认情况下搜索基于文件名，将搜索出当前文件夹文件名含有“荞面”的文件。选中“荞面饸乐”这个文件，右击，选择“重命名”命令，修改文件名为“荞面饸饹”。

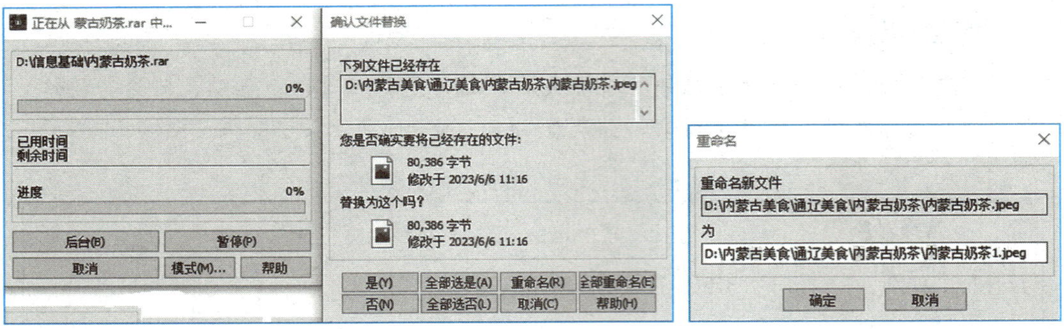

（a）　　　　　　　　　　（b）

图 1－4－9　重命名文件

相关知识

查找“荞面饸乐”这个命名错误的文件。逐个打开文件夹，查看其中文件名或文档内容，也可以完成任务，但这种方法效率比较低。

利用文件“搜索”功能，可以把我们需要的文件搜索出来。单击“查看”选项卡右侧的“选项”按钮，弹出“文件夹选项”对话框，如图 1－4－10 所示，单击“搜索”选项卡，勾选“始终搜索文件名和内容（此过程可能需要几分钟）（C）”复选框，单击“确定”按钮，关闭对话框。

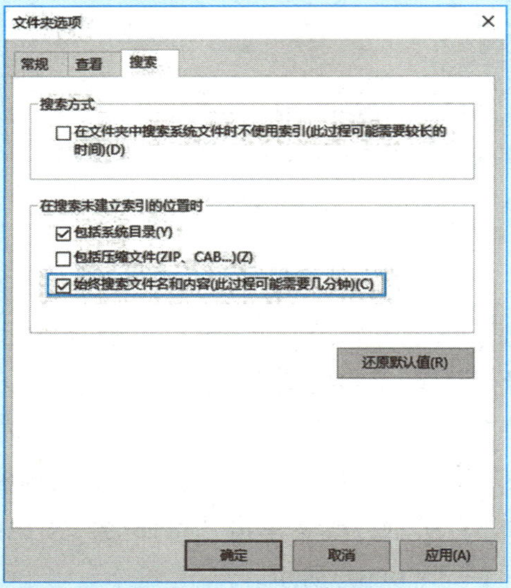

图 1－4－10　“文件夹选项”对话框

如图 1－4－11 所示的搜索结果窗口中，增加了“搜索工具”选项卡，搜索文件时还可以在现有结果的基础上调整设置。在“高级选项”下拉列表中，可以勾选在“文件内容”“系统文件”或“压缩的文件夹”中进行搜索；选中搜索结果中的文件，单击“打开文件位置”按钮，可以快速定位到此文件所在的文件夹。

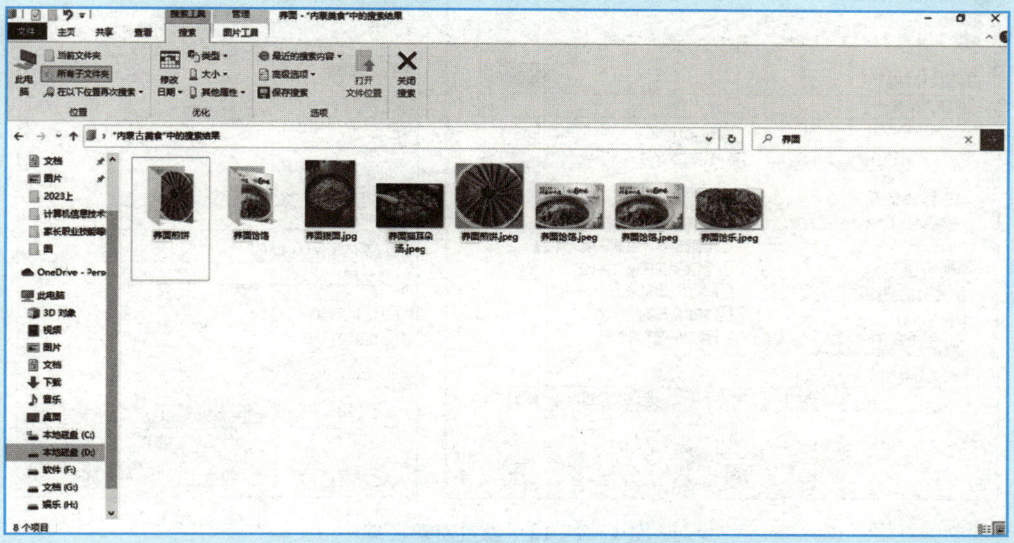

图 1-4-11 搜索结果

第 2 步：生成快捷方式

右击“内蒙古美食”文件夹，在弹出的快捷菜单中，选择“创建快捷方式”命令，生成“内蒙古美食—快捷方式”图标，将此图标复制到计算机的任何位置，双击它就可以迅速打开“内蒙古美食”文件夹；在快捷菜单中选择“发送到”→“桌面快捷方式”命令，在桌面上出现名为“内蒙古美食——快捷方式”的图标。

相关知识

快捷方式是一个以“. lnk”为扩展名的文件，是 Windows 提供的一种快速启动程序、打开文件或文件夹的方法，不影响原文件的位置和使用。

五、文件压缩

选中“D:\内蒙古美食”文件夹，右击，选择“添加到压缩文件”命令，打开“压缩文件名和参数”对话框，如图 1-4-12 所示，修改文件名为“内蒙古美食. rar”；单击“设置密码”按钮，打开“输入密码”对话框，输入密码“abc@123”两遍，单击“确定”按钮，“D:\内蒙古美食”被压缩为文件“内蒙古美食. rar”，作为“内蒙古美食”文件夹的备份文件。

分别查看“内蒙古美食”文件夹和“内蒙古美食. rar”文件的属性。文件夹大小为“128MB（134 217 728 字节）”，压缩文件大小为“67.6MB（70 883 737.6 字节）”，二者有一定的差值。其中 67.6/128×100%=52.8%就是此次压缩的压缩率，一般压缩率越小，压缩效果越好。

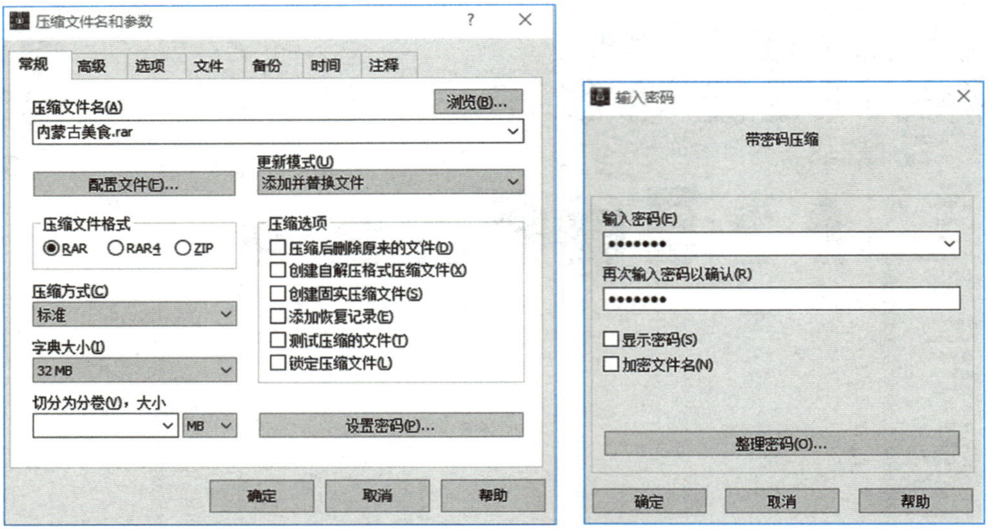

图 1-4-12　设置密码压缩

相关知识

“MB”和“字节”都是计算机存储信息的单位。所有信息在计算机内部都以二进制的形式存储，一个二进制数“0”或“1”称为1个“位（bit)”，位是存储信息的最小单位，以小写字母“b”表示。计算机处理和存储数据时分配的基本单位是“字节（Byte)”，以大写字母“B”表示，一个字节由8个二进制位组成。随着计算机存储容量的增加，扩展了多种存储容量的单位：千字节（KB)、兆字节（MB)、吉字节（GB)、太字节（TB）等，它们之间的换算关系为：

1KB=1 024B　　1MB=1 024KB　　1GB=1 024MB　　1TB=1 024GB

任务技能拓展

1. 信息与信息系统的概念。

2. 建立关联。计算机系统根据文件的扩展名，确定打开文件的默认关联程序并显示相应的文件图标。如果关联程序被设置错误或者需要更改，则可以右击文件，在快捷菜单中选择“打开方式”→“选择其他应用”命令进行调整，如图1-4-13所示。

3. 进制与编码。计算机的硬件系统构造决定了计算机中的信息以二进制的形式进行存储、处理和传输。在计算机领域，常用的计数制有二进制、八进制、十进制和十六进制。

（1）二进制数，通常在数后加字母“B”，如1100110101B。

（2）八进制数，通常在数后加字母“O”，如235701O。

（3）十进制数，通常在数后加字母“D”，如123456D。

（4）十六进制数，通常在数后加字母“H”，如123EF20H。

单击“开始”→“计算器”命令，打开“计算器”可以进行进制之间的转换。例如，选择“程序员”选项，输入“123”，可以看到 01111011B＝173O＝123D＝7BH，如图 1－4－14 所示。

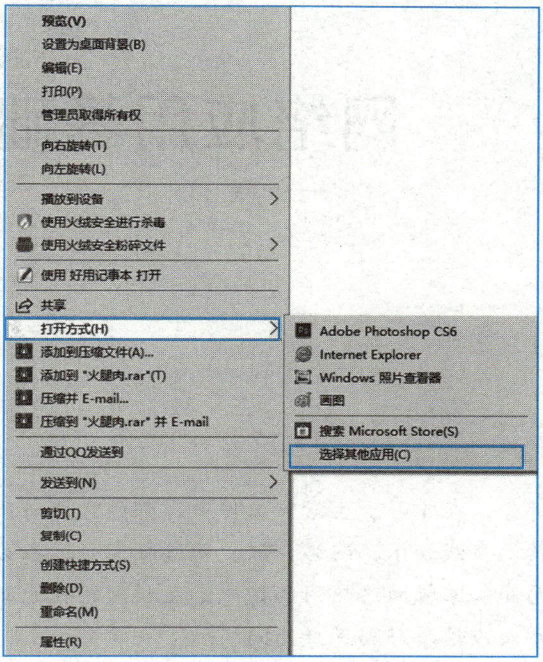

图 1－4－13　选择打开方式

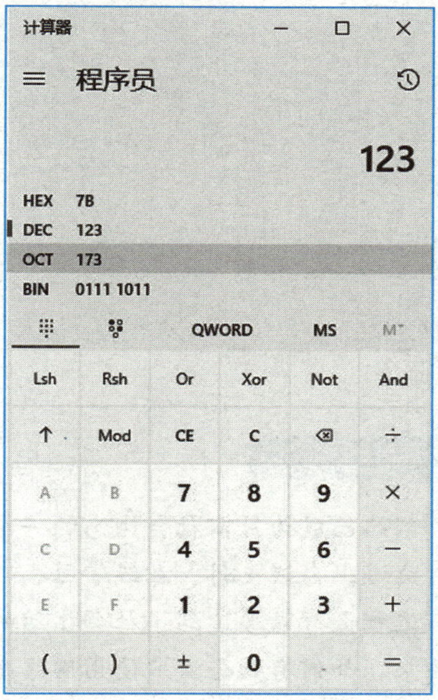

图 1－4－14　进制转换

编码是用若干二进制数的不同排列组合来标示各种符号。西文字符的编码，主要采用 ASCII 码，即美国信息交换标准码。汉字的编码是在 ASCII 编码的基础上，对汉字进行编码，称为国标码，一个汉字编码占 2 个字节。

项目二

网络应用基础

项目概述

网络已成为目前社会生态的一个组成部分，在学习、生活和工作中，都经常要与网络打交道。在线支付、在线学习、在线购物、在线娱乐、网络会议、网络社交、远程办公、远程医疗等渗透到了社会生活的方方面面。掌握网络应用的技能是互联网时代的必然要求，如何有效合法地使用网络是每一个人应该学习和思考的问题。

项目目标

通过本项目的学习，学生能够了解网络技术与社会的发展，学习网络配置、网络资源获取、网络信息交流、网络工具使用等内容。

职业素养

我国互联网发展起步晚，虽然在短时间内取得了显著的发展成效，但是互联网发展和普及的地区差异比较大。党的二十大报告指出："建设现代化产业体系。坚持把发展经济的着力点放在实体经济上，推进新型工业化，加快建设制造强国、质量强国、航天强国、交通强国、网络强国、数字中国。"为了建设网络强国的目标，同学们要不畏艰难、砥砺前行。

任务一 初识网络的形成与发展

任务引领

我们从衣食住行，到学习、娱乐、工作等方方面面都离不开网络，下面我们就一起探讨一下身边的网络，共同研究网络是怎么来的？它的内涵是什么？

任务目标

理解网络的概念；了解网络的发展过程；了解网络的分类方法；了解互联网的发展状况。

知识储备

任何一种新技术的出现都必须具备两个条件：一是强烈的社会需求，二是前期技术的成熟。计算机网络技术的形成与发展也遵循这样的技术发展轨迹。

一、计算机及网络

（一）计算机网络的形成

1946 年，世界上第一台电子数字计算机 ENIAC 在美国诞生时（见图 2－1－1），计算机技术与通信技术并没有直接的联系。20 世纪 50 年代初，由于美国军方的需要，美国半自动地面防空系统（SAGE）开始计算机与通信技术相结合的尝试。SAGE 系统将

图 2－1－1 第一台电子数字计算机 ENIAC

远程雷达与其他测量设施通过电话线路、无线通信信道连接，使得观测到的防空信息通过总长度达 2 410 000km 的通信线路传输到一台位于美国本土的 IBM 计算机，使分散的防空信息得到集中处理与控制。

为实现这个目的，首先要开展数据通信技术的基础研究。在完成该项目研究的基础上，人们很快意识到可以通过数据通信系统将地理位置分散的多个终端通过通信线路连接到一台中心计算机上，由一台计算机集中处理不同地理位置的用户数据。用户可以在办公室内的终端输入程序，通过通信线路传输到中心计算机，分时访问和使用其资源进行信息处理，处理结果再由通信线路回送到用户终端。人们把这种以单个计算机为中心的联机系统称为面向终端的远程联机系统。很多大型与中小型计算机系统基本都采用这种方式。20 世纪 60 年代初，美国航空公司建成由一台计算机与分布在全国 2 000 多个订票终端组成的航空订票系统（SABRE－1），这是一种典型的计算机与数据通信相结合的产物。

随着计算机应用的快速发展，出现了多台计算机互连的需求。这种需求主要来自军事、科学研究、大型企业经营管理、地区与国家经济信息分析决策。他们希望将分布在不同地点的计算机通过通信线路互连成为计算机网络。网络用户可以通过本地终端使用本地计算机软件、硬件与数据资源，也可以使用联网的其他地方的计算机软件、硬件与数据资源，以达到计算机资源共享的目的。

这个阶段的典型代表是美国国防部高级研究计划署（Advanced Research Project Agency，ARPA）的 ARPANET。1969 年，ARPA 提出将多个大学、公司和研究所的多台计算机互连的课题，当时，ARPANET 只有 4 个结点；1973 年，ARPANET 发展到 40 个结点；1983 年，已达到 100 多个结点。ARPANET 通过有线、无线与卫星通信线路，使网络覆盖从美国本土到欧洲的广阔地域。

ARPANET 的研究成果对计算机网络的发展意义深远。二十世纪七八十年代，计算机网络发展迅速并大量出现，仅美国国防部就资助建立了多个计算机网络。同时，还出现了一些研究性的网络、公共服务网络与校园网，例如，美国加利福尼亚大学劳伦斯原子能研究所的 OCTOPUS、法国信息与自动化研究所的 CYCLADES、国际气象监测网 WWWN、欧洲情报网 EIN 等。

当时的计算机网络还只有广域网。广域网的结构可以分成资源子网与通信子网两个部分，通信子网可以由电信部门统一组建，用户在通信子网的基础上组建自己的资源子网。

20 世纪 70 年代中期，世界上出现了由通信公司组建和管理的通信子网，即公用数据网（Public Data Network，PDN）。早期的公用数据网是采用模拟通信的电话交换网，新型的公用数据网采用数字传输技术与公组交换方法。典型的公用分组交换网有美国的 TELENET、加拿大的 DATAPAC、法国的 TRANSPAC、英国的 PSS、日本的 DDX 等。公用分组交换网的组建为计算机网络的发展提供了良好的外部通信条件，它可以为更多的用户提供数据通信服务。

（二）计算机网络的发展

第一阶段可以追溯到 20 世纪 50 年代。那时，人们将彼此独立发展的计算机技术与通信技术结合起来，完成数据通信技术与计算机通信网络的研究，为计算机网络的产生做好理论与技术方面的准备。

第二阶段可以从 20 世纪 60 年代美国的 ARPANET 与分组交换技术开始。ARPANET 是计算机网络技术发展中的一个里程碑，它的研究成果对促进网络技术发展和理论体系研究产生了重要作用，并为互联网的形成奠定了基础。

第三阶段可以从 20 世纪 70 年代中期算起。当时，国际上各种广域网、局域网与公用分组交换网发展迅速，各计算机厂商纷纷发展各自的计算机网络系统，随之而来的是网络体系结构与网络协议的标准化问题。国际标准化组织（International Organization for Standardization，ISO）在推动开放系统参考模型与网络协议的研究方面做了大量的工作，对网络理论体系的形成起重要的作用。

第四阶段要从 20 世纪 90 年代开始。这个阶段最有挑战性的是 Internet、高速通信网络、无线网络与网络安全技术。互联网作为国际性的网际网与大型信息系统，正在经济、文化、科研、教育与社会生活等方面发挥越来越重要的作用。宽带城域网技术的发展为社会信息化提供技术支持，网络安全技术为网络应用提供安全保障。点对点网络（P2P）应用正在成为互联网产业与现代信息服务业新的增长点。

（三）网络的概念

计算机网络是以能够相互共享资源的方式互连起来的自治计算机系统的集合。计算机网络是计算机技术与通信技术高度发展、紧密结合的产物，网络技术的进步正在对当代社会发展产生着重要的影响。

（四）计算机网络的分类

计算机网络按照其覆盖的地理范围进行分类，可以很好地反映不同类型网络的技术特征。由于网络覆盖的地理范围不同，它们所采用的传输技术也就不同，因此形成不同的网络技术特点与网络服务功能。

按覆盖的地理范围划分，计算机网络可以分为以下三类。

1. 局域网

局域网（Local Area Network，LAN）用于将有限范围内（例如一个实验室、大楼或校园）的各种计算机、终端与外部设备互连成网。按照采用的技术、应用范围和协议标准的不同，局域网可以分为共享局域网与交换局域网。局域网技术的发展非常迅速并且应用日益广泛，是计算机网络中最为活跃的领域之一。

从局域网应用的角度来看，局域网的技术特点主要表现在以下几个方面。

局域网覆盖有限的地理范围，它适用于单位、校园、工厂等有限范围内的计算机、终端与各类信息处理设备联网的需求。

局域网提供高数据传输速率（10Mbps～10Gbps）、低误码率的数据传输环境。

局域网一般属于一个单位所有，易于建立、维护与扩展。

从介质访问控制方法的角度来看，局域网可以分为共享介质式局域网和交换式局域网；从使用的传输介质类型的角度来看，局域网可以分为使用有线介质的局域网和使用无线通信信道的无线局域网。

局域网可以用于个人计算机局域网、大型计算机设备群的后端网络与存储区域网络、高速办公网络、企业与学校的主干局域网。

2. 城域网

城市地区网络常简称为城域网（Metropolitan Area Network，MAN）。城域网是介于广域网与局域网之间的一种高速网络。城域网的设计目标是满足几十千米范围内的大量企业、机关、公司的多个局域网的互联需求，以实现大量用户之间的数据、语音、图形与视频等多种信息传输。

3. 广域网

广域网（Wide Area Network，WAN）又称为远程网，所覆盖的地理范围从几十公里到几千公里。广域网覆盖一个国家、地区，或横跨几个洲，形成国际性的远程计算机网络。广域网的通信子网可以利用公用分组交换网、卫星通信网和无线分组交换网，将分布在不同地区的计算机系统互连起来，以达到资源共享的目的。

（五）计算机网络体系结构与协议标准化

国际标准化组织成立计算机与信息处理标准化技术委员会，从事网络体系结构与网络协议的国际标准化研究。经过多年的努力，ISO 正式制定开放系统互连（Open System Interconnection，OSI）参考模型，即 ISO/IEC 7498 国际标准。OSI 参考模型与协议的研究成果对推动网络体系结构理论的发展有很大作用。

另外，在 1969 年 ARPANET 的实验性阶段，研究人员就开始 TCP/IP 协议雏形的研究。1979 年，越来越多的研究人员投入 TCP/IP 协议的研究。1980 年，ARPANET 的所有主机都转向 TCP/IP 协议。1983 年 1 月，ARPANET 向 TCP/IP 的转换结束。在 OSI 参考模型制定过程中，TCP/IP 协议已经成熟并开始应用，并且赢得了大量的用户和投资。TCP/IP 协议的成功促进了互联网的发展，互联网的发展进一步扩大 TCP/IP 协议的影响。IBM、DEC 等大公司纷纷宣布支持 TCP/IP 协议，网络操作系统与大型数据库产品支持 TCP/IP 协议。相比之下，符合 OSI 参考模型与协议标准的产品迟迟没有推出，妨碍其他厂家开发相应的硬件和软件，从而影响 OSI 研究成果的市场占有率。随着互联网的高速发展，TCP/IP 协议与体系结构已成为业内公认的标准。

二、互联网发展

Internet 称为因特网，也可称为国际互联网，是以相互交流信息资源为目的。互联网、因特网、万维网三者的关系是：互联网包含因特网，因特网包含万维网。凡是能彼此通信的设备组成的网络就叫互联网。所以，即使仅有两台机器，不论用何种技术使其彼此通信，也叫互联网。国际标准的互联网写法是 internet（字母 i 一定要小写），因特网是互联网的一种。因特网可不是仅有两台机器组成的互联网，它是由上千万台设备组成的互联网。因特网使用 TCP/IP 协议让不同的设备可以彼此通信。但使用 TCP/IP 协议的网络并不一定是因特网，一个局域网也可以使用 TCP/IP 协议。判断自己是否接入的是因特网，首先看自己电脑是否安装了 TCP/IP 协议，其次看是否拥有一个公网地址。

本书后续讲解的互联网都是指与因特网连接的互联网，强调的是互联性、广泛性，是指全世界范围的连接。

（一）互联网的应用

互联网在现实生活中应用很广泛。在互联网上我们可以学习、聊天、玩游戏、查阅资料等，更为重要的是在互联网上还可以进行广告宣传和购物。互联网给我们的现实生活带来很大的便利。我们在互联网上可以在数字知识库里寻找自己学业上、事业上的所需，从而帮助我们的工作与学习。

（二）互联网的接入方式

（1）PSTN 拨号：一般称拨号上网；

（2）综合业务数字网 ISDN；

（3）ADSL；

（4）DDN 专线；

（5）光纤接入；

（6）无线连接；

（7）有线电视网 HFC。

（三）我国互联网发展

1994 年，我国首次接入国际互联网，随之迎来了三次发展浪潮。20 世纪之前，互联网开始进入到大众视野中，并且逐渐建立大众对互联网的认知度和接受度。同时，在互联网创业浪潮的背景下，大量的互联网企业运势而生，主要发展门户网站和搜索引擎。

2001 年到 2008 年是互联网发展的第二次浪潮，社交化网络逐渐形成，并且有关法律法规不断出台，着力对网络市场发展进行规范管理。互联网发展的第二次重要阶段与第一阶段相比，个人门户、微博、博客、网游等相继兴起，互联网开始对我们的生产生活产生影响。

2009 年，迎来了互联网发展的第三次浪潮，互联网发展越来越趋于成熟。2015 年，“互联网＋”被第一次提出，门户网站、手机 App、电子商务、互联网直播等新型互联网产物百花齐放，影响着人们生活的方方面面，也证实了互联网经济的发展潜力。

任务实施

1. 通过阅读上述资料和检索网络资源，完成任务表 2－1－1，通过完成记录表了解不同网络的特点。

表 2-1-1　不同类型网络特点对比记录表

网络名称	所用设备和线路	涵盖范围	应用案例
局域网			
城域网			
广域网			

2. 通过阅读上述资料和检索网络资源，完成任务表 2-1-2，通过完成记录表了解我国互联网三次发展的时间阶段和发展内容。

表 2-1-2　我国互联网三次发展的时间阶段和内容

时间阶段	时间	发展特点	新兴发展内容
第一次浪潮			
第二次浪潮			
第三次浪潮			

任务技能拓展

观察学校机房的网络布局方式，并尝试绘制拓扑图。

任务二　了解校园网络和 IP 地址

任务引领

我们在校园机房里可以上网，可以进行互联网信息搜索与发布。教师机还可向学生机进行桌面广播和收发文件等。校园机房的网络算是哪种网络呢？

任务目标

本项目主要通过了解校园网络，认识校园网的组成，了解计算机网络的拓扑结构；学习网络的 IP 地址设置及相关基础知识。

知识储备

图 2-2-1 为一个计算机机房的布置情况。这是一个典型的局域网，教师机可向学生机进行桌面广播和收发文件等。同时通过学校主干网络连接互联网，每台计算机都可

以进行互联网信息搜索与发布。

图 2-2-1　机房布置

计算机机房网络是一个典型的星型局域网，其拓扑结构如图 2-2-2 所示。其中，计算机是怎样实现数据传输的呢？首先是以共同的协议确保通信过程，其次是通信双方身份的识别与确定，如同移动通信公司的两个手机用户，各自拥有不同的手机号码，约定双方用中文进行交流。

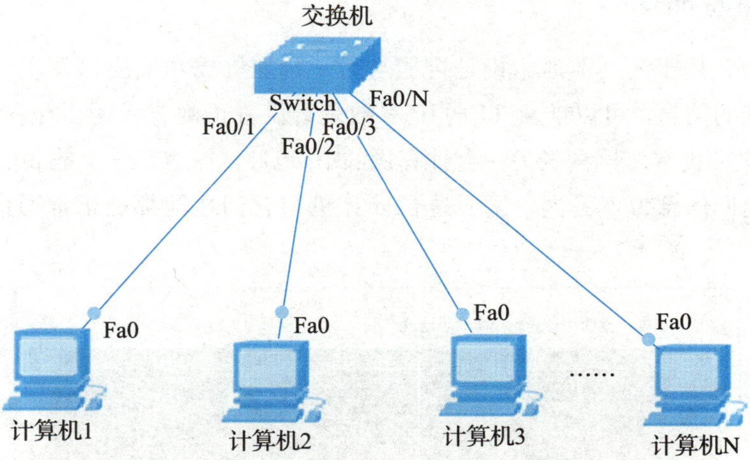

图 2-2-2　机房局域网拓扑结构示意图

一、TCP/IP 协议

TCP/IP 协议是基于 TCP 和 IP 这两个协议的一系列通信协议的集合，是目前计算机网络数据传输中应用最广泛的协议。其中两个主要协议是 TCP 协议和 IP 协议，分别称为传输控制协议和网际互联协议。

二、IP 地址

网络中的每一台主机或者终端都需要一个唯一的标记，如同每个人的身份证号，这个唯一的标记就是 IP 地址。目前有 IPv4 和 IPv6 两种版本，广泛使用的是 IPv4 版本。

在 IPv4 中，IP 地址由 32 位二进制表示，采用点分十进制表示法，每 8 位二进制为一段，每一段用一个十进制数表示（0～255），段与段之间用点号“.”隔开。例如，“192.168.5.22”。

IP 地址采用分层结构，由网络号和主机号两部分组成。网络号用来标记一个网络，主机号用来标记这个网络中的某一台主机。按照网络规模大小，IP 地址分为 A、B、C、D、E 五类，在小型办公局域网或者家庭局域网中，通常使用“192.168.*.*”这一类 IP 地址，它属于 C 类 IP 地址，地址的第一段数值范围为 192～223。默认 C 类网络的子网掩码为“255.255.255.0”，表示 IP 地址中前三段为网络号，第四段为主机号，这个 C 类网络的主机个数最多不超过 254 台。例如，“192.168.5.22”所在的局域网，如果子网掩码为“255.255.255.0”，则其中“192.168.5”为网络标记，“192.168.5.1”“192.168.5.2”…“192.168.5.254”均可以作为该网络中主机的 IP 地址。

三、ping 命令

ping 命令常用于测试本地主机是否能与另一台主机成功交换（发送与接收）数据包。根据返回的信息，可以推断 TCP/IP 参数是否设置正确或者是否存在网络故障等。图 2-2-3 是 ping 局域网内的另一台计算机的 IP 地址，图 2-2-4 是 ping 百度网站域名，两者均返回信息为零丢失，说明这台计算机与它们之间都能正常通信，网络连接正常。

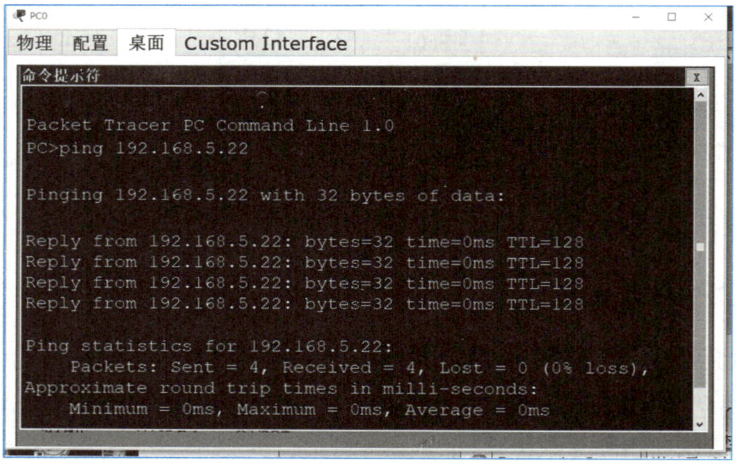

图 2-2-3　ping 192.168.5.22

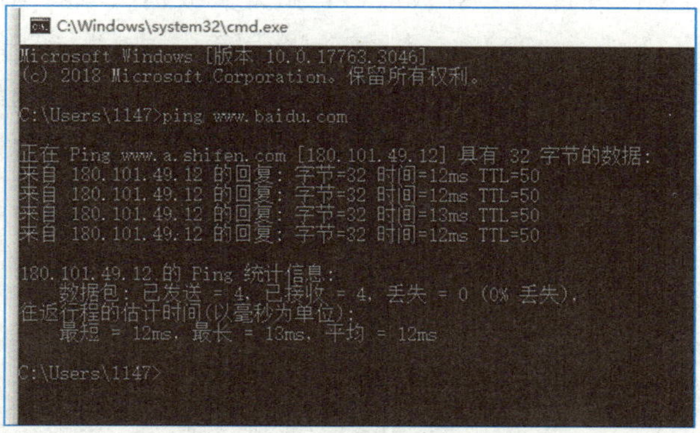

图 2-2-4　ping www.baidu.com

四、域名系统（DNS）

IP 地址用数字形式标记 Internet 上的每一台计算机，但是对于用户来说，记一组没有规律的数字相当困难。因此，Internet 同时采用了一种字符型的主机命名方式，称为域名（Domain Name）。

域名的实质是用一组字符组成的名字代替 IP 地址。为了避免重名，域名采用层次结构，各层次的子域名之间用点号隔开，从右至左分别为一级域名（或称为顶级域名），二级域名，…，直到主机名称，看图 2-2-5 域名空间结构图。一级域名代表建立网络的组织机构或网络所隶属的地区或国家，和 IP 地址相互映射的分布式数据库，由专门的 DNS 服务器提供服务，能够使用户更方便地访问 Internet，而不用去记住能够被机器直接读取的 IP 地址。例如，“https://jyt.nmg.gov.cn/”这个域名中，“https://”表示协议名，指明了所使用的传输协议。“https”意为超文本传输安全协议（Hyper Text Transfer Protocol Secure），它是用于 Internet 上进行安全数据传输的通信协议。“jyt.

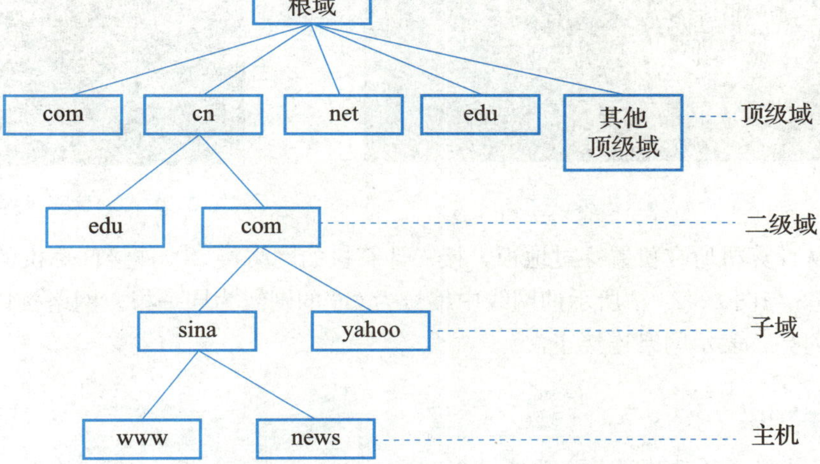

图 2-2-5　域名空间结构图

nmg. gov. cn/”表示主机域名（Host Name），由许多级别的域名构成。其中，“cn”是顶级域名（Top Level Domain，TLD），表示该域名属于中国。“gov”是二级域名（Second Level Domain）表示该网站是中国政府部门或政府部门授权的机构网站。“nmg”是三级域名（Third Level Domain），表示该网站隶属于内蒙古自治区政府部门或部门授权的机构。“jyt”是四级域名（Fourth Level Domain）。

任务实施

第 1 步：查看机房整体环境

图 2-2-1 所示的机房面积约为 80 平方米，共有 42 台学生机、1 台教师机和配套计算机桌椅；一个网络机柜，内有 1 台交换机（48 口）；以及柜式空调和一系列多媒体设备。机房地面安装有架空的防静电地板，表面平整。

第 2 步：查看机柜

图 2-2-6 所示为机房机柜，机柜中的主要设备是交换机，上面网络接口中接插的每一条网线的另外一端都连接着一台计算机。各网络端口指示灯闪亮表示连通，不亮则表示未连通。一般在千兆交换机上，绿色表示连接速率为千兆，黄色表示连接速率仅为百兆或更低，若绿色（黄色）闪烁，表示该端口正在传输数据。

第 3 步：查看计算机终端，如图 2-2-7 所示。

图 2-2-6　机房机柜

图 2-2-7　计算机终端

网线从计算机所在位置穿过地板，接入计算机的网络接口。连接计算机的网线接头编号为 G6，与图 2-2-7 所示的网线中编号为 G6 的网线为同一根。网络接口处的指示灯为绿色闪亮，表示网络连接正常。

相关知识

组成局域网的硬件设备主要有以下 3 类。

1. 终端设备

常见的有台式计算机、笔记本电脑、手机、平板电脑等。在局域网中也可以接入各种功能的服务器或者网络打印机等。

2. 传输介质

双绞线是局域网最常见的传输介质，俗称网线。单根双绞线的长度一般不超过100m。目前的局域网中也常用光纤进行传输。

光纤传输速度快，距离远，交换机右侧的接口连接光纤跳线，通过光纤与学校网络中心连接。

3. 网络连接设备

局域网的连接设备主要是网卡和交换机，交换机是局域网的中心设备，所有计算机都连接到交换机，由交换机进行数据交换，如图2-2-8所示。

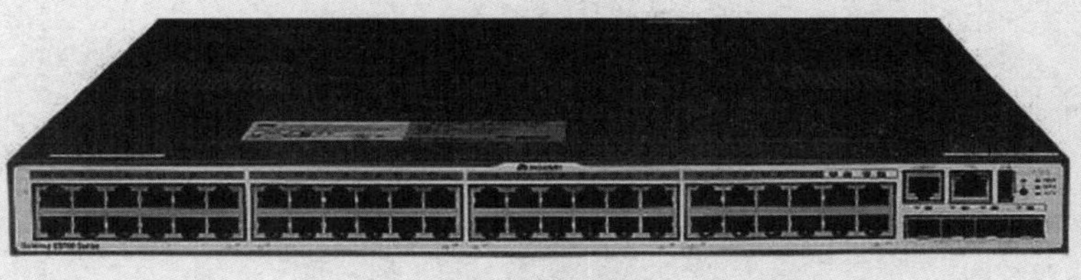

图2-2-8 机架式交换机

第4步：初识计算机网络的拓扑结构

为学习和研究计算机网络，常把终端设备抽象成点，把连接这些设备的通信线路抽象成线，并将由这些点和线所构成的图称为网络拓扑结构。图2-2-2就是这个常见机房局域网拓扑结构示意图。

相关知识

拓扑结构反映了网络中各设备之间的相互关系。计算机网络的拓扑结构有总线型、环型、星型、网状型等类型，如图2-2-9所示。

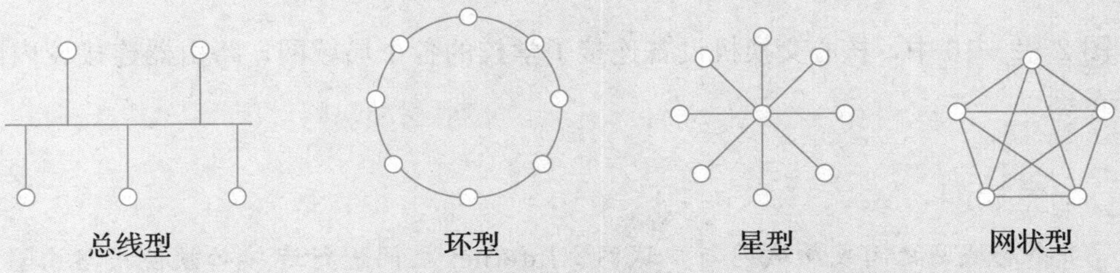

图2-2-9 拓扑结构

目前常见的局域网拓扑结构主要是星型或者是由星型结构派生出来的树状拓扑结构。星型局域网的中心设备是交换机，终端设备是计算机。通常家庭网络也是一个星型局域网，中心设备是无线路由器（兼有交换和路由功能），终端设备是手机等移动终端或者计算机等。

星型拓扑结构的网络具有连接容易、管理简单、维护方便等优点。某个终端损坏，不影响网络的正常使用。但是如果中心结点的设备损坏，则会造成整个网络无法使用。

第 5 步：认识校园网的组成

图 2－2－10 是整个校园网的拓扑结构图，可见校园网是由一个个局域网组成的。

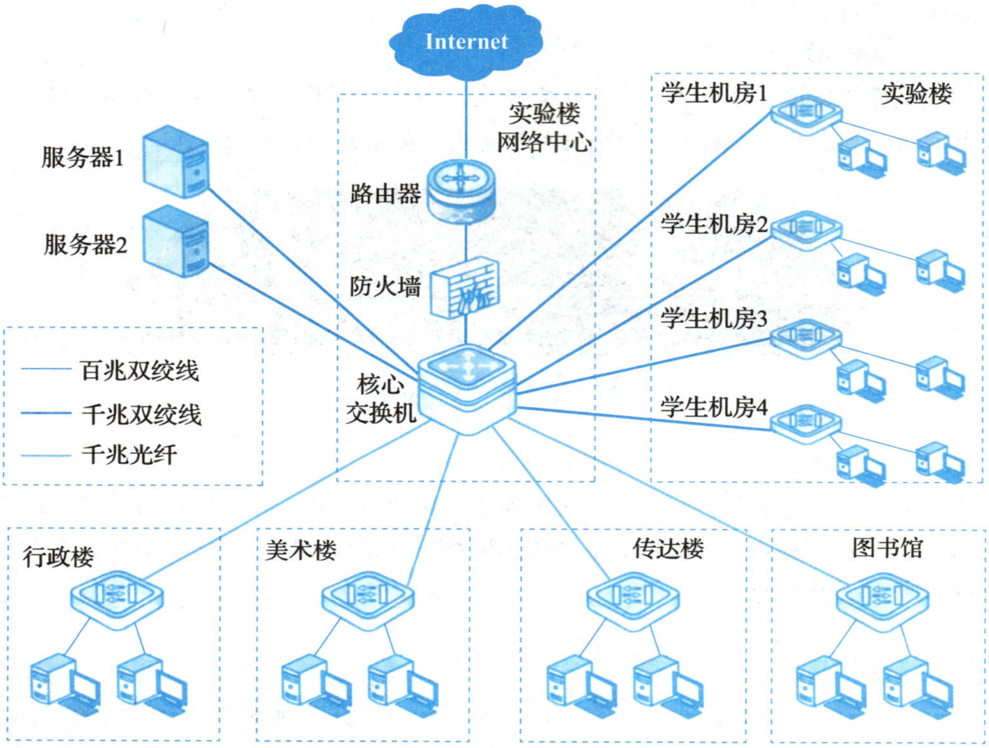

图 2－2－10　校园网拓扑结构

图 2－2－10 中，核心交换机设备连接了学校的各个局域网，路由器连接校内网和 Internet。

相关知识

多个局域网之间或局域网与广域网、Internet 之间进行连接必须使用路由器设备，通过路由器的路由功能，实现不同局域网内的计算机设备相互通信。有些核心交换机兼具路由功能，在一些小型局域网中经常采用。

防火墙（firewall）设备是一种将内部网和公众访问网分开的网络设备，可以防止从 Internet 向内部局域网发起的攻击。

第 6 步：查看主机的 IP 地址配置

要通过 ping 命令确定本计算机与另一台计算机能否正常连接，首先需要得到对方的 IP 地址。查看计算机 IP 地址的具体步骤如下。

（1）右击系统图标“网络”（任务栏右侧的通知区域中），选择“打开‘网络和 Internet’设置”命令，打开“设置”窗口，如图 2-2-11 所示。可以看到当前网络状态为“你已连接到 Internet”。

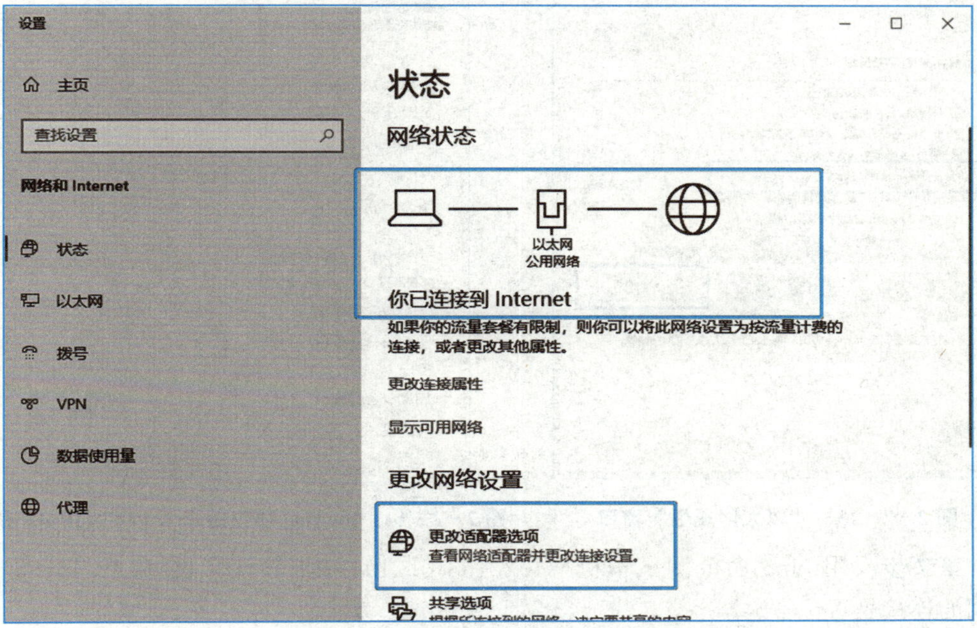

图 2-2-11　设置网络

（2）单击“更改适配器选项”，打开“网络连接”窗口，如图 2-2-12 所示，列出了所有已安装的网络适配器（包括网卡、无线网卡、蓝牙等）。如果图标上有红色“X”表示该设备已启用但未连接，如果图标上有“已禁用”或呈灰色则表示该设备暂时停用。右击正常连接的“以太网”图标，在菜单中选择“属性”命令，打开“以太网属性”对话框，如图 2-2-13 所示。

图 2-2-12　查看网络连接

（3）选择“Internet 协议版本 4（TCP/IPv4）”选项，单击“属性”按钮，弹出“Internet 协议版本 4（TCP/IPv4）属性”对话框，如图 2-2-14 所示。从中可以看到本机的 IP 地址是“192.168.5.21”，子网掩码是“255.255.255.0”，默认网关为“192.168.5.254”，DNS 服务器为“114.114.114.114”（网关与 DNS 服务器的作用见本任务中的第 8 步）。通过相同的方法，可以查看相邻计算机的 IP 地址。

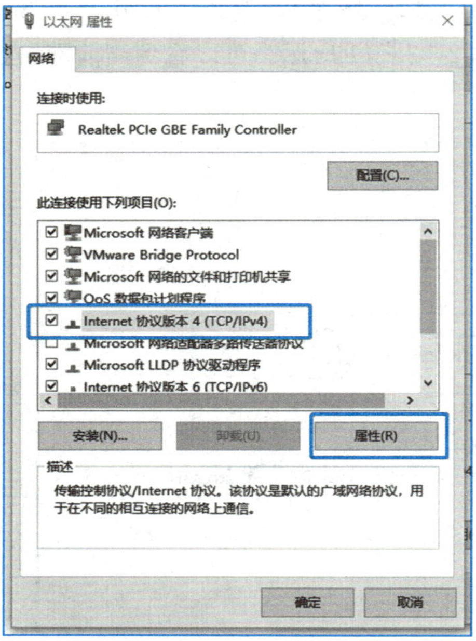

图 2-2-13 “以太网属性”窗口

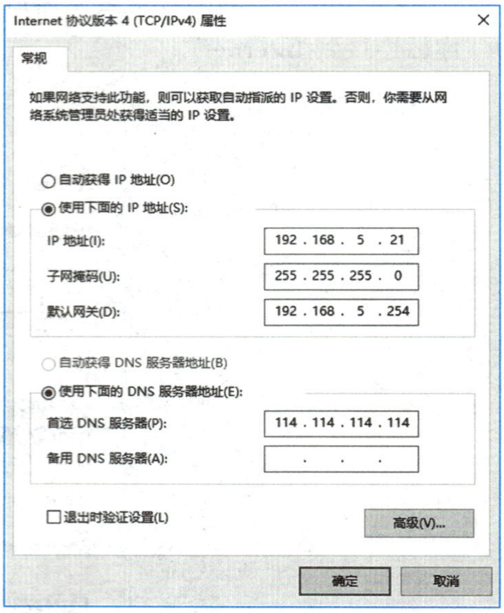

图 2-2-14 Internet 协议版本 4（TCP/IPv4）属性

第 7 步：用 ping 命令测试本机（192.168.5.21）与相邻计算机（192.168.5.22）之间的连接是否正常。

单击“开始”—“Windows 系统”—“命令提示符”命令，打开“命令提示符”窗口，输入“ping 192.168.5.22”，按回车键后显示信息如图 2-2-3 所示。图中信息反馈的是本机发送了 4 个数据包，接收到了来自“192.168.5.22”计算机的 4 条回复，0%丢失，因此测试结果为本机与“192.168.5.22”连接正常。

查看 IP 属性的另一个方法是通过“命令提示符”窗口执行“ipconfig”命令。在“命令提示符”窗口中，输入“ipconfig /all”命令并按回车键，得到信息如图 2-2-15 所示。

图中还可查看“物理地址”。每个网卡都有一个唯一的物理地址（MAC 地址），如图 2-2-15 中显示的“6C-4B-90-1F-8A-E9”，是十六进制表示的地址，用来标记网上的设备。

第 8 步：配置 IP 属性

1. 配置 IP 地址

在配置 IP 地址前先清除原有 IP 地址，如图 2-2-16 所示的“Internet 协议版本 4（TCP/IPv4）属性”对话框中点“自动获取 IP 地址（O）”和“自动获得 DNS 服务器地址（B）”，再在“IP 地址（I）”栏内输入“192.168.5.121”，单击子网掩码栏，会自动填入 C 类网默认子网掩码“255.255.255.0”，单击“确定”按钮后关闭所有对话框。

图 2-2-15　命令提示符查看 IP 属性

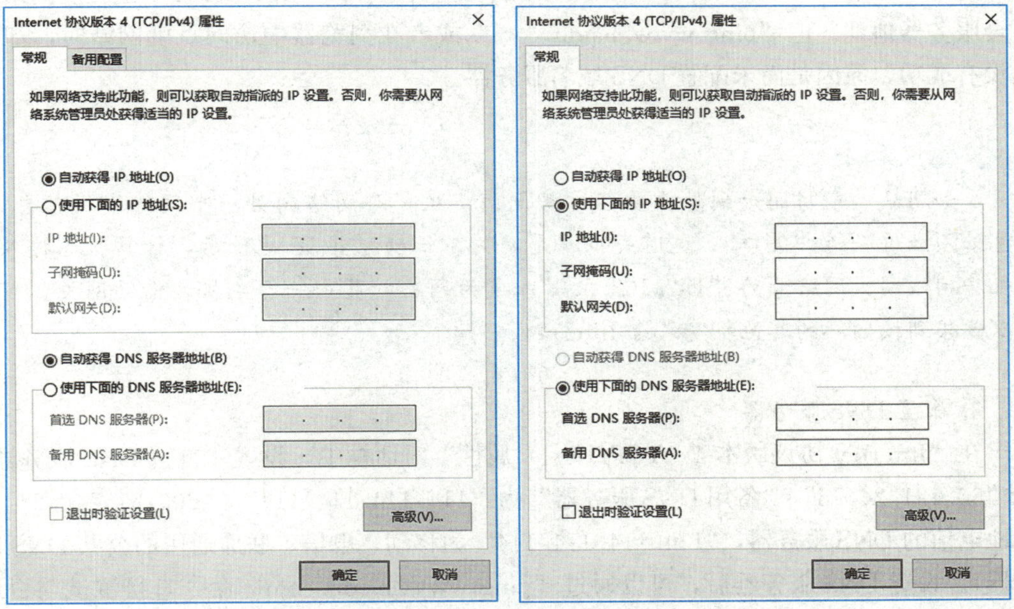

图 2-2-16　配置 IP 地址

此时再 ping 相邻计算机的 IP 地址，返回信息如图 2-2-3 所示，“0%loss”表示与相邻计算机连接成功。此时的网络状态如图 2-2-17 所示，“以太网”已连接成功，但仍旧无法访问 Internet。

IP 地址设置后，可以“ping 127.0.0.1”测试本机 TCP/IP 协议安装是否成功，其中“127.0.0.1”称为回环地址。可以“ping 本机 IP 地址”（如 ping 192.168.5.121），测试失败则表示本机 IP 地址设置未成功或网络中存在相同的 IP 地址等情况。

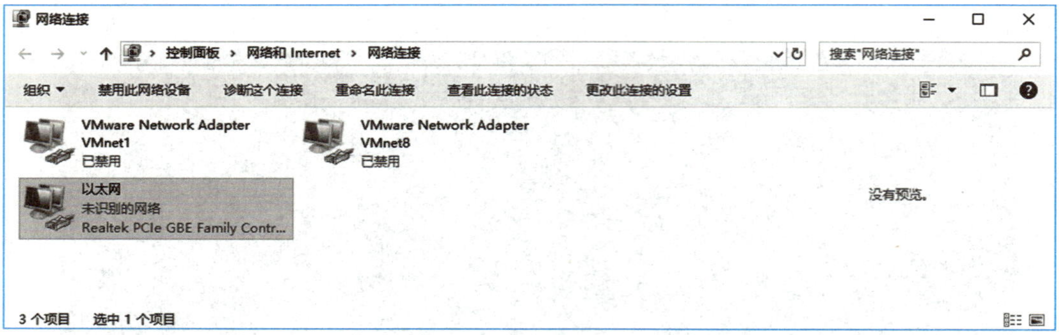

图 2-2-17 “以太网”已连接成功

2. 配置网关

在“Internet 协议版本 4（TCP/IPv4）属性”对话框中，在“默认网关”栏输入“192.168.5.254”，单击“确定”按钮后关闭对话框。根据网络规划确定，一般会用本局域网，即“192.168.5.254”。

此时“ping 180.101.49.12”测试通信成功，其中“180.101.49.12”是百度网站的一台服务器地址。但“ping www.baidu.com”或者在浏览器中访问百度网站时，却仍然没有成功，原因是尚未配置 DNS 域名服务器。

相关知识

如同从一个房间走到外面要经过房间门，从一个网络向另一个网络发送信息，也必须经过一道“关口”，这道关口就是网关。正确配置 IP 地址后，计算机已接入机房局域网，网络号为“192.168.5.0”，成为网络的其中一台主机。借助网关，可以连接到校园网的其他机房或者 Internet。

3. 配置 DNS 服务器

在“Internet 协议版本 4（TCP/IPv4）属性”对话框中，设置“首选 DNS 服务器”为“60.191.244.5”，“备用 DNS 服务器”为“114.114.114.114”（“60.191.244.5”为某地电信的 DNS 服务器，“114.114.114.114”为移动、电信、联通通用的公共 DNS 服务器）。设置 DNS 服务器后，可以通过“ping www.baidu.com”命令直接测试与百度服务器之间是否可以通信（见图 2-2-4）。

相关知识

DNS 提供从域名到 IP 地址或从 IP 地址到域名的转换服务，这需要专门的域名解析服务器来完成。因此计算机连接 Internet 时，必须确定由哪台 DNS 服务器完成域名解析，需要在设置 IP 地址时，设置“首选 DNS 服务器”，也可以再设置一个“备用 DNS 服务器”。

任务技能拓展

1. 查看家庭网络，绘制拓扑结构图。

2. 使用“360 断网急救箱”或者金山 LSP 修复工具。当 QQ 无法连接服务器、无法浏览网页时，可以尝试使用“360 安全卫士”的“360 断网急救箱”进行诊断、修复，帮助解决相关问题。

任务三 组建家庭网

任务引领

如今家庭网络日益普及，网络终端不仅有计算机，还有手机、平板电脑、监控摄像头、电视机等电子设备。随着近年来组网设备的迭代更新，我们可以轻松便捷地实现网络连接与配置，以适应更多的网络需求，本任务介绍如何组建一个家庭无线网络。

任务目标

了解组建网络的实施步骤，了解组建一个家庭无线网络需要的硬件设备，初步学会家用无线路由器的连接和设置。

知识储备

图 2－3－1 所示是目前家庭网络的主要连接方式之一。

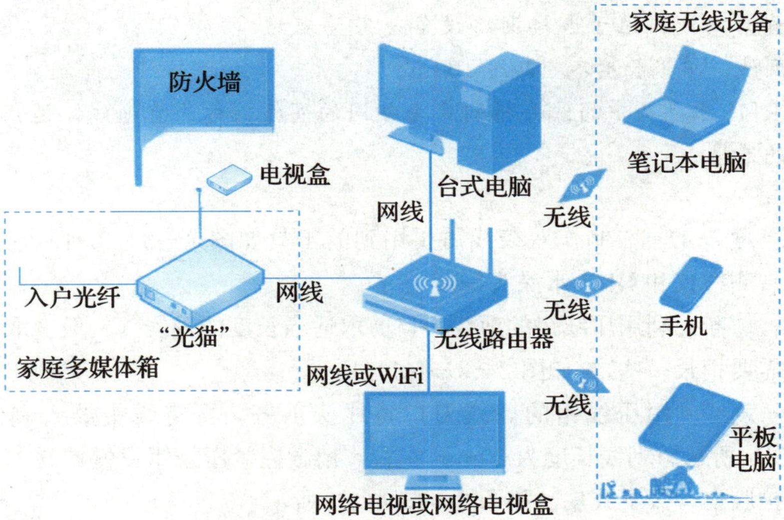

图 2－3－1 常见家庭网络拓扑图

以普通家庭为例，目前宽带接入的方式主要为电话线接入、光纤接入和小区网线接入等方式，前两者均需要宽带供应商提供一个调制解调器，俗称“宽带猫”，但无论用什么方式接入，最终都转换为数字信号，用网线接入家庭网络。

家庭网络通常采用无线宽带路由器，它具有接入 Internet、无线信号发送和接收、提供有线接入等功能，很好地满足家庭网络的需求。无线路由器一般具有一个 WAN 口，与宽带猫的网口连接，实现 Internet 接入；具有多个 LAN 口，可通过网线连接客厅、书房的台式机、笔记本电脑或者机顶盒等设备，提供多路有线接入，保证这些指定网络接入点的上网速度及可靠性；提供无线信号的发射和接收，使手机、平板电脑、笔记本电脑等移动设备能方便地在家里任意地方接入 Internet。本任务中，使用的无线宽带路由器是“TP-LINK TL-WDR6500 电信定制千兆版”，这是一个千兆路由器。

任务实施

一、制作双绞线

相关知识

图 2-3-1 中所用的连接线缆一般为双绞线，双绞线是由 4 对绝缘导线两两相互缠绕、放置在一个保护胶皮内制成的线缆，如图 2-3-2 所示。根据传输频率和信噪比，双绞线常分为五类线、超五类线和六类线等。五类线最高传输速率为 100Mbps，超五类线最高传输速率可达 1 000Mbps，六类线则常用于传输速率高于 1 000Mbps 的应用。

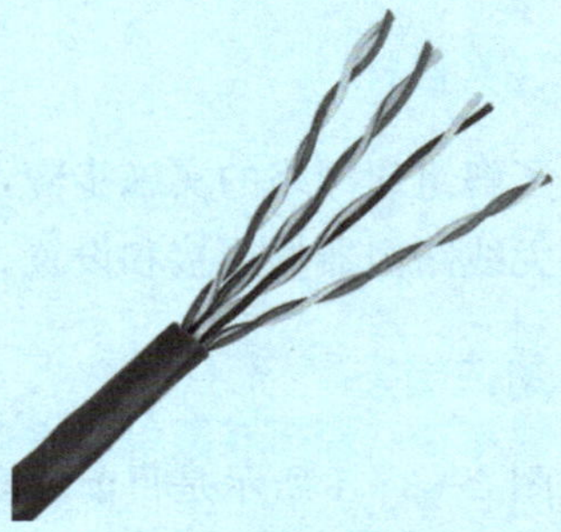

图 2-3-2　双绞线

双绞线两端制作 RJ45 水晶头后，就成为网络跳线，通常称为网线，用于连接网络设备一般为双绞线制作的网线，单根长度不宜超过 100m。

两端 RJ45 水晶头中的线序排列完全相同的网线，称为直通线，适用于计算机到交换机的连接。

第 1 步：准备工具。制作双绞线需要用到的工具如图 2-3-3 所示，主要有压线钳、双绞线、测线仪和 RJ45 水晶头等。

第 2 步：剪断。利用压线钳的剪线刀口剪取适当长度的网线（一般剪取网线的长度应当比实际需要稍长一些），如图 2-3-4(1) 所示。

第 3 步：剥线。用压线钳的剪线刀口将线头剪齐，再将线头放入剥线刀口，如图 2-3-4(2) 所示。剥线长度为 20mm 左右，稍微握紧压线钳慢慢旋转，让刀口划开双绞线的保护胶皮，拔下胶皮。如图 2-3-4(3) 所示。

第 4 步：排序。每对线都是相互缠绕在一起的，制作网线时必须将 4 个线对的 8 条

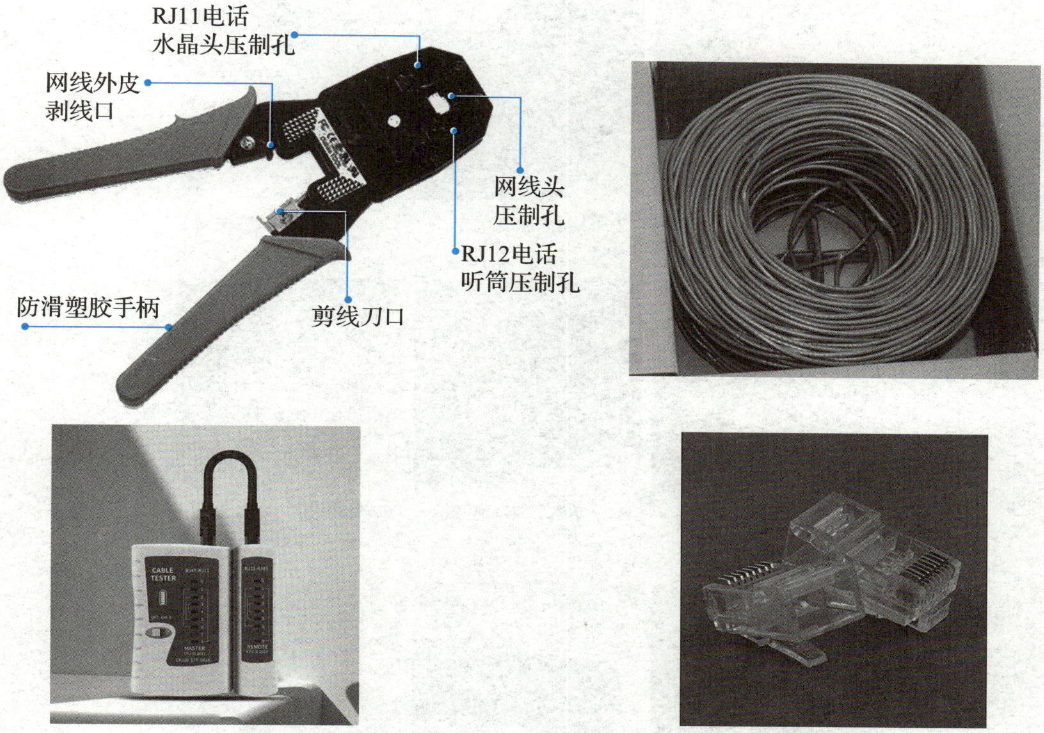

图 2-3-3　制作双绞线所用工具和材料

细导线一一拆开、理顺、捋直，如图 2-3-4(4) 所示，然后按照规定的线序排列整齐，如图 2-3-5 所示。在双绞线标准中应用最广的是 T568A 和 T568B。在此采用 T568B，线序为：橙白、橙、绿白、蓝、蓝白、绿、棕白、棕。

第 5 步：剪齐。把线尽量捋直（不要缠绕）、压平（不要重叠）、挤紧理顺（朝一个方向紧靠），然后用压线钳把线头剪平齐，如图 2-3-4(5) 所示，剥离外层绝缘皮的部分保留 13mm 左右（大拇指捏住部分约 10mm 不放松，再保留 3mm 左右）。这样确保在双绞线插入水晶头的过程中，各细导线完全插入到各自线槽顶端，不要有多余导线裸露在外，避免折断或接触不良。

第 6 步：插入。大拇指继续捏住不放，另一只手以拇指和中指捏住水晶头，使有塑料弹片的一侧向下，针脚一方朝向远离自己的方向，有方形孔的一端对着自己。此时，最左边的为 1 号引脚，最右边的为 8 号引脚，以此为序。注意缓缓用力把 8 条细导线同时沿 RJ45 水晶头内的 8 个线槽插入，一直插到线槽的顶端，如图 2-3-4(6) 所示。

第 7 步：压制。确认所有导线都已插入到位，并透过水晶头检查一遍，确保线序无误后，将 RJ45 水晶头从无牙的一侧推入压线钳夹槽后，用力握紧压线钳（将突出在外面的针脚全部压入水晶头内），如图 2-3-4(7)～图 2-3-4(9) 所示。至此，这条网线的一端就做好了，用相同方法制作另一端。

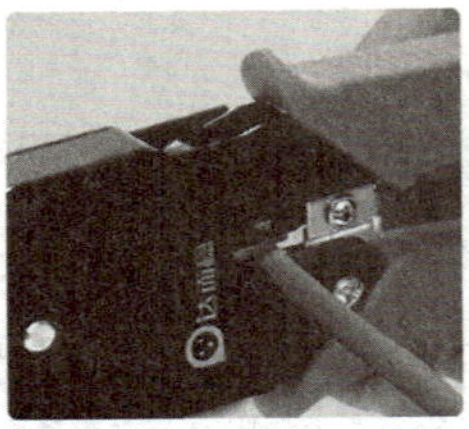
（1）将网线一头放入剥线口

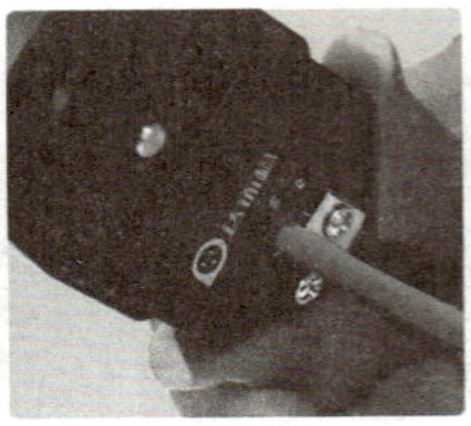
（2）旋转剥线刀

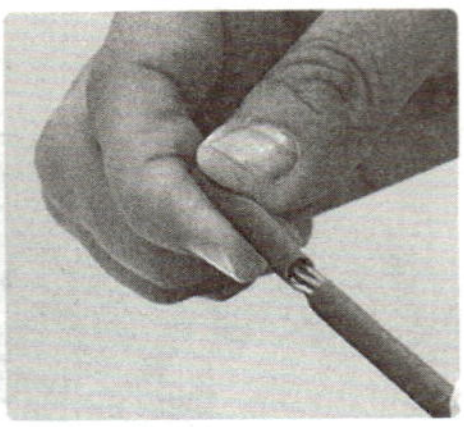
（3）取出网线胶皮

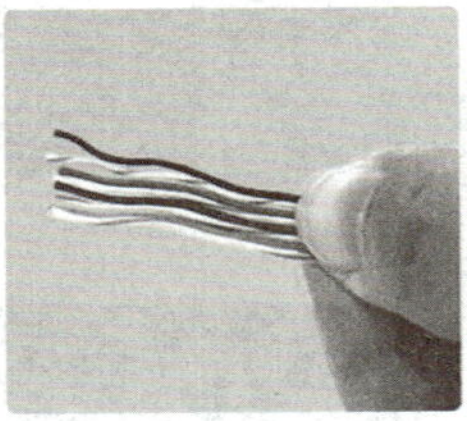
（4）将线头整理好

（5）放入剪线口剪整齐

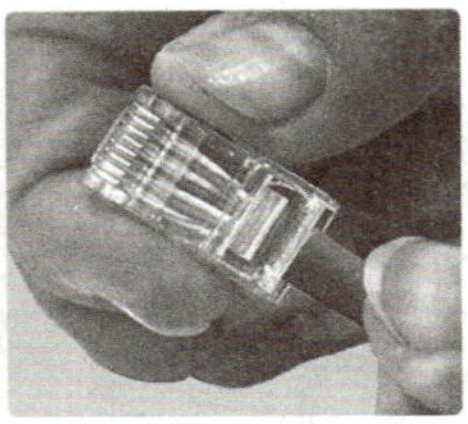
（6）将网线插入水晶头底部

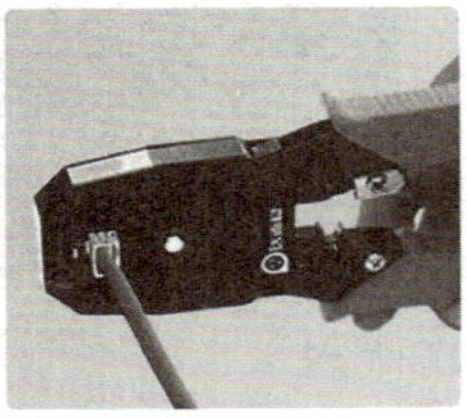
（7）将水晶头放入压线口

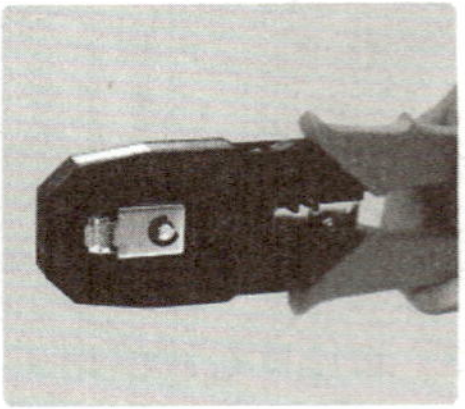
（8）用手柄压至底部

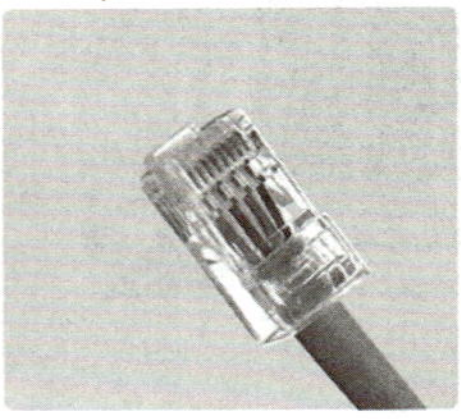
（9）水晶头制造完成

图 2－3－4　制作网线流程图

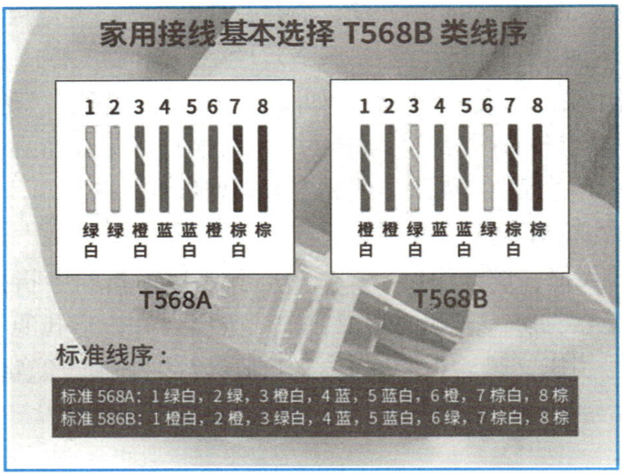

图 2－3－5　标准线序

第 8 步：测试。完成制作后，还需要检测确定是否制作成功。如图 2－3－6 所示，将两端 RJ45 水晶头分别插入测试仪，打开测试仪上的开关，如果两排指示灯从 1 到 8 同时依次闪亮，则说明网线制作成功；如果两排指示灯不是从 1 到 8 同时依次闪亮，说明网线线序排列有错误；如果有部分灯亮有部分灯不亮，说明水晶头处接触不良，需要选择一端重新制作、测试，直至测试成功。

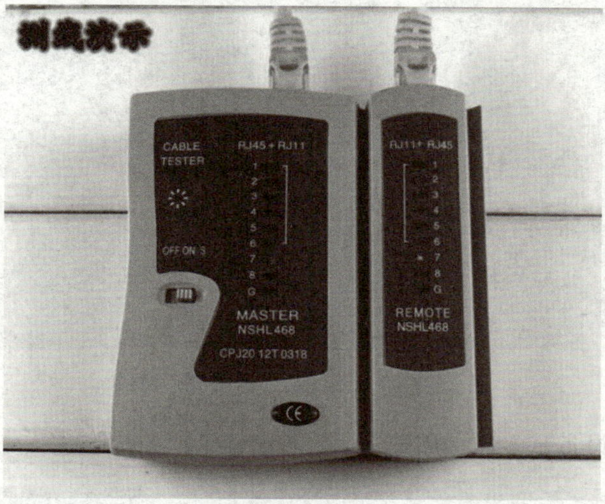

图 2-3-6　测试网线

二、连接家庭网络设备

家庭网络最常见的设备和辅材有：宽带猫、无线路由器、网线、网络模块等。

上网设备主要有：台式电脑，笔记本电脑，手机，电视等。下面以联通光纤入户宽带为例介绍设备连接。

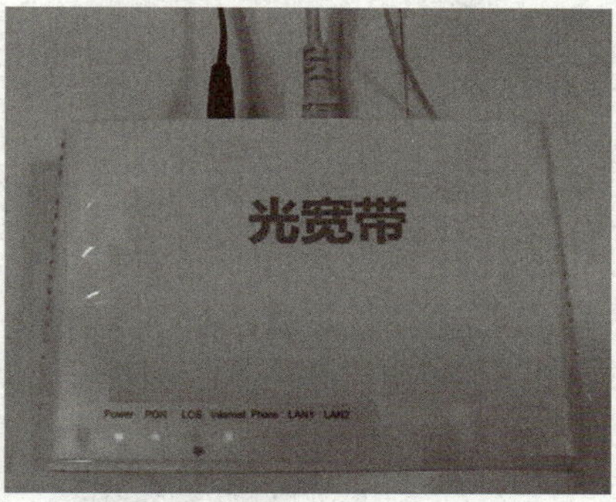

图 2-3-7　光宽带（“光猫”）

（1）宽带猫（“光猫”）：光纤接入用户端设备，如图 2-3-7 所示。

（2）“光猫”的接法如图 2-3-8 所示。

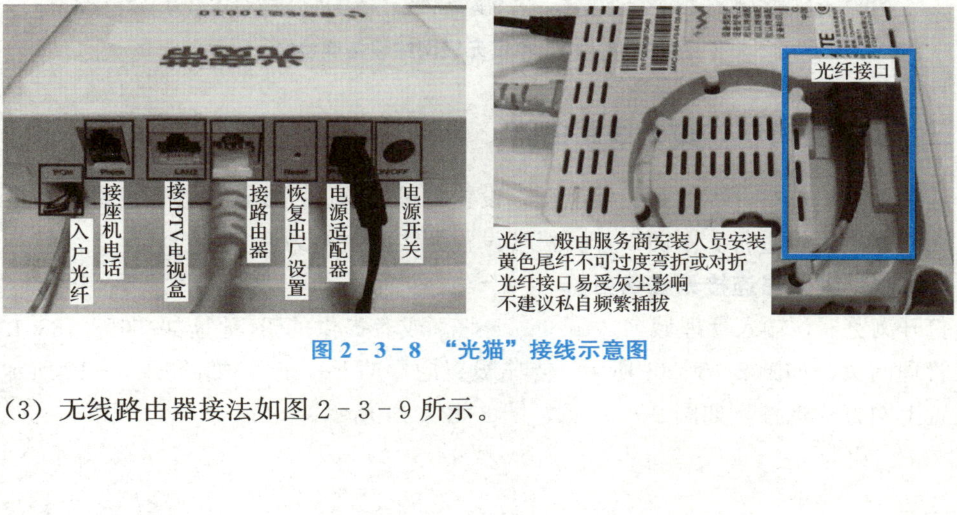

图 2-3-8　“光猫”接线示意图

（3）无线路由器接法如图 2-3-9 所示。

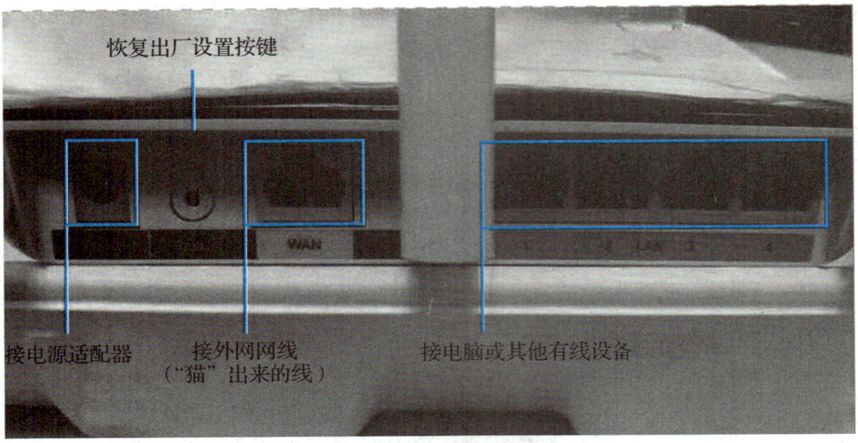

图 2-3-9　无线路由器接口示意图

（4）家庭网络设备基本连接如图 2-3-10 所示。

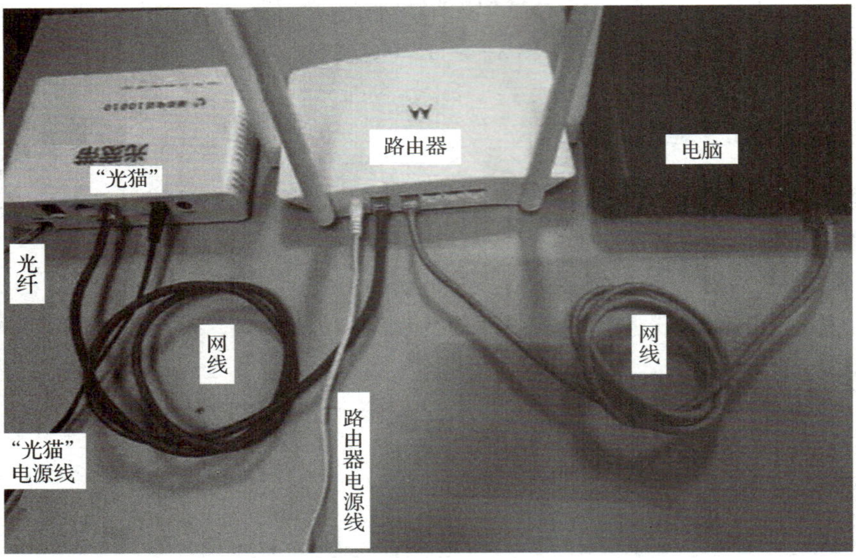

图 2-3-10　家庭无线网络设备连接图

三、使用计算机设置无线路由器

连接线路后，打开无线路由器电源。设置时可以通过网线连接计算机进行，也可以通过无线连接手机进行。下面以计算机端设置无线路由器为例。

第 1 步：浏览器连接无线路由器

打开浏览器，输入管理域名“tplogin. cn”（或者提供的 IP 地址如“192. 168. 1. 1”），进入管理网页，如图 2-3-11 所示。点击设置向导“下一步”，如图 2-3-12 所示，进入设置上网方式选择，如图 2-3-13、图 2-3-14 所示。

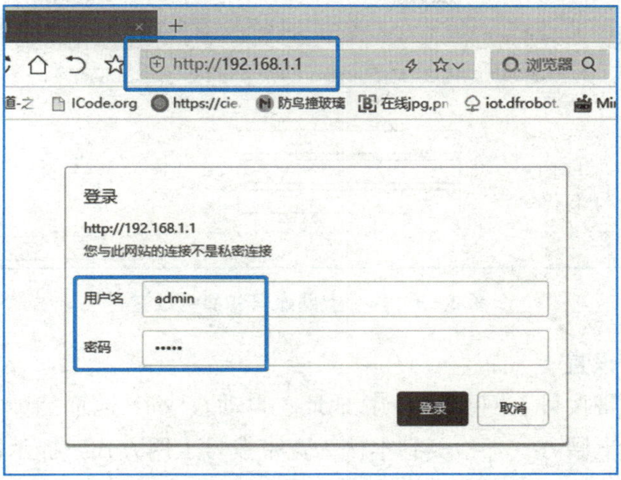

图 2－3－11　进入登录界面

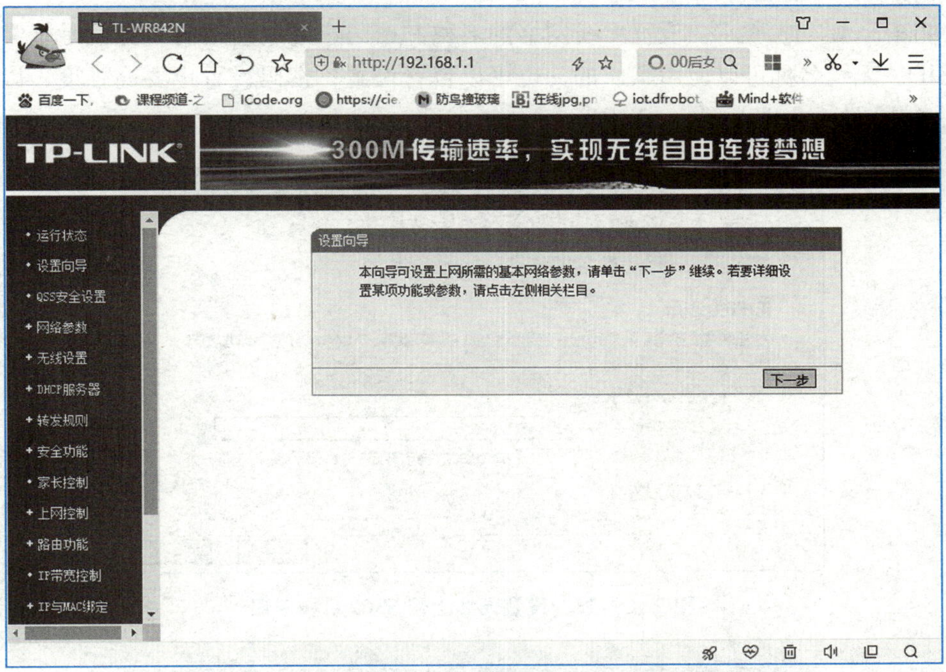

图 2－3－12　设置向导

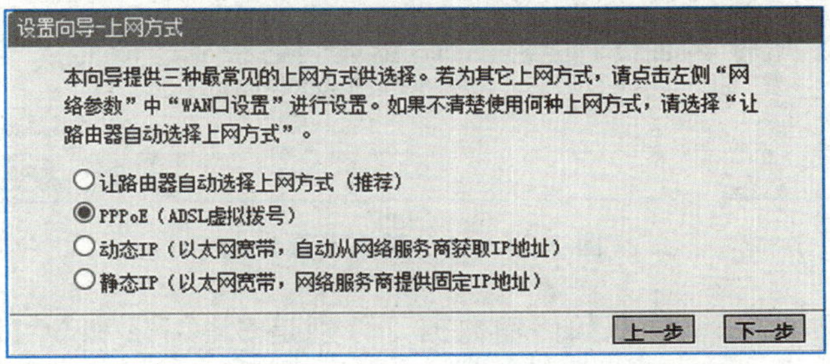

图 2－3－13　上网方式选择

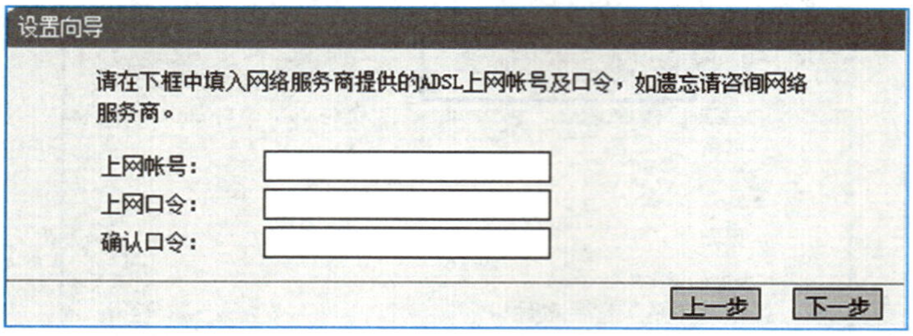

图 2-3-14　上网账号和口令设置

第 2 步：上网设置

家庭上网有宽带拨号上网、固定 IP 地址、自动获取 IP 地址三种方式，设置界面会自动检测已连接的上网方式，检测到本例为宽带拨号上网方式，提示输入运营商的宽带账号和密码。宽带拨号上网，在有些路由器设置里称为“PPPOE 方式”。

第 3 步：无线名称密码设置

如图 2-3-15 所示，设置无线网络的名称和密码，无线网络的名称就是平常所说的 SSID。无线名称可以使用默认的，也可以自行设置；密码设置也要高强度，以保证网络的安全性，如图 2-3-16 所示。

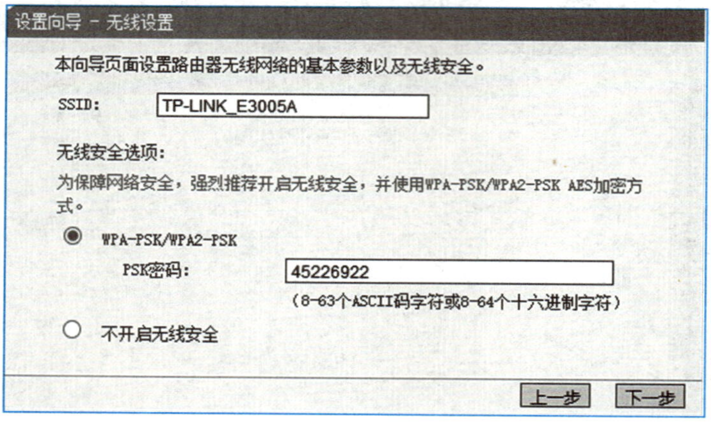

图 2-3-15　设置无线上网 SSID 名和密码

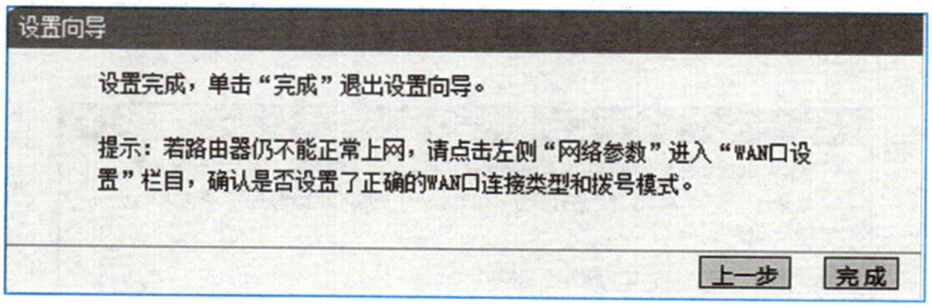

图 2-3-16　基本设置完成

目前的无线路由器都支持双频传输数据，分别是 2.4GHz 和 5GHz。这两个频段都可以使用，其中 2.4GHz 频段比较常见，除了用于无线网络外，还广泛应用于家用无绳电话、蓝牙、无线键盘鼠标等。2.4GHz 与 5GHz 各有优缺点，2.4GHz 穿透能力强，传输距离远；5GHz 抗干扰能力强，传输速率高。双频路由器默认启用两个频段，后续可以进一步个性化设置。

路由器使用一段时间后，可能产生网络卡顿等情况，建议对路由器进行一次关闭电源、重启操作。

任务技能拓展

1. 无线路由器设置。快速设置路由器，路由器可以正常工作。如果需要更改上网方式、无线名称及路由器 IP 地址等设置，就要对路由器进一步进行设置。在管理界面的“路由设置”中设置。

2. 扩展 WiFi 覆盖范围。由于 WiFi 信号遇到障碍物阻挡时会大大衰减，所以在离路由器较远的位置信号会偏弱，传输速度降低甚至会经常掉线。增加一个或多个路由器，可以扩大信号覆盖范围。原先的无线路由器作为主路由器，增加的路由器作为从路由器，常用的连接方法有两种：①WDS 无线桥接。②网线串接主从路由器（主路由器 LAN 口接从路由器 WAN 口或 LAN 口）。

任务四 网络信息获取

任务引领

日常生活中，面对浩如烟海的互联网资源，如何快速搜索，提取有效信息至关重要，为此我们需要学习搜索引擎的使用技巧。

任务目标

了解浏览器，学习通过搜索引擎从网络中获取有效信息；保存网页中的图片、视频等多媒体信息；添加浏览器中的扩展中心工具如“猫抓”。

知识储备

搜索引擎是指根据一定的策略、运用特定的计算机程序搜集互联网上的信息，在对信息进行组织和处理后，为用户提供检索服务的系统。它主要用于检索网站、网址、文献信息等内容。

国内外的搜索引擎有百度、微软必应（Bing）搜索、搜狗、360、搜搜等，不同的搜索引擎，侧重点不同，搜索效率和搜索结果也不尽相同。常用的搜索引擎如图 2－4－1 所示。

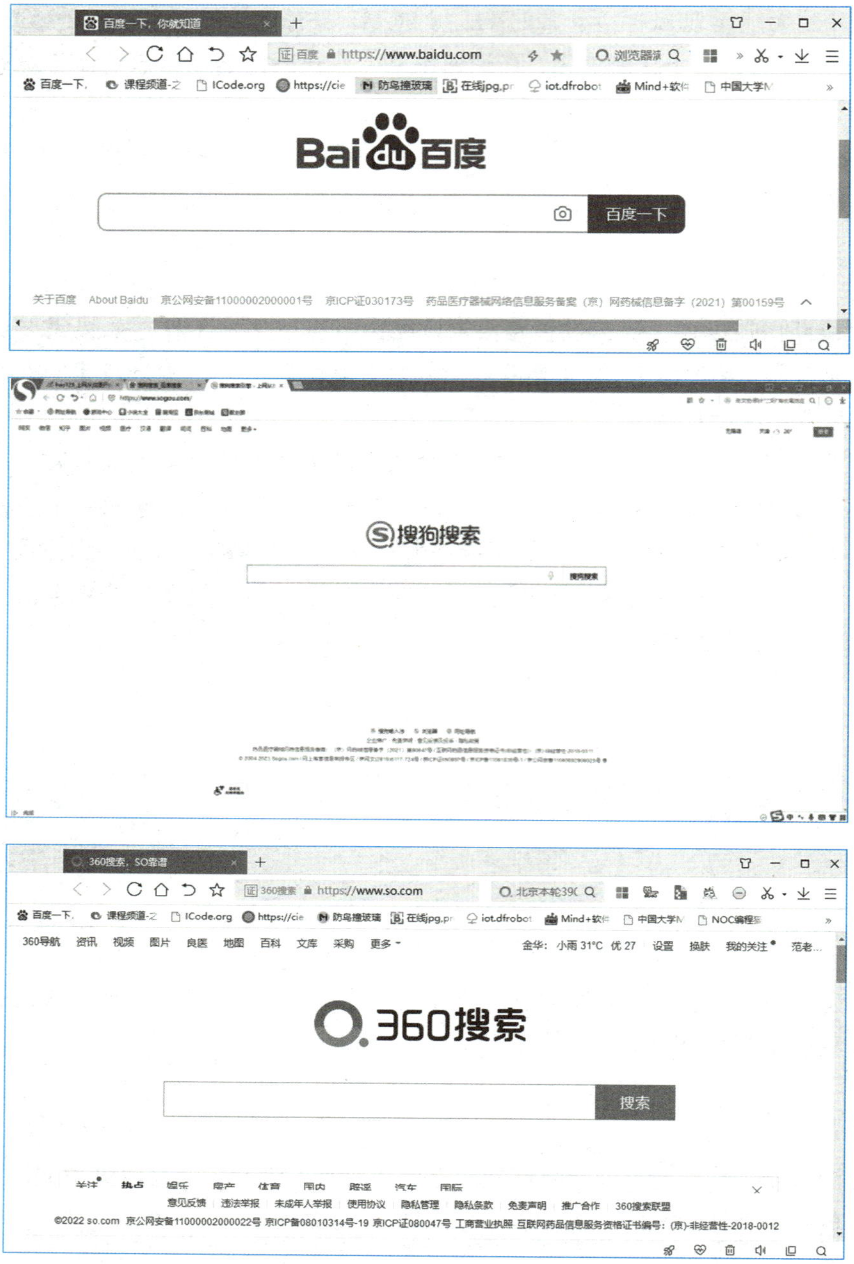

图 2-4-1 常用搜索引擎：百度、搜狗、360

百度是国内常用的搜索引擎之一，在百度的搜索框里输入文本关键字，很快可以得到相关的信息。

浏览器是指可以显示网页服务器或者文件系统的 HTML 文件内容，并让用户与这些文件交互的一种软件。目前常见的浏览器有百度浏览器、360 安全浏览器、谷歌浏览器、火狐浏览器等。

任务实施

“中职生安全教育”主题活动中，需要大量的有关安全的信息资料，这里通过搜狗浏览器上搜索“中职生安全知识”资料，并将相关的信息保存在本地计算机的硬盘上。

一、搜索“中职生安全知识”网页并保存

第 1 步：搜索“中职生安全知识”。打开搜狗浏览器，在网址栏里输入百度网址“www. baidu. com”，在搜索栏内输入关键字“中职生安全知识”，单击“百度一下”按钮，如图 2－4－2 所示；很快就能看到有关“中职生安全知识”的相关信息，选择列表中合适的一个链接单击，就可打开相关网页，浏览要查找的内容，如图 2－4－3 所示。

图 2－4－2　搜狗浏览器输入百度网址

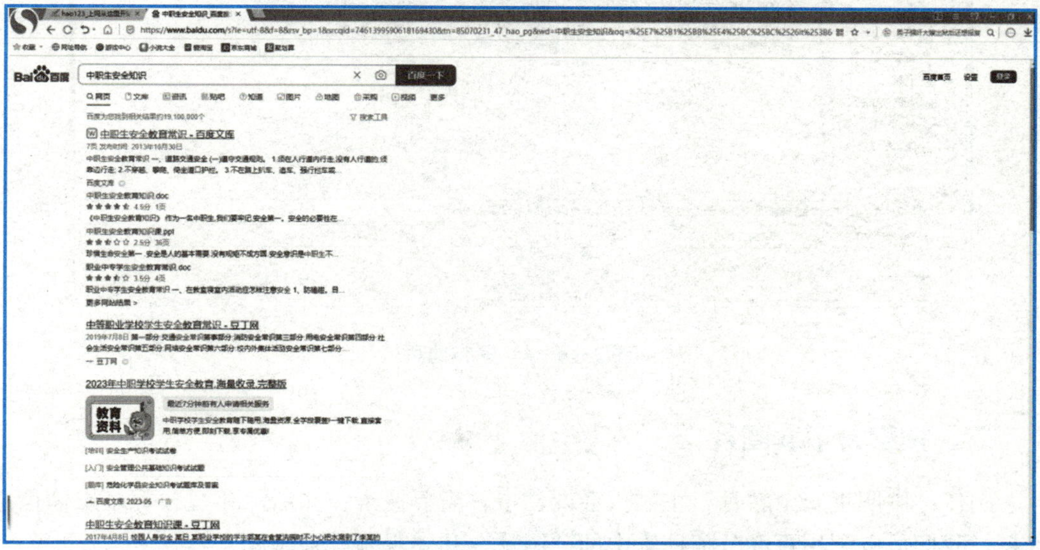

图 2－4－3　搜索“中职生安全知识”

第 2 步：保存包含有用信息的网页。在已打开的网页中打开一个对自己有用的信息

的网页，这里为“中职学生安全教育知识—郑州工业应用技术学院——职业教育与…”页面，单击浏览器窗口右上角的“工具”按钮，选择在弹出的“网页另存为”项单击，在对话框中选择保存位置，如图 2-4-4 所示，单击“保存”按钮，完成网页保存。使用同样的方法，保存更多有用信息的网页。

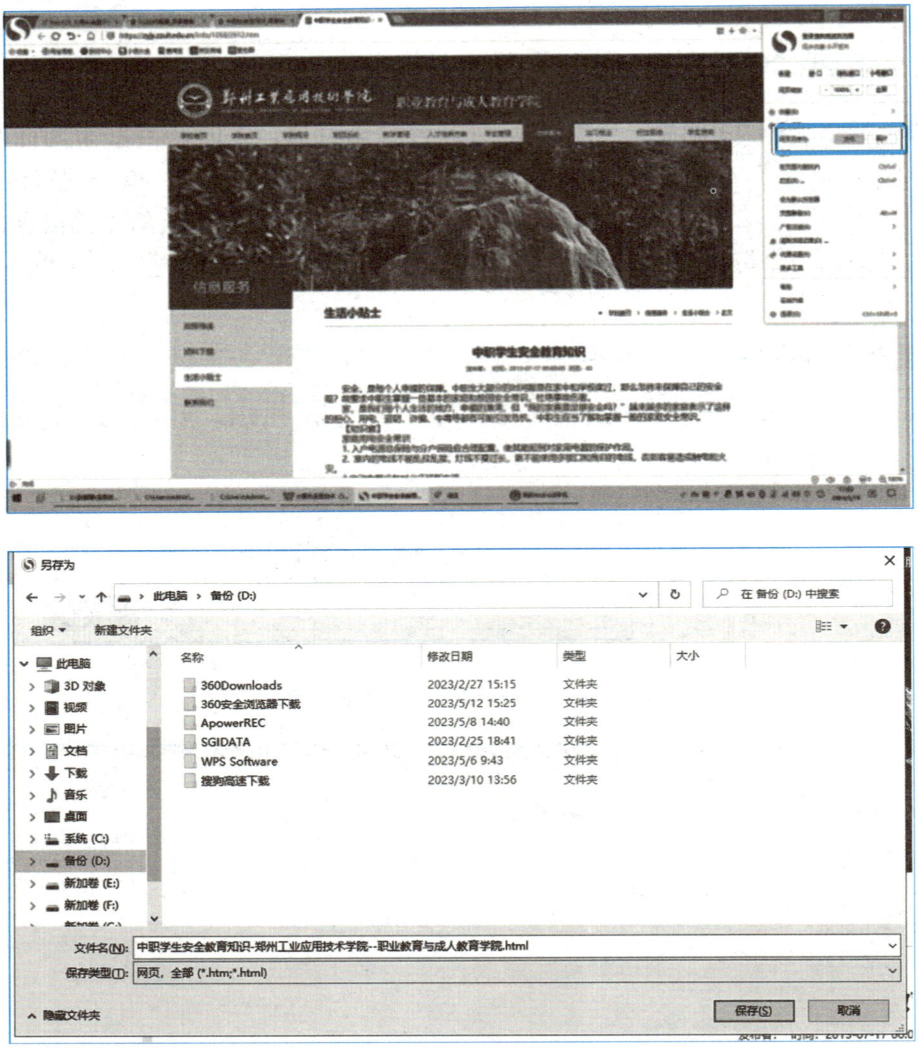

图 2-4-4　保存网页

二、搜索并下载图片

制作“中职生安全教育”主题班会课件中，需要搜集一些图片和视频等多媒体信息资料，我们可以利用百度分类搜索中的“图片”和“视频”来完成。

第 1 步：搜索并下载中职生安全教育知识图片。在百度主页单击搜索上方的“图片”，即可打开百度图片搜索（也可直接在浏览器的地址栏输入 image. baidu. com），输入关键字“消防安全”，默认选择“全部图片”，单击“百度一下”按钮即可得到搜索结果，如图 2－4－5 所示。

第 2 步：在搜索结果中单击需要的图片，即可打开原图，在原图上按右键，在弹出的快捷菜单中选择“另存为”命令，可下载保存图片，如图 2－4－6 所示。

图 2－4－5　百度搜索“消防安全”图片

图 2－4－6　保存图片

三、搜索并利用工具下载消防安全知识视频

第 1 步：搜索视频直接在百度主页上输入关键字“消防安全”，单击“百度一下”按钮，选择“视频”，即可得到搜索结果。如图 2-4-7 所示。

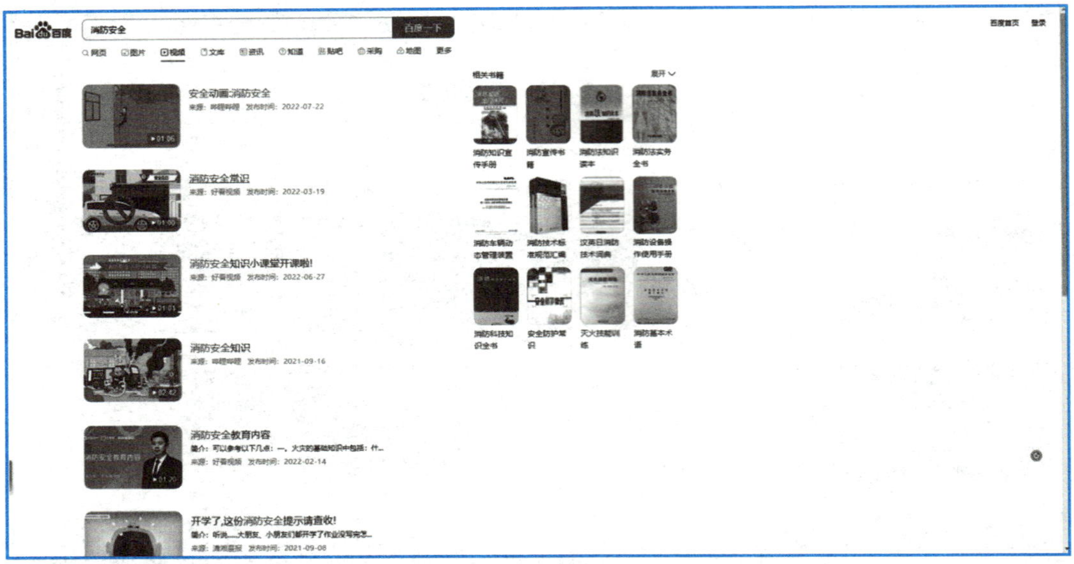

图 2-4-7　“消防安全”视频搜索

第 2 步：安装“猫抓”工具，点击 360 浏览器“扩展中心”，搜索“猫抓”，点安装，如图 2-4-8 所示。安装过程中会跳出如图 2-4-9 所示的窗口，选择添加，这样“猫抓”工具就安装完成。

相关知识

目前很多浏览器有扩展中心，可添加很多功能，如广告阻止、视频下载等实用工具，现在我们通过扩展中心中的“猫抓”工具来下载视频。

图 2-4-8　搜索安装“猫抓”工具

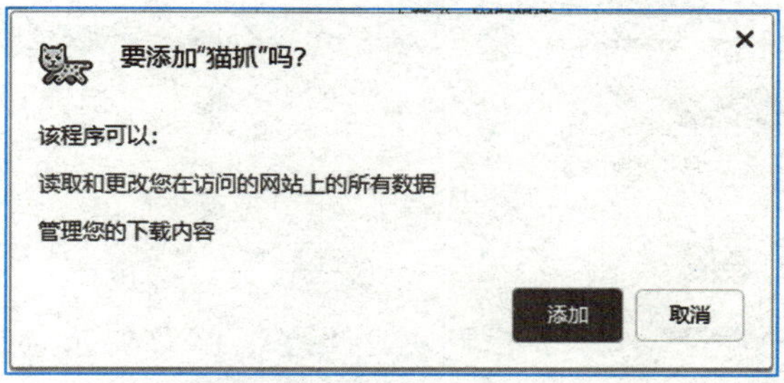

图 2-4-9 添加“猫抓”工具

第 3 步：安装“猫抓”工具后，当我们打开带视频的网页时，工具会自动捕捉当前网页中的所有视频，选择我们需要的视频，并下载。

任务技能拓展

1. 搜索并保存“消防安全知识”网页。
2. 搜索并保存“消防安全知识”视频。
3. 添加浏览器扩展中心中的广告助手工具。

任务五 网盘应用

任务引领

网盘是由互联网公司推出的在线存储服务，向用户提供文件的存储、访问、备份、共享等文件管理功能。不管在家、单位或其他任何地方，只要连接到互联网，就可以管理、编辑网盘里的文件。

任务目标

了解百度网盘的管理；掌握网盘资源的上传、下载、分享等操作。

知识储备

与 U 盘、移动硬盘等存储设备相比，网盘具有不必随身携带、超大的存储空间、便利的网络访问和数据共享等优势，在移动办公中广泛应用。常用网盘有百度网盘、天翼网盘和腾讯微云等。使用时需遵守运营商要求的使用规范，不侵犯他人知识产权，不分享侵权盗版作品等。观察如图 2-5-1、图 2-5-2 所示的范例。

图 2-5-1　百度网盘

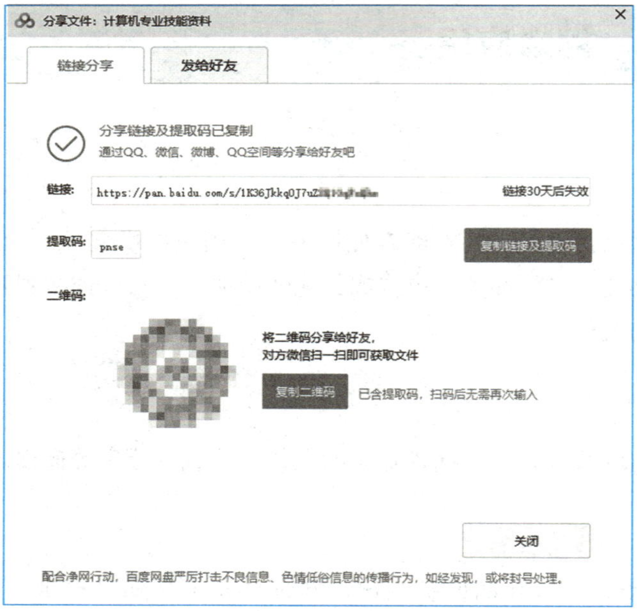

图 2-5-2　文件分享

图 2-5-1 所示为某账号登录后的网盘空间，和本地磁盘一样，可以根据需要建立文件夹，分类存放文件。单击“上传”按钮即可上传文件或者文件夹。

图 2-5-2 所示为将网盘中的某个文件或文件夹分享给好友的操作，只要把生成的链接和提取码分享给好友，对方就可以在规定时间内下载。

任务实施

第 1 步：下载并安装百度网盘客户端

百度网盘可以通过登录官网（https://pan.baidu.com）后直接在网页界面操作使用，但是通常使用网盘客户端会更方便。百度网盘提供了多个客户端版本，计算机、手机和平板电脑等均可以使用。单击百度网盘官网的“客户端下载”按钮，进入下载页面。以“百度网盘 PC 版”为例，下载完成安装后，运行百度网盘客户端软件。

第 2 步：注册并登录

如图 2-5-3 所示，在客户端登录，若尚无账号，需先注册。根据实名制要求，注册网盘均需提供手机号，并通过手机接收验证码完成注册。然后可通过手机号和密码登录。

图 2-5-3 客户端注册

第 3 步：上传文件

登录网盘后，界面如图 2-5-1 所示。可以进行的操作包括：

（1）可以像 Windows 系统中文件资源管理器一样使用“我的网盘”，如新建或删除文件夹。分别新建文件夹，命名为“影视”“软件”和“作业”等。

（2）在“我的网盘”中双击打开“影视”文件夹，如图 2-5-4 所示，单击工具栏中的“上传”按钮，选择本地视频文件，单击“存入百度网盘”按钮，就可以将文件上传到“影视”文件夹中，如图 2-5-5 所示。

如图 2-5-6 所示，也可以直接在文件资源管理器中，将视频文件拖曳至网盘“影视”文件夹中，开始上传。

第 4 步：分享资源

分享资源是网盘的常用功能。操作步骤如下：

（1）在“影视”文件夹中选中视频文件，单击工具栏“分享”按钮。

（2）在弹出的“分享文件”对话框中选择分享形式为“有提取码”，设置有效期为“30 天”，单击“创建链接”按钮，生成链接和提取码。

图 2-5-4　上传文件

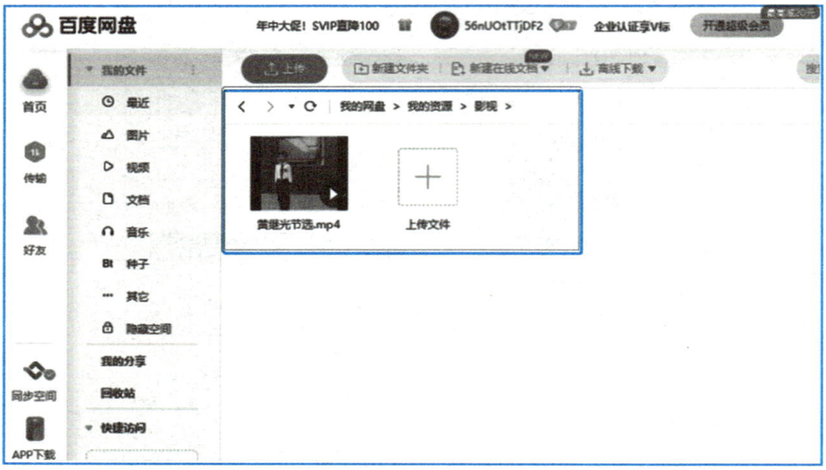

图 2-5-5　上传文件成功

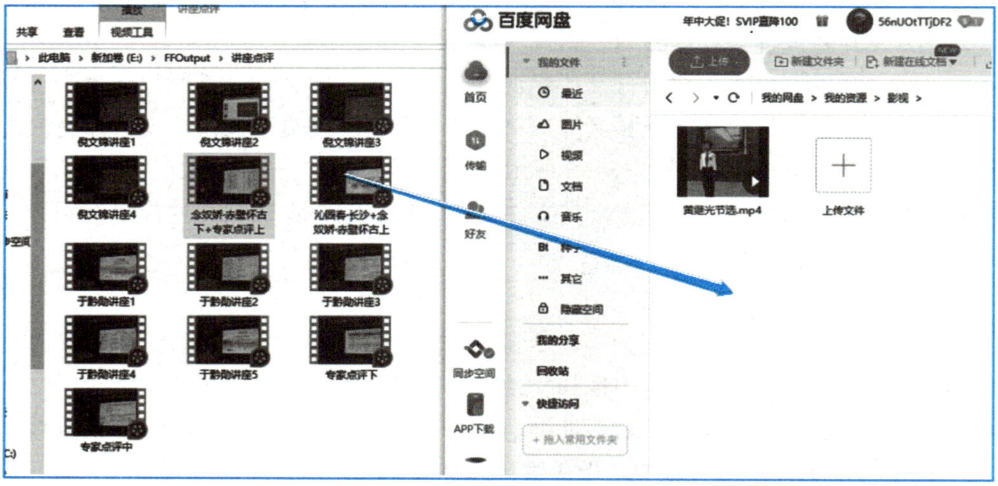

图 2-5-6　拖曳上传文件

（3）单击“复制链接及提取码”按钮，复制生成的链接和提取码，随后粘贴至其他文档中或通过 QQ、微信等发送给好友，也可以分享二维码，如图 2－5－7 所示。

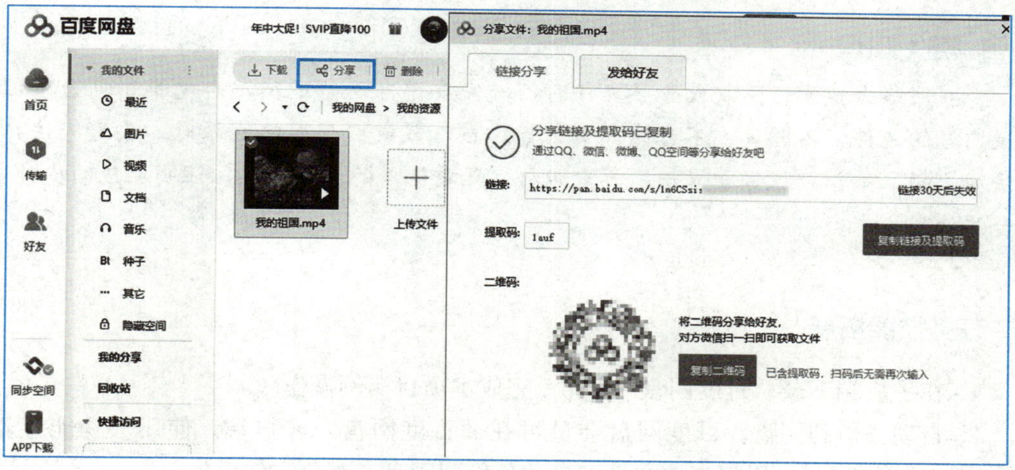

图 2－5－7　分享网盘文件

相关知识

可以分享整个文件夹，如选中“我的网盘”中的“影视”文件夹后再分享。

第 5 步：下载文件

（1）选中网盘中“影视”文件夹中的文件“我的祖国”，在工具栏中单击“下载”按钮，如图 2－5－8 所示。

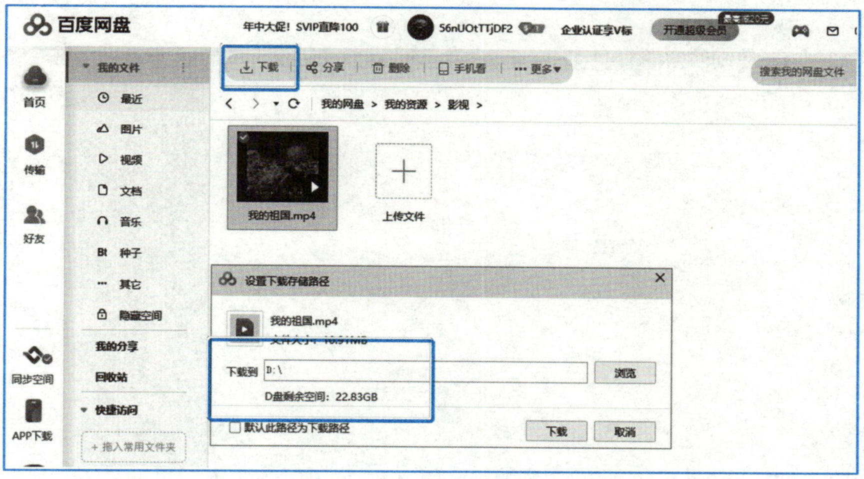

图 2－5－8　下载文件

（2）弹出“设置下载存储路径”对话框，单击“浏览”按钮选择存储路径，如选择本地文件夹“D：\”，单击“下载”按钮后开始下载。

（3）在客户端窗口中单击菜单栏“传输列表”，显示上传和下载情况，并进行管理，如暂停下载、取消下载、开始下载等。

相关知识

在网络上搜索、下载或分享文件时，一定要遵守网络道德，自觉抵制包含不健康内容的文件，不阅读、不存储、不传播。在下载或引用网络资源时，要遵守法律法规，树立知识产权保护意识，尊重版权，尊重他人的劳动成果，注明相应的出处，合法使用。

任务技能拓展

1. 在手机端下载“百度网盘”App，完成本项目实例操作。
2. 自动备份到网盘。百度网盘会员可在“百度网盘”客户端，使用“功能宝箱”中的“自动备份”，可以将本地文件夹自动备份到网盘，避免文件丢失。
3. 保存其他百度网盘用户分享的链接。

图文编辑

项目概述

图文编辑软件是对文字和图片进行编辑排版的应用软件。WPS 文字是英文 Word Processing System（文字处理系统）的缩写，是金山软件公司的一种办公软件，具有直观友好的操作界面，它集编辑与打印为一体，具有功能强大的文字处理软件，以帮助用户制作具有专业水准的文档。

项目目标

通过对本项目的学习，需要掌握 WPS 的基本操作，会用 WPS 文字编辑制作文档，熟练掌握各类文档（如文件、报告、个人简历、论文等）操作。

职业素养

通过对计算机汉字处理技术的学习，学生能从另一个角度理解汉字在全世界通用的计算机中是怎样工作和传递信息的，可在提升学习兴趣的同时推动学生的专业学习动力，提升学生在实际工作中进行数据分析与处理的能力以及社会适应能力。同时，学好 WPS 的操作，有助于培养学生科学、严谨的思维习惯。

任务一 制作培训计划

任务引领

某公司将对员工进行计算机基础操作的培训，需要制作一份详细的培训计划。

任务目标

本项目重点学习应用 WPS 文字编辑制作文档。

（1）文档的新建和保存。

（2）文档格式的设置。

（3）表格的插入和样式的设置。

（4）页眉、页脚的设置。

知识储备

本任务根据参考培训计划样图，首先需要设置文档的页面格式；根据培训计划内容，能够灵活运用文本、段落、艺术字、图片，学会绘制表格并进行合理布局。如图 3-1-1 所示。

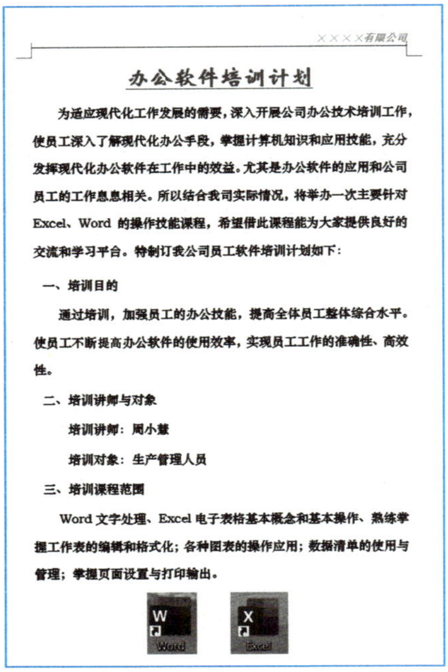
××××有限公司

办公软件培训计划

为适应现代化工作发展的需要，深入开展公司办公技术培训工作，使员工深入了解现代化办公手段，掌握计算机知识和应用技能，充分发挥现代化办公软件在工作中的效益。尤其是办公软件的应用和公司员工的工作息息相关。所以结合我司实际情况，将举办一次主要针对 Excel、Word 的操作技能课程，希望借此课程能为大家提供良好的交流和学习平台。特制订我公司员工软件培训计划如下：

一、培训目的

通过培训，加强员工的办公技能，提高全体员工整体综合水平。使员工不断提高办公软件的使用效率，实现员工工作的准确性、高效性。

二、培训讲师与对象

培训讲师：周小慧

培训对象：生产管理人员

三、培训课程范围

Word 文字处理、Excel 电子表格基本概念和基本操作、熟练掌握工作表的编辑和格式化；各种图表的操作应用；数据清单的使用与管理；掌握页面设置与打印输出。

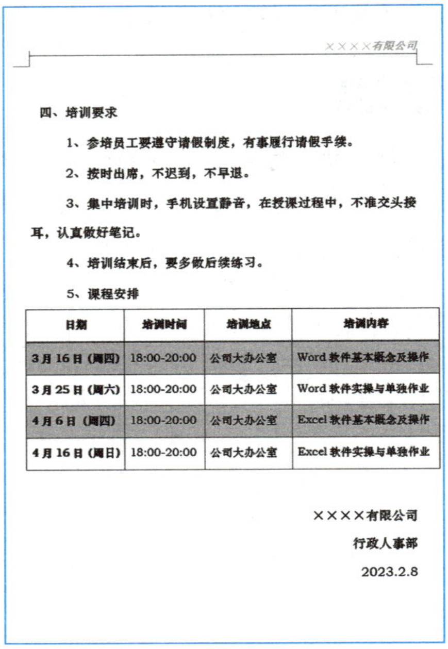
××××有限公司

四、培训要求

1、参培员工要遵守请假制度，有事履行请假手续。

2、按时出席，不迟到，不早退。

3、集中培训时，手机设置静音，在授课过程中，不准交头接耳，认真做好笔记。

4、培训结束后，要多做后续练习。

5、课程安排

日期	培训时间	培训地点	培训内容
3月16日（周四）	18:00-20:00	公司大办公室	Word 软件基本概念及操作
3月25日（周六）	18:00-20:00	公司大办公室	Word 软件实操与单独作业
4月6日（周四）	18:00-20:00	公司大办公室	Excel 软件基本概念及操作
4月16日（周日）	18:00-20:00	公司大办公室	Excel 软件实操与单独作业

××××有限公司

行政人事部

2023.2.8

图 3-1-1 培训计划

任务实施

第 1 步：启动、退出、新建、保存 WPS 文档

1. 启动并新建空白文档

（1）新建文档。双击 WPS 图标，启动软件，单击“空白文档”即可新建一个空白文档，也可以单击“文件”选项卡——“新建”命令，选择“空白文档”按钮新建一个名为“文档 1”的空白文档。

（2）如图 3－1－2 所示，也可以根据模板新建文档。

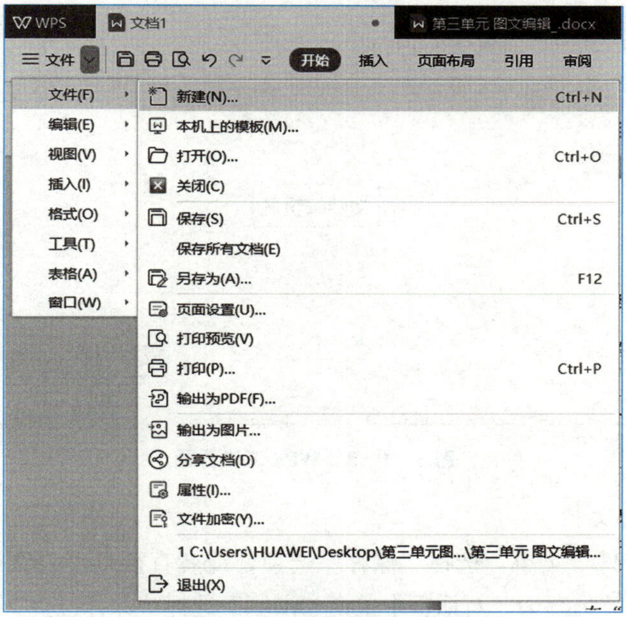

图 3－1－2 根据模板新建文档

相关知识

可利用各种不同的模板创建不同类型的文档，如：书法字帖、简历等。

2. 认识 WPS 工作界面

WPS 工作界面如图 3－1－3 所示。

（1）文档标题：即文件名。

（2）文件菜单：点击文件可以对文件进行各种操作，如打开、新建、保存、编辑等。

（3）快速访问工具栏：经常使用的工具，也可以进行自定义，点击右侧的命令按钮。

（4）菜单栏：文档的各功能菜单。

（5）工具栏：每一个菜单栏下面都对应一个工具栏，工具栏由灰色线条分为各组，点击后面的倒三角按钮弹出更多功能选项。

（6）文档编辑区：文档正文编辑的区域。

（7）滚动条：分为右侧和水平滚动条，拖动页面。

（8）状态栏：可以知道文档的页码、行、列、字数等。

（9）视图栏：可以根据需要选择阅读版式以及放大或缩小页面。

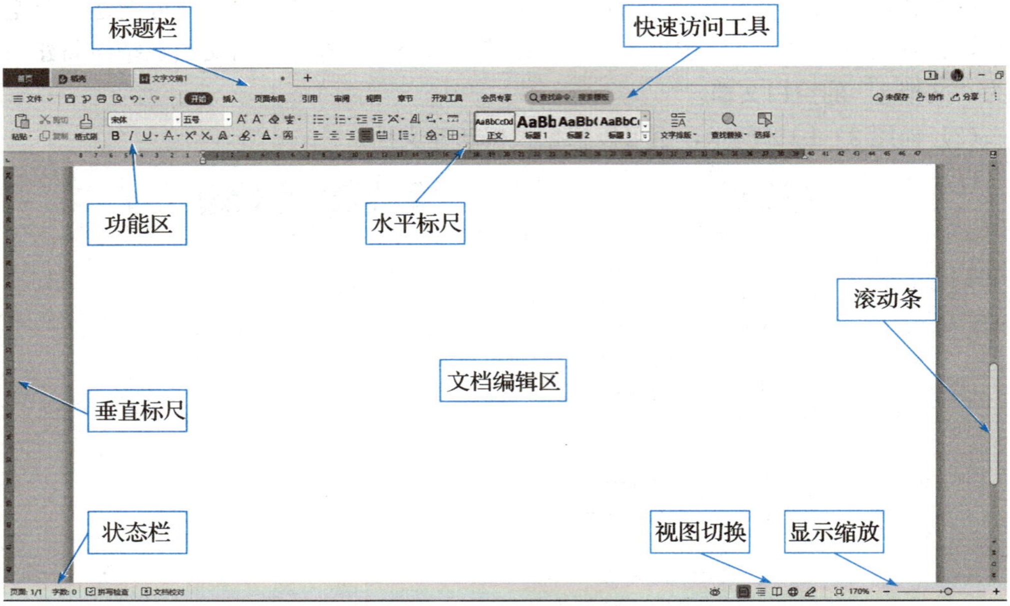

图 3-1-3　WPS 工作界面

3. 命名并保存文档

（1）单击“文件”菜单，选择“保存”选项，或者直接点击“保存”按钮。

（2）在打开的“另存为”对话框中单击“浏览”选择“保存位置”，打开如图 3-1-4 所示对话框，并命名为“培训计划”并保存。

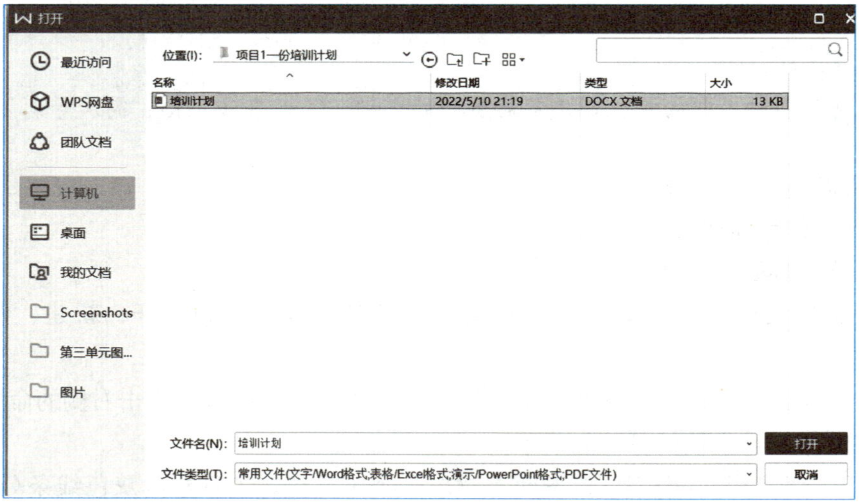

图 3-1-4　打开文件界面

第 2 步：录入、修改编辑文档内容

（1）启动 WPS 文字，单击“文件”菜单，选择“打开”选项卡，单击浏览图标，选择文件位置，打开上一任务存储的文件名为“培训计划”的文档。

（2）使用键盘上的“Insert”键，更改键盘的输入状态为“插入”，并按样文所示，录入“培训计划”中的相关内容。

（3）单击快捷工具栏上的“保存”按钮，或按“Ctrl+S”组合键保存文档。

第 3 步：设置文档格式

1. 参照样稿输入培训计划标题

（1）选择需设置的文本。

（2）利用“字体”组中的命令按钮设置其为一号，华文新魏，加粗，绿色，加下划线。

（3）利用“段落”组中的命令按钮设置对齐方式为居中。如图 3－1－5 所示。

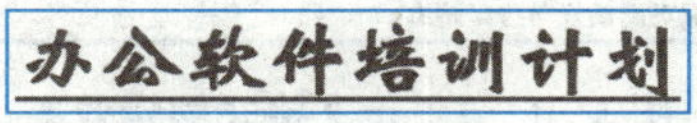

图 3－1－5　输入并编辑标题格式

2. 输入正文内容并设置格式

（1）选择需设置的文本。

（2）利用“字体”组中的命令按钮设置其为华文中宋，四号。

（3）利用“段落”组中的命令按钮设置首行缩进 2 个字符，段后 0.5 行，如图 3－1－6 所示。效果如图 3－1－7 所示。

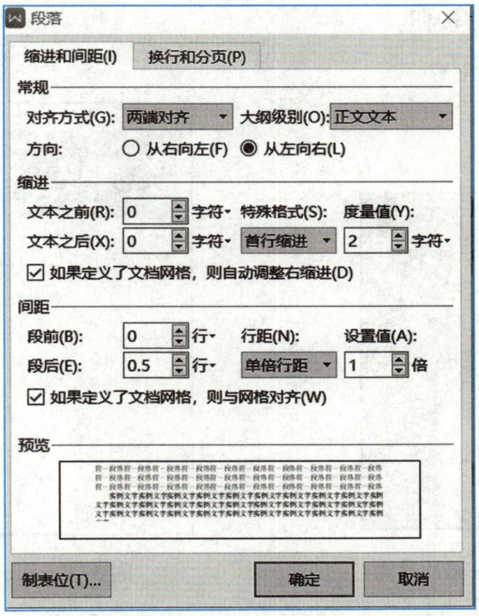

图 3－1－6　编辑正文样式

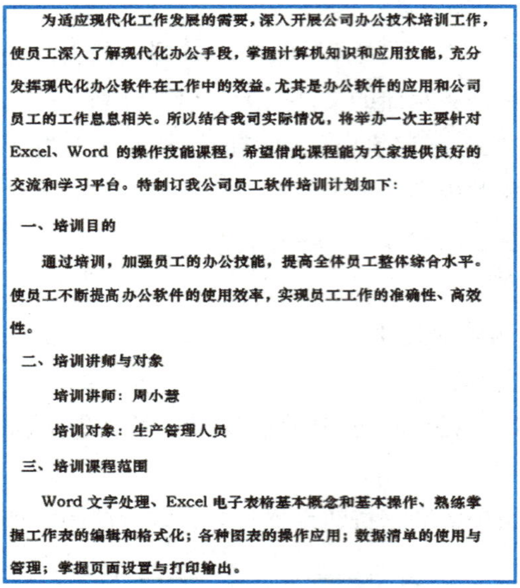

为适应现代化工作发展的需要，深入开展公司办公技术培训工作，使员工深入了解现代化办公手段，掌握计算机知识和应用技能，充分发挥现代化办公软件在工作中的效益。尤其是办公软件的应用和公司员工的工作息息相关。所以结合我司实际情况，将举办一次主要针对Excel、Word 的操作技能课程，希望借此课程能为大家提供良好的交流和学习平台。特制订我公司员工软件培训计划如下：

一、培训目的

通过培训，加强员工的办公技能，提高全体员工整体综合水平。使员工不断提高办公软件的使用效率，实现员工工作的准确性、高效性。

二、培训讲师与对象

培训讲师：周小慧

培训对象：生产管理人员

三、培训课程范围

Word 文字处理、Excel 电子表格基本概念和基本操作、熟练掌握工作表的编辑和格式化；各种图表的操作应用；数据清单的使用与管理；掌握页面设置与打印输出。

图 3－1－7　正文格式编辑效果

第 4 步：插入图片 word 和 Excel 图标，并设置图片格式

（1）单击“插入”选项卡——“图片”——“来自文件”，如图 3－1－8 所示，在“插入图片”对话框中选择素材，单击“确定”按钮将图片插入到文档中。

（2）设置图片格式。要让插入到文档中的图片能移动到合适的位置，需要修改其环绕方式，如图 3－1－9 所示。

①选中图片。

②单击“布局选项”按钮。

③单击“紧密型环绕”。

图 3－1－8　插入图片界面

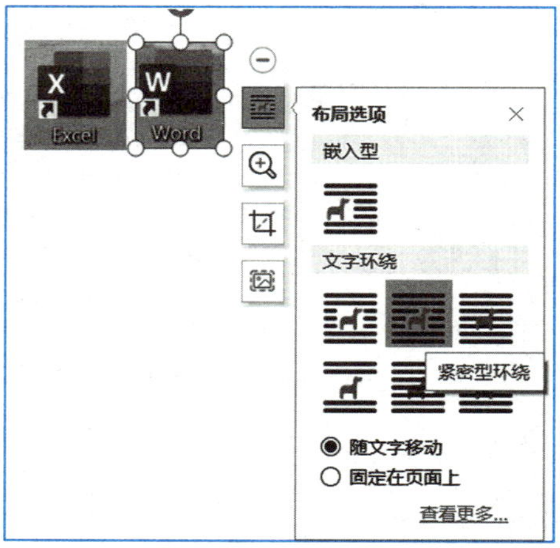

图 3－1－9　修改图片环绕方式

第 5 步：插入表格

（1）单击“插入”选项卡——“表格”——“插入表格”，如图 3－1－10 所示。

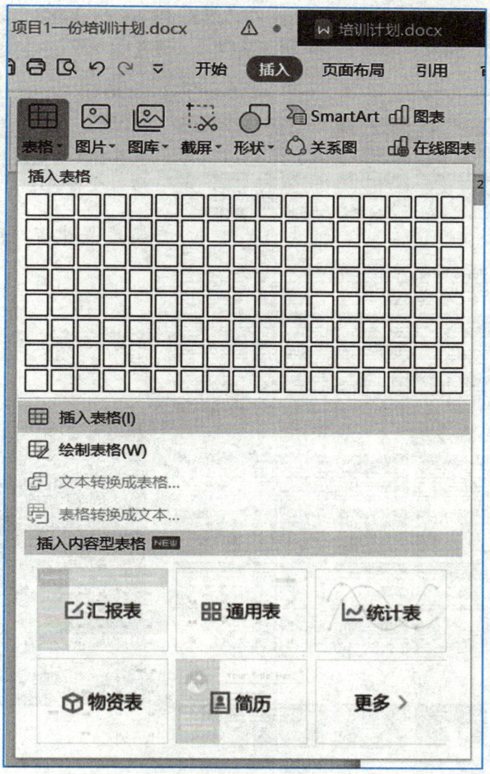

图 3－1－10　插入表格

（2）输入行数为 5，列数为 4。如图 3－1－11 所示。

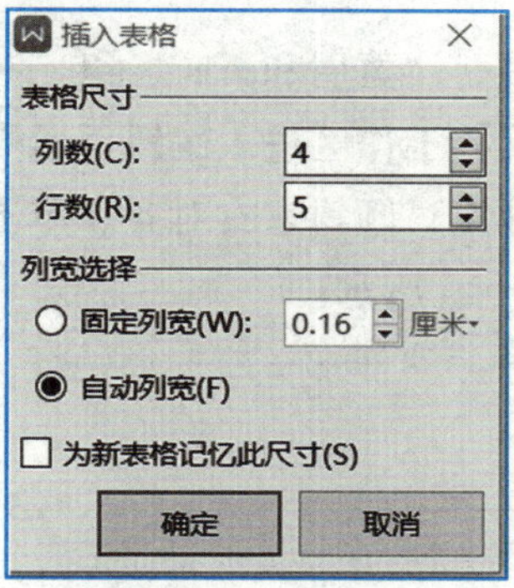

图 3－1－11　设置表格行列数

（3）鼠标放到表格右下角，变成双向箭头时调整表格到合适大小。

（4）在表格中输入文字，设置字体为华文中宋，四号。

（5）用鼠标调整列宽，将鼠标放在两列中间，当鼠标变成双向箭头时，进行调整。

（6）选中文，设置文字对齐方式为上下左右居中。

（7）设置表格样式。如图 3－1－12 所示。

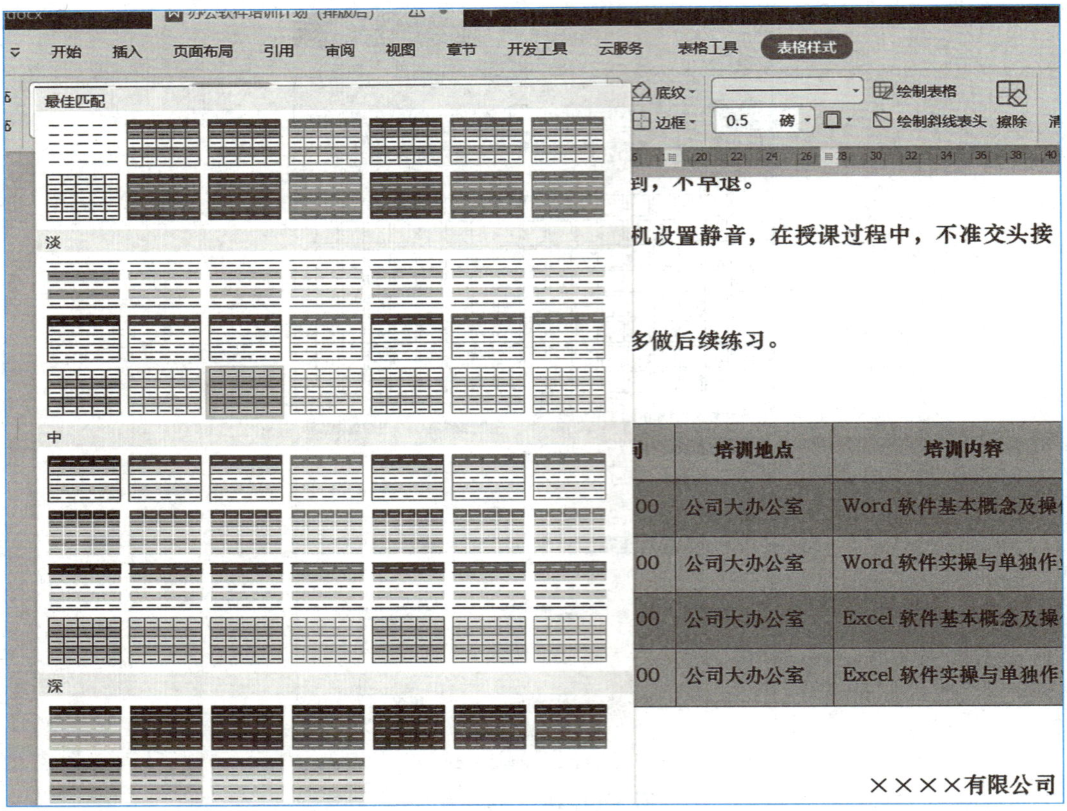

图 3-1-12　设置表格样式

第 6 步：设置页眉页脚

（1）单击“插入”选项卡——“页眉和页脚”组——“页眉”按钮，在下拉列表中选择“编辑页眉”命令；此时文档工作区进入编辑页眉模式，在页眉处输入文本，并将其设置为宋体、小四、蓝色、加粗、倾斜，右对齐；单击“关闭页眉和页脚”按钮退出页眉页脚编辑状态。如图 3-1-13 所示。

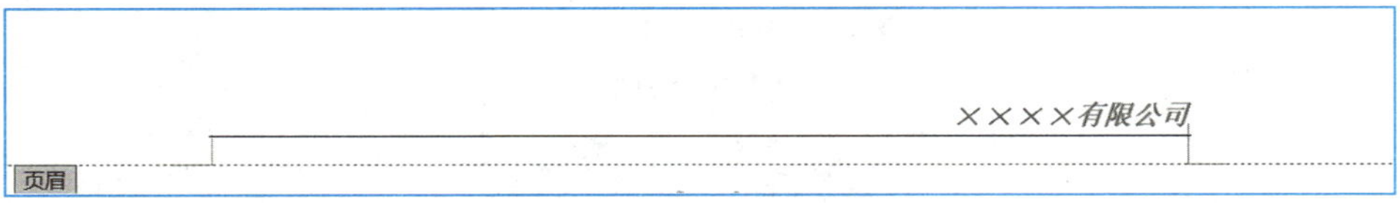

图 3-1-13　插入页眉

（2）光标定位到页脚处，插入页码，并设置页码格式。如图 3-1-14 所示。

第 7 步：打印文档

单击“文件”选项卡——“打印”命令，在出现的打印页面中右侧为预览效果。如果已安装了打印机，在该页面左侧设置区选择打印机，根据需要输入打印份数、打印方式等，最后单击“打印”按钮，即可将培训计划打印出来。

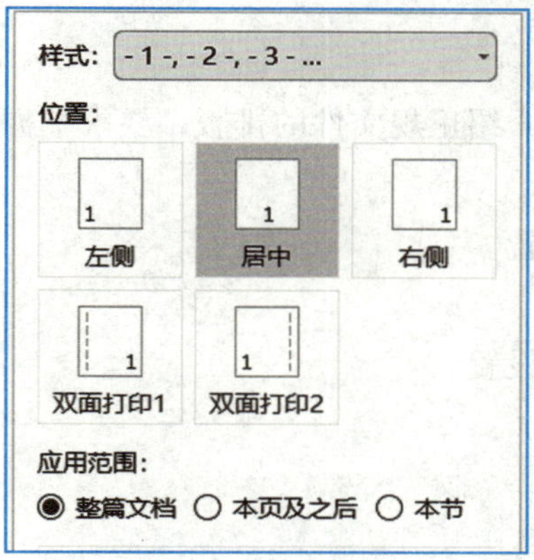

图 3-1-14 插入页脚

任务技能拓展

1. 编辑一份会议纪要。

2. 制作组织结构图。Word 中提供了 SmartArt 工具，使用 SmartArt 可以方便地制作各类层次结构图、循环图、流程图、列表，如图 3-1-15 所示。

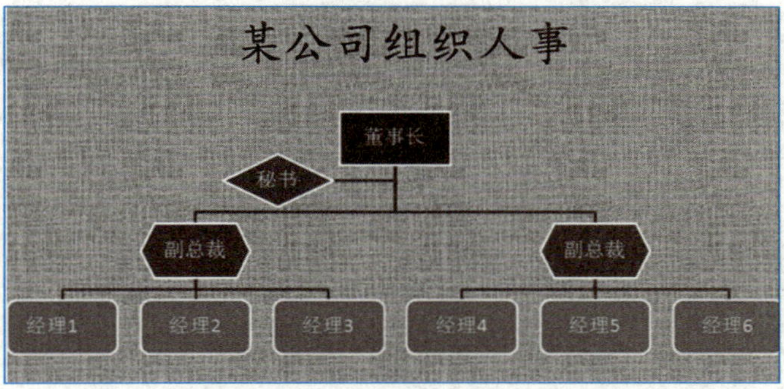

图 3-1-15 SmartArt 图形示例

任务二 制作劳动合同

任务引领

劳动合同作为正规文件形式，往往最终以纸质形式打印出来，所以在其纸张使用、文字内容编排以及页面格式排版形式上都比较严谨，是日常生活中各类合同样式排版的范本。因此，掌握劳动合同的排版方法，不仅能提高学习者的计算机操控能力及办公能力，也将对今后的工作和生活有极大的帮助。

任务目标

本任务以劳动合同为例介绍正规文件的排版，要求掌握以下操作：

（1）文档的页面设置。

（2）文本框的插入和设置。

（3）分栏的设置。

（4）项目符号、编号的设置。

（5）边框和底纹的设置。

（6）标尺的使用。

知识储备

劳动合同的最终效果如图 3－2－1 所示。

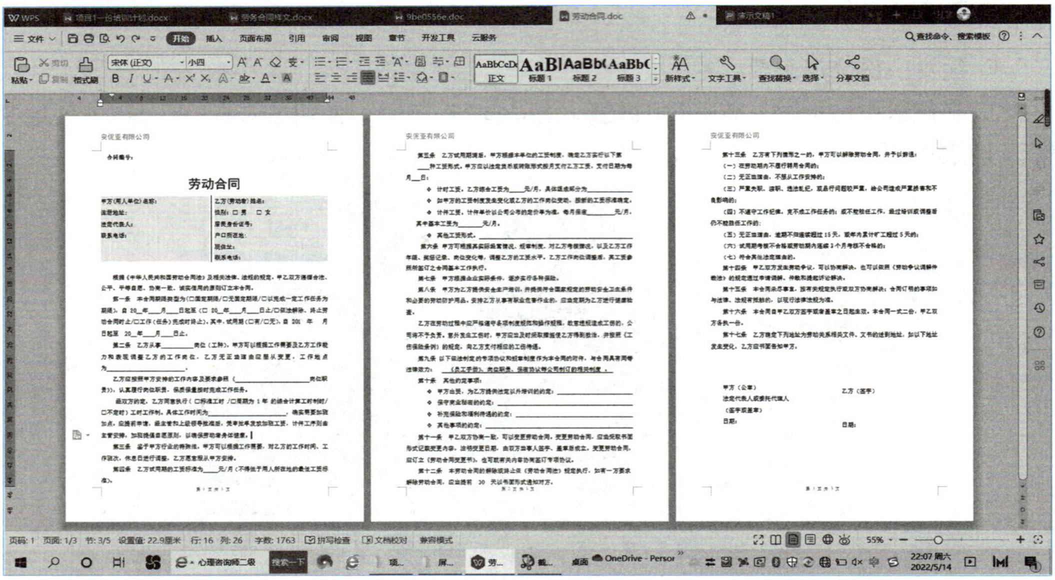

图 3－2－1　劳动合同示例

观察劳动合同样本，需要通过设置分栏、下划线、段落底纹来完成开头的制作。运用项目符号、项目编号来设置条款。

任务实施

第 1 步：打开文档

双击打开文件所在位置，找到名为“劳动合同. docx”的文档图标，双击打开该文档。

第 2 步：页面设置

单击页面布局菜单，打开页面设置对话框，设置纸张为 A4，设置页边距为“上＝2.5 下＝2.5 左＝2.5 右＝2.5”；其他项默认。点击“确定”，完成页面设置。

第 3 步：文字、段落格式设置

（1）选中标题，设置字体为“黑体”、字号为“一号”，段落格式为“居中”。

（2）选中余下的正文的内容，设置字体为“宋体”、字号为“小四”，对齐方式为“左对齐”，特殊格式为“首行缩进”，行间距为“1.5 倍行距”。如图 3－2－2 所示。

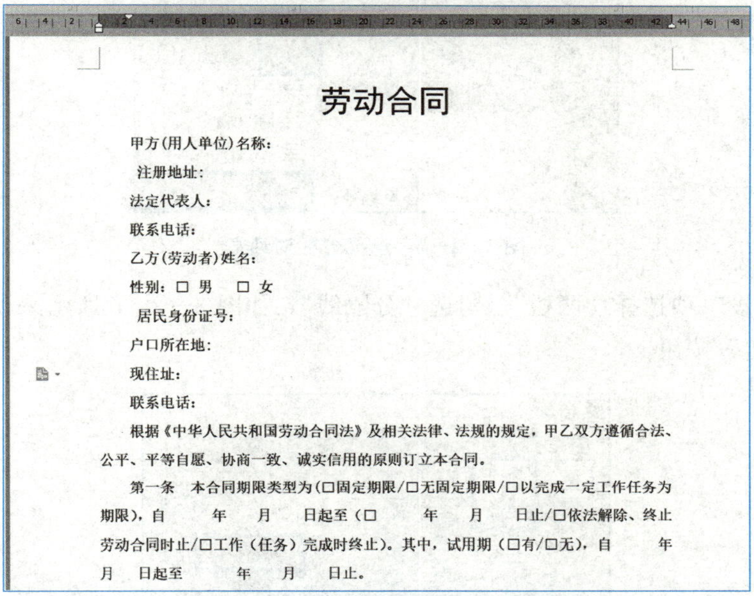
劳动合同

甲方(用人单位)名称：

注册地址：

法定代表人：

联系电话：

乙方(劳动者)姓名：

性别：□ 男　□ 女

居民身份证号：

户口所在地：

现住址：

联系电话：

根据《中华人民共和国劳动合同法》及相关法律、法规的规定，甲乙双方遵循合法、公平、平等自愿、协商一致、诚实信用的原则订立本合同。

第一条　本合同期限类型为(□固定期限/□无固定期限/□以完成一定工作任务为期限)，自　　年　　月　　日起至（□　　年　　月　　日止/□依法解除、终止劳动合同时止/□工作（任务）完成时终止）。其中，试用期（□有/□无），自　　年　　月　　日起至　　年　　月　　日止。

图 3－2－2　文字、段落格式设置

第 4 步：文本框设置

（1）在左上角“插入”——“文本框”——“横向”，输入内容“合同编号:”，字体设置为仿宋，小四，加粗。

（2）设置文本框。选中文本框，单击鼠标右键，设置布局选项为“上下型环绕”；设置文本框填充为“无填充颜色”，轮廓为“无线条颜色”。如图 3－2－3 所示。

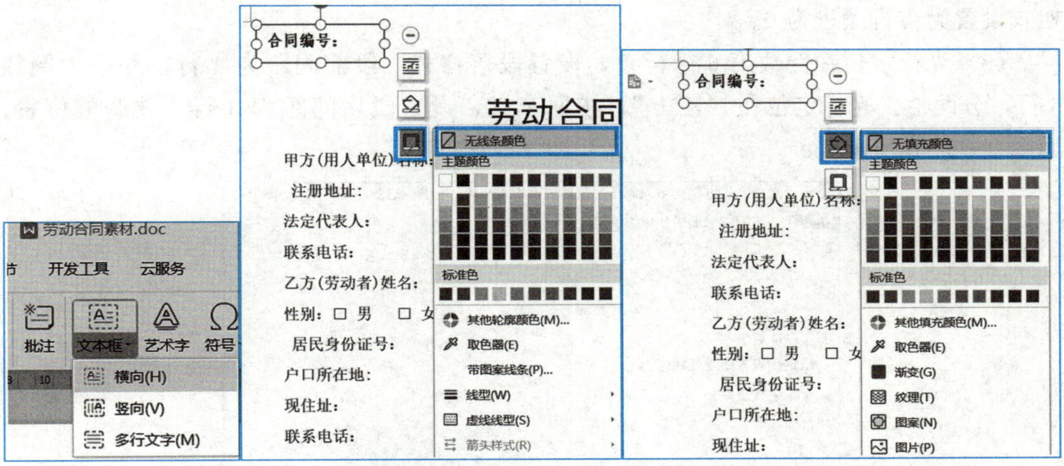

图 3－2－3　设置文本框样式

第 5 步：分栏设置

（1）将第二行文字到第十一行文字一起选中，单击“页面布局”菜单，单击“分栏”项的三角按钮，单击“更多分栏”，打开分栏对话框。如图 3-2-4 所示。

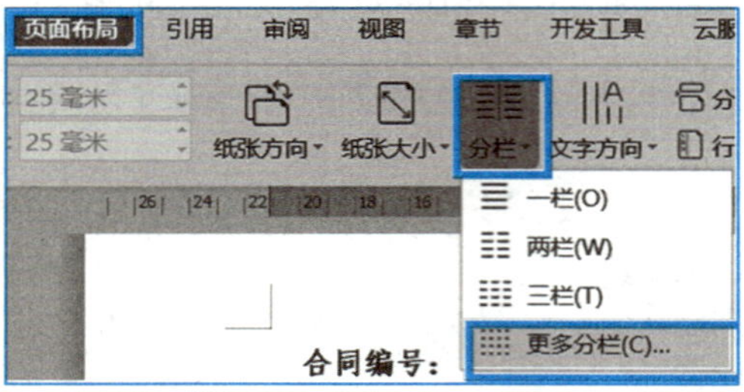

图 3-2-4　选择分栏对话框

（2）“预设”项选择“两栏”，勾选“分隔线”，如图 3-2-5 所示来设置选项，然后单击“确定”按钮。

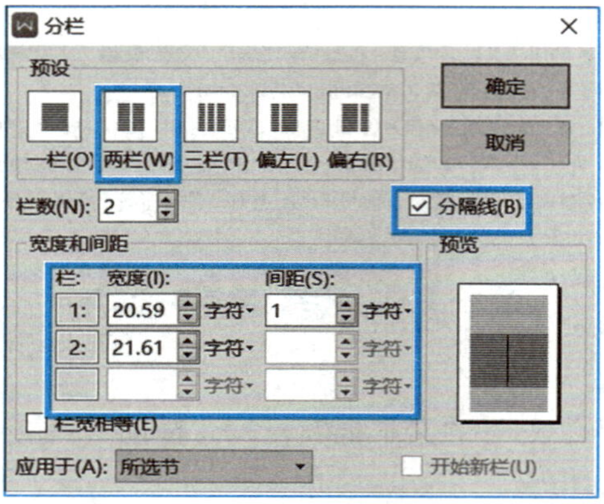

图 3-2-5　设置分栏样式

注意：由于之前设置了所有正文段落格式为首行缩进，所以需要将分栏内容的段落格式设置为首行缩进为 0。

（3）光标定位在倒数第 6 行行首，设置段落格式，段前间距为 4 行，并选中倒数 6 行，分两栏。光标定位在“乙方”，按回车键，设置段后间距为 3 行，并调整位置，如图 3-2-6 所示。

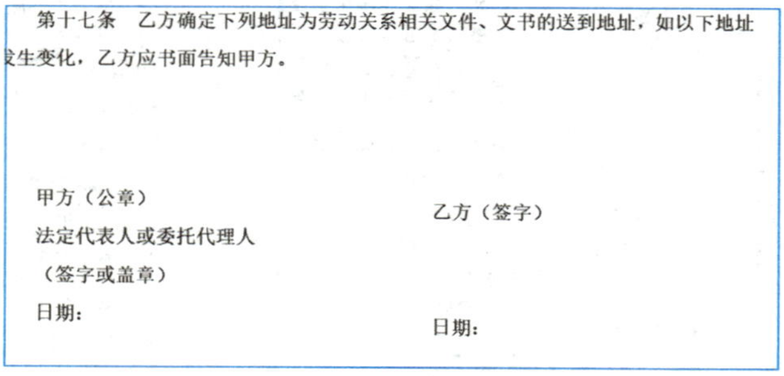
第十七条　乙方确定下列地址为劳动关系相关文件、文书的送到地址，如以下地址发生变化，乙方应书面告知甲方。

甲方（公章）

法定代表人或委托代理人

（签字或盖章）

日期：

乙方（签字）

日期：

图 3-2-6　段落格式设置效果

第 6 步：段落底纹设置

（1）将第二行文字到第十一行文字一起选中，在段落选项卡中选择“边框”设置项中的“边框和底纹”选项，如图 3－2－7 所示。

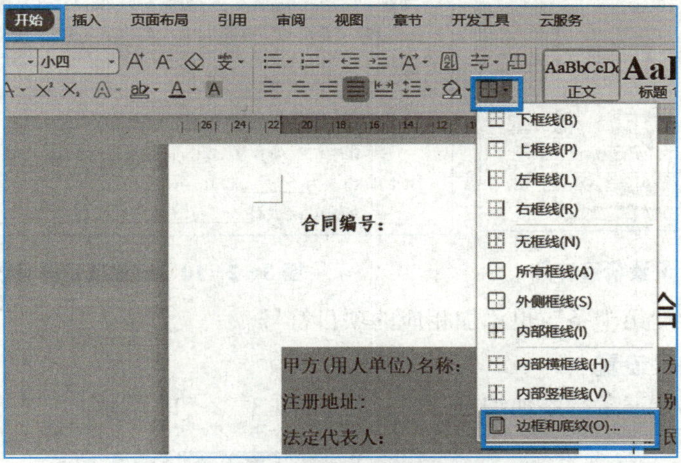

图 3－2－7 选择“边框和底纹”选项

（2）打开“边框和底纹”选项卡，在“底纹”选项卡中的“样式”下拉列表中选择 5%，如图 3－2－8 所示。

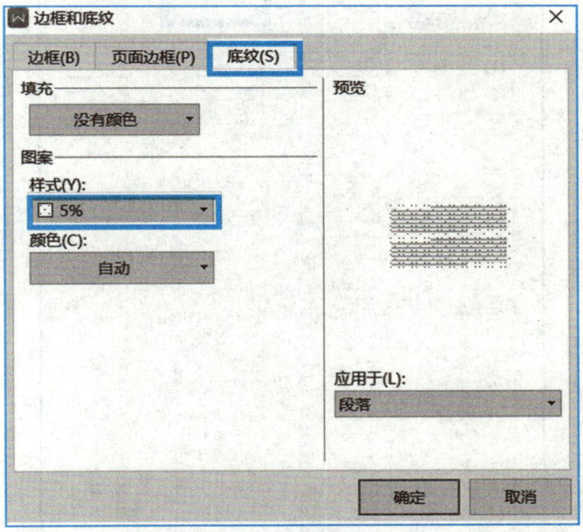

图 3－2－8 设置边框和底纹

第 7 步：下划线设置

（1）在空白处设置下划线。点亮下划线按钮，按空格键添加下划线。

（2）在“第五条”的“其他工资形式。”后添加下划线，“第十条”各项约定后添加下划线，参照样文进行设置。

第 8 步：项目符号设置

（1）给“第五条”各种工资形式添加项目符号。选中工资形式所有内容，单击“开始”菜单中“项目符号”按钮，选择“加粗空心方形的项目符号”插入。效果如图3-2-9、图3-2-10所示。

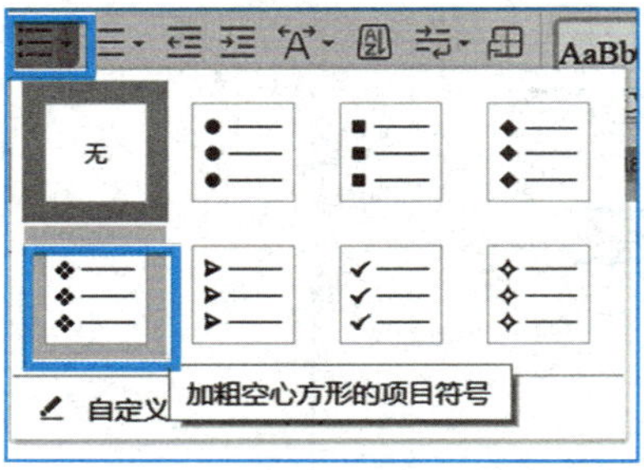

图3-2-9　设置项目符号

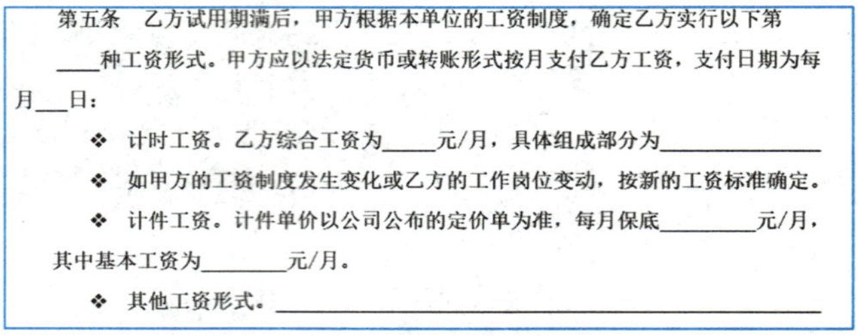

第五条　乙方试用期满后，甲方根据本单位的工资制度，确定乙方实行以下第____种工资形式。甲方应以法定货币或转账形式按月支付乙方工资，支付日期为每月__日：

❖ 计时工资。乙方综合工资为____元/月，具体组成部分为____________

❖ 如甲方的工资制度发生变化或乙方的工作岗位变动，按新的工资标准确定。

❖ 计件工资。计件单价以公司公布的定价单为准，每月保底________元/月，其中基本工资为________元/月。

❖ 其他工资形式。____

图3-2-10　设置项目符号效果

（2）同样给“第十条”也添加相应的项目符号。

第9步：编号设置

（1）给“第十三条”添加编号“(一)”。如图3-2-11所示。

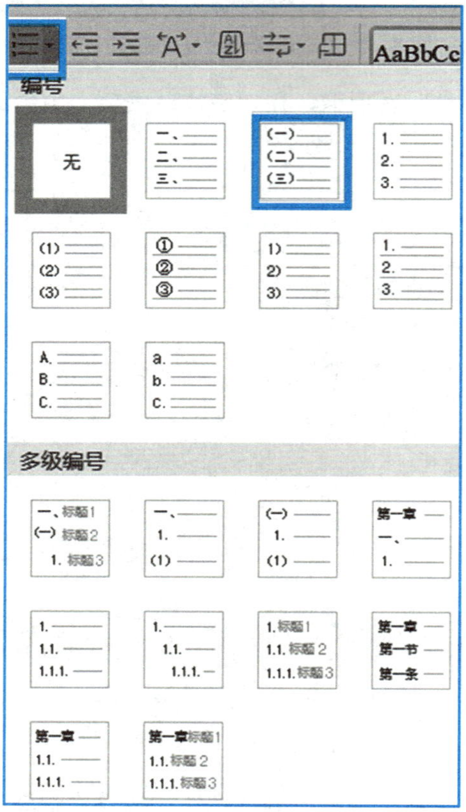

图3-2-11　设置编号界面

（2）自动应用编号效果如图3-2-12所示。

第10步：标尺使用

（1）单击“视图”菜单，在“显示”选项卡中勾选“标尺”项，打开标尺。

第十三条　乙方有下列情形之一的，甲方可以解除劳动合同，并予以辞退：

（一）在劳动期内不履行聘用合同的；

（二）无正当理由，不服从工作安排的；

（三）严重失职、渎职、违法乱纪，或品行问题较严重，给公司造成严重损害和不良影响的；

（四）不遵守工作纪律，完不成工作任务的；或不能胜任工作，经过培训或调整后仍不能胜任工作的；

（五）无正当理由，逾期不归连续超过 15 天，或年内累计旷工超过 5 天的；

（六）试用期考核不合格或劳动期内连续 3 个月考核不合格的；

（七）符合其它法定理由的。

图 3-2-12　设置编号效果

（2）利用标尺调节编号以及项目符号的位置，如图 3-2-13 所示。

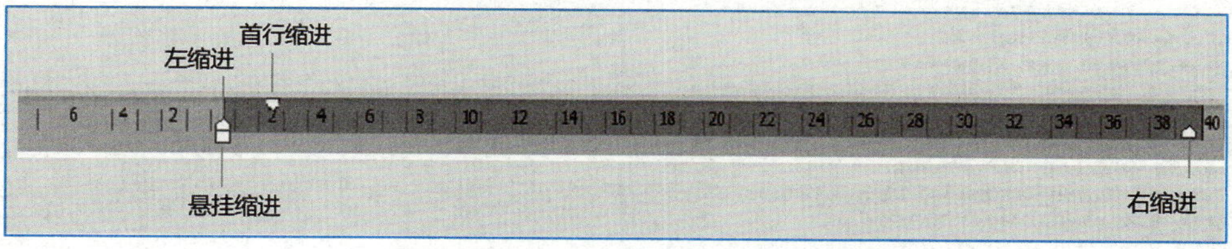

图 3-2-13　设置标尺界面

第 11 步：页眉页脚的设置

参照上一项目在页眉处输入公司名称，页脚处输入页码。页码格式如图 3-2-14 所示。

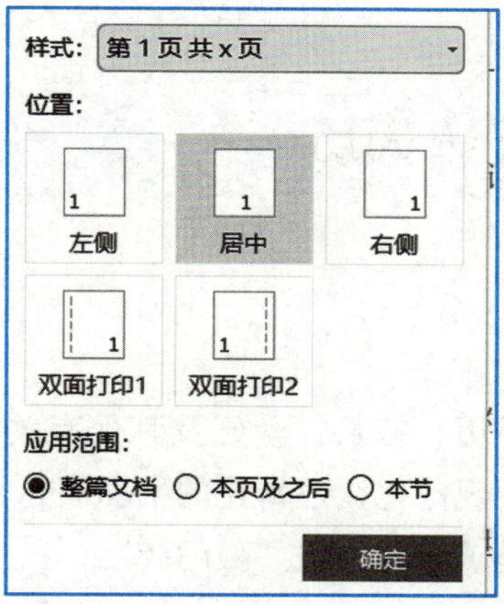

图 3-2-14　设置页码界面

第 12 步：文档整理及存储

检查文档，确认无误后保存。

任务技能拓展

尝试制作一份房屋租赁合同，样式参考如图 3-2-15 所示。

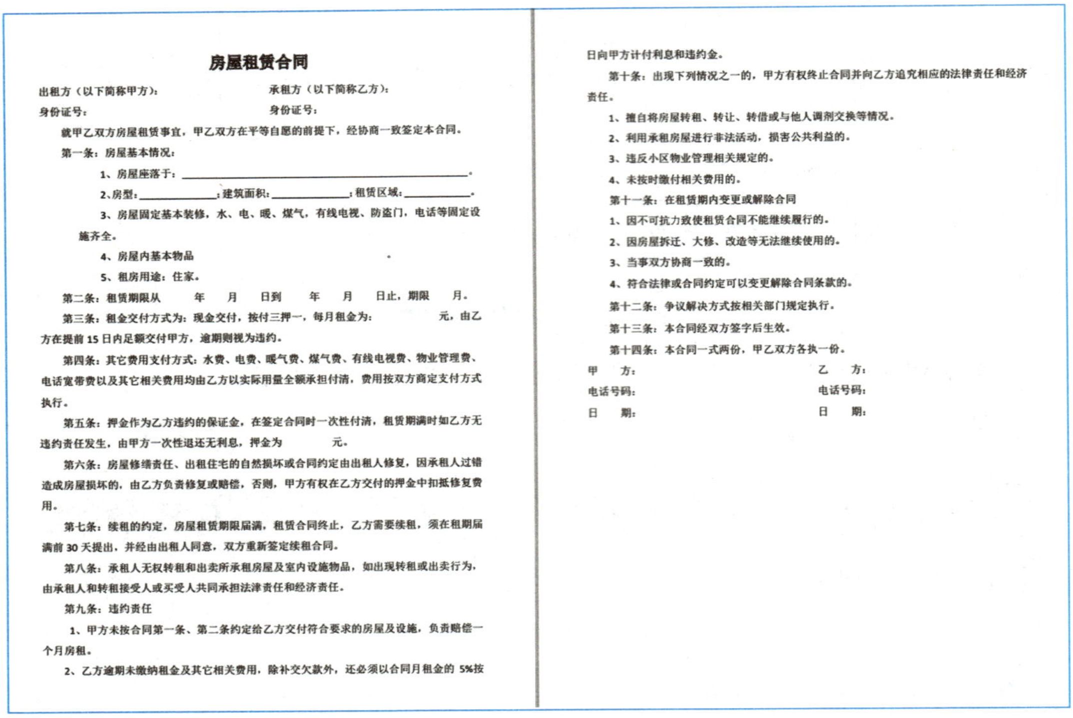

房屋租赁合同

出租方（以下简称甲方）： 承租方（以下简称乙方）：

身份证号： 身份证号：

就甲乙双方房屋租赁事宜，甲乙双方在平等自愿的前提下，经协商一致签定本合同。

第一条：房屋基本情况：

1、房屋座落于：______________________________。

2、房型：__________；建筑面积：__________；租赁区域：__________。

3、房屋固定基本装修，水、电、暖、煤气，有线电视、防盗门，电话等固定设施齐全。

4、房屋内基本物品 。

5、租房用途：住家。

第二条：租赁期限从 年 月 日到 年 月 日止，期限 月。

第三条：租金交付方式为：现金交付，按付三押一，每月租金为： 元，由乙方在提前15日内足额交付甲方，逾期则视为违约。

第四条：其它费用支付方式：水费、电费、暖气费、煤气费、有线电视费、物业管理费、电话宽带费以及其它相关费用均由乙方以实际用量全额承担付清，费用按双方商定支付方式执行。

第五条：押金作为乙方违约的保证金，在签定合同时一次性付清，租赁期满时如乙方无违约责任发生，由甲方一次性退还无利息，押金为 元。

第六条：房屋修缮责任、出租住宅的自然损坏或合同约定由出租人修复，因承租人过错造成房屋损坏的，由乙方负责修复或赔偿，否则，甲方有权在乙方交付的押金中扣抵修复费用。

第七条：续租的约定，房屋租赁期限届满，租赁合同终止，乙方需要续租，须在租期届满前30天提出，并经由出租人同意，双方重新签定续租合同。

第八条：承租人无权转租和出卖所承租房屋及室内设施物品，如出现转租或出卖行为，由承租人和转租接受人或买受人共同承担法律责任和经济责任。

第九条：违约责任

1、甲方未按合同第一条、第二条约定给乙方交付符合要求的房屋及设施，负责赔偿一个月房租。

2、乙方逾期未缴纳租金及其它相关费用，除补交欠款外，还必须以合同月租金的5%按日向甲方计付利息和违约金。

第十条：出现下列情况之一的，甲方有权终止合同并向乙方追究相应的法律责任和经济责任。

1、擅自将房屋转租、转让、转借或与他人调剂交换等情况。

2、利用承租房屋进行非法活动，损害公共利益的。

3、违反小区物业管理相关规定的。

4、未按时缴付相关费用的。

第十一条：在租赁期内变更或解除合同

1、因不可抗力致使租赁合同不能继续履行的。

2、因房屋拆迁、大修、改造等无法继续使用的。

3、当事双方协商一致的。

4、符合法律或合同约定可以变更解除合同条款的。

第十二条：争议解决方式按相关部门规定执行。

第十三条：本合同经双方签字后生效。

第十四条：本合同一式两份，甲乙双方各执一份。

甲 方： 乙 方：

电话号码： 电话号码：

日 期： 日 期：

图 3－2－15　租赁合同

任务三　制作个人简历

任务引领

简历就是对个人学历、经历、特长、爱好及其他有关情况所作的简明扼要的总结，是有针对性的自我介绍的一种规范化、逻辑化的书面表达。对于一名学生来说，个人简历特别是求职简历，无异于是求职的一块“敲门砖”。

任务目标

本任务学习制作个人简历，掌握表格的编辑，单元格的合并和拆分。掌握基础操作后，可尝试对表格进行美化。

知识储备

如图 3－3－1 为个人简历范例。

个人简历表

基本信息	姓名		出生年月		
	民族		政治面貌		
	身高		体重		
	身份证号		健康状况		
	联系电话		邮箱		
	所在院校		所学专业		
	家庭住址				
家庭信息	姓名	与本人关系	联系电话	工作单位	
学习经历					
自我评价					

图 3-3-1 个人简历表

标准的求职简历主要由基本情况、教育背景、工作经历、其他补充内容等四个基本模块组成。利用 WPS 文档中的表格功能制作个人简历，并对其进行美化是简历制作的基本要求。

任务实施

第 1 步：创建表格

（1）打开 WPS，创建一个新的文档，页面设置为 A4 纸，页边距默认。

（2）在文档的第一行输入文字内容："个人简历表"，回车换行。

（3）观察"个人简历表"效果，如图 3-3-2 所示，确定表格行数及列数。

（4）选择"插入"菜单，在"表格"选项卡中选择"插入表格"项，在弹出的"表格"对话框中，更改行列数值如图 3-3-3 所示，点击"确定"按钮。

第 2 步：编辑表格

（1）在表格中录入如图 3-3-4 所示的内容。

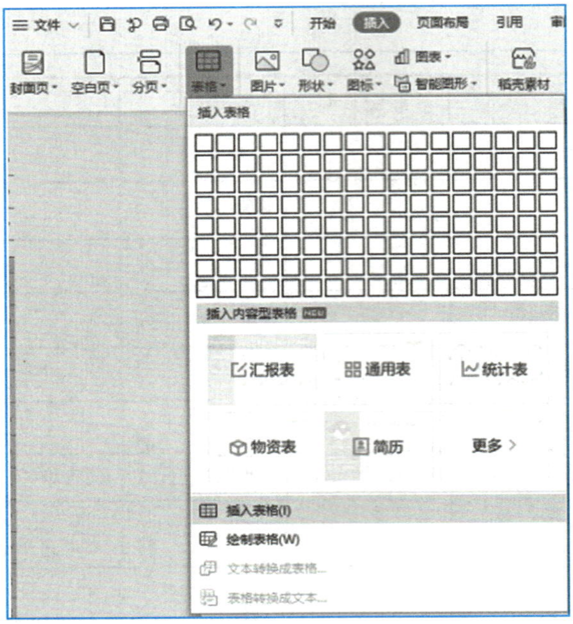

图 3-3-2　创建表格

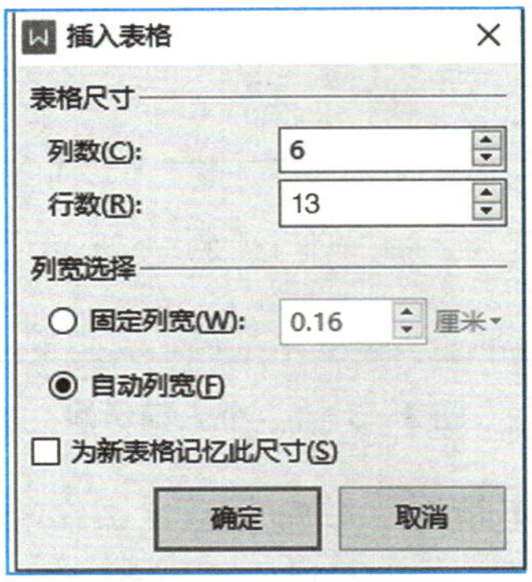

图 3-3-3　设置表格行列

个人简历表

基本信息	姓名		出生年月		
	民族		政治面貌		
	身高		体重		
	身份证号		健康状况		
	联系电话		邮箱		
	所在院校		所学专业		
	家庭住址				
家庭信息	姓名	与本人关系	联系电话	工作单位	
学习经历					
自我评价					

图 3-3-4　输入表格内容

（2）合并单元格。

①从第一行第六列单元格开始，拖拽鼠标左键，选择如图 3－3－5 所示的单元格，单击鼠标右键，选择右边菜单栏中的“合并单元格”命令。

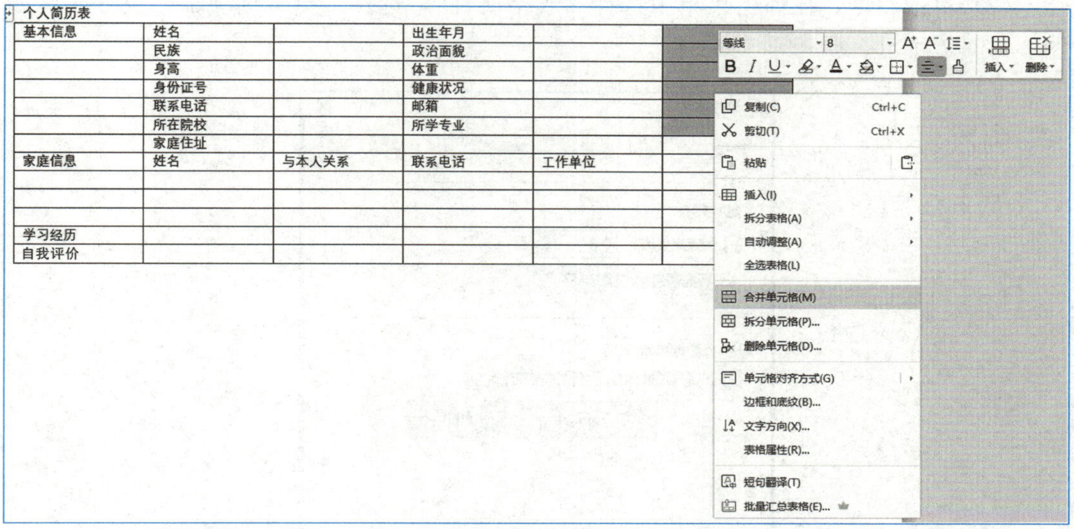

图 3－3－5　合并单元格

②选择“家庭住址”所在行右边的所有空白单元格并将其合并为一个单元格。

③按“图 3－3－1 个人简历表”所示的效果，合并“基本信息”“家庭信息”下侧单元格，最终如图 3－3－6 所示。

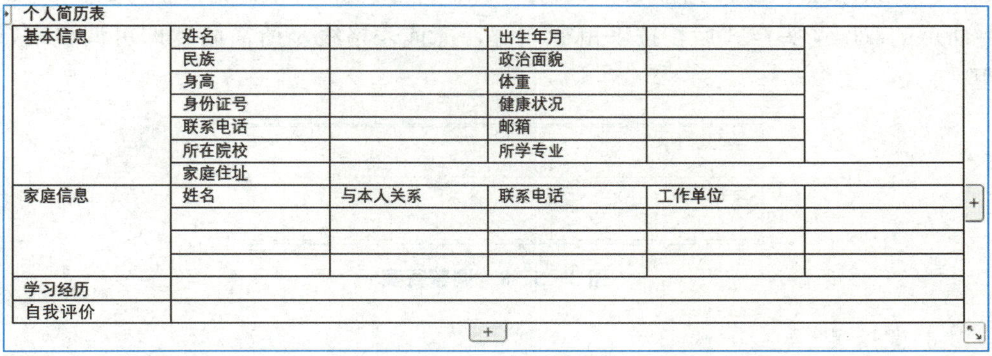

图 3－3－6　单元格编辑效果

相关知识

单元格拆分（本案例中无拆分单元格内容）选择任意单元格。单击右键，在右边菜单中选择“拆分单元格”，在弹出的对话框中，设置行列数值即可将单元格拆分成多行多列。

第 3 步：美化表格

1. 行高设置

（1）单击表格左上角全选表格图标，选中表格。

（2）单击右键，在弹出菜单中选择“表格属性”，选择“行”选项卡，设置属性如图 3-3-7 所示。

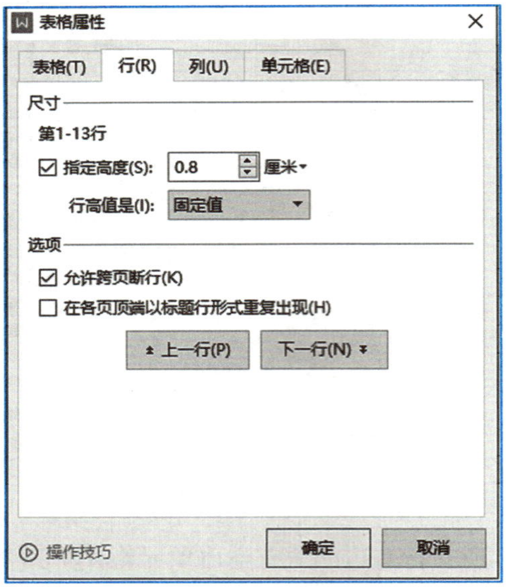

图 3-3-7 设置表格属性

（3）将鼠标悬停在需调整高度的表行的表格边框线上，等鼠标指针变为如图 3-3-8 区域所示的双向箭头样式后，按下鼠标左键，拖拽表格线至所需高度即可调整表行的间距。

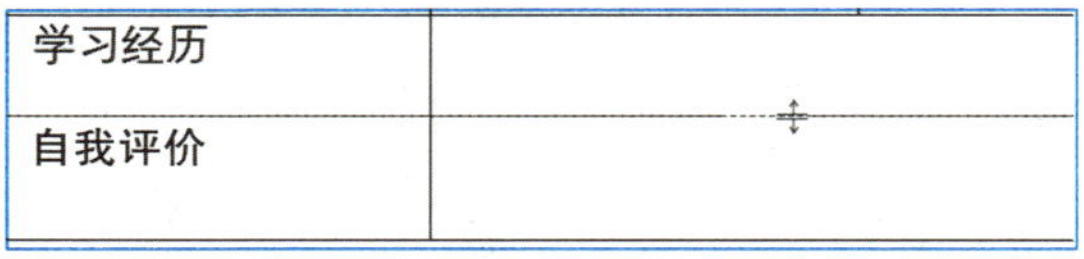

图 3-3-8 调整行高

2. 列宽设置

（1）将鼠标悬停在表格左上角第一列处，待鼠标指针变成黑色的粗箭头时，单击鼠标左键选中表格第一列。

（2）单击右键，在右键菜单栏中选择“表格属性”，选择“列”选项卡，指定列宽度为 2 厘米。

3. 文字方向设置

（1）选中表格第一列。

（2）单击右键，在菜单中选择“文字方向”，打开如图 3-3-9 所示的“文字方向”对话框，选择竖排文字效果。

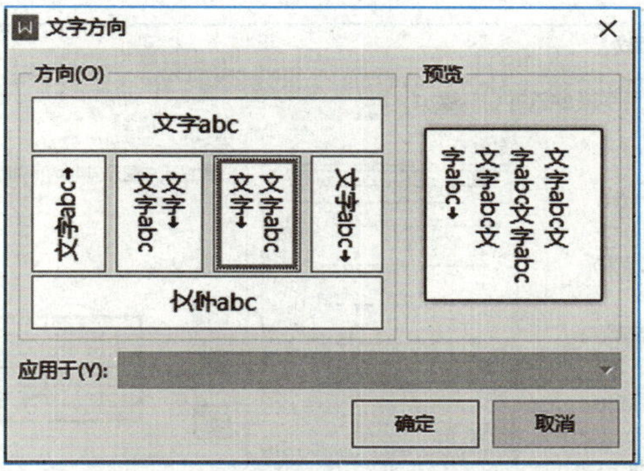

图 3-3-9　调整文字方向

4. 文字对齐方式设置

(1) 全选表格，单击右键，在菜单栏中选择“表格属性”，打开“表格属性”对话框。

(2) 在弹出的对话框中选择“单元格”选项卡，在“垂直对齐方式”项中选择“居中”，单击“确定”按钮，如图 3-3-10 所示。

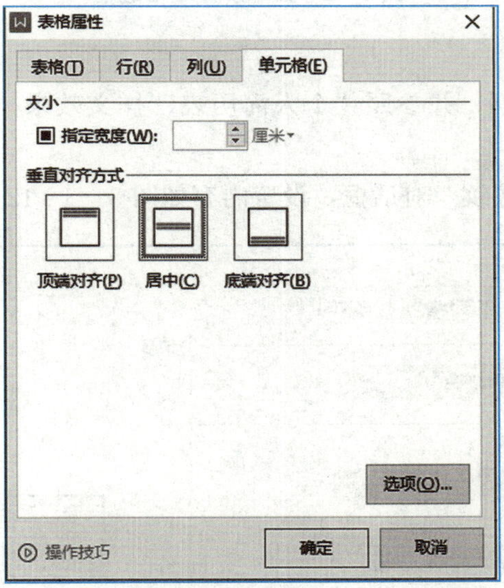

图 3-3-10　设置表格对齐方式

(3) 选择表格第一列，在“段落”选项卡中设置其段落“对齐方式”为“居中”。

(4) 选择其他各行，设置其段落对齐方式为“居中”。

5. 表格边框设置

(1) 单击表格左上角全选表格图标，选中表格。

(2) 选择“开始”菜单栏中的“边框”选项卡，打开“边框和底纹”对话框。

(3) 在打开的对话框中设置表格边框为实线、外边框线宽为 1.5 磅，表格内线框设置如图 3-3-11 所示，然后单击“确定”退出表格边框设置。

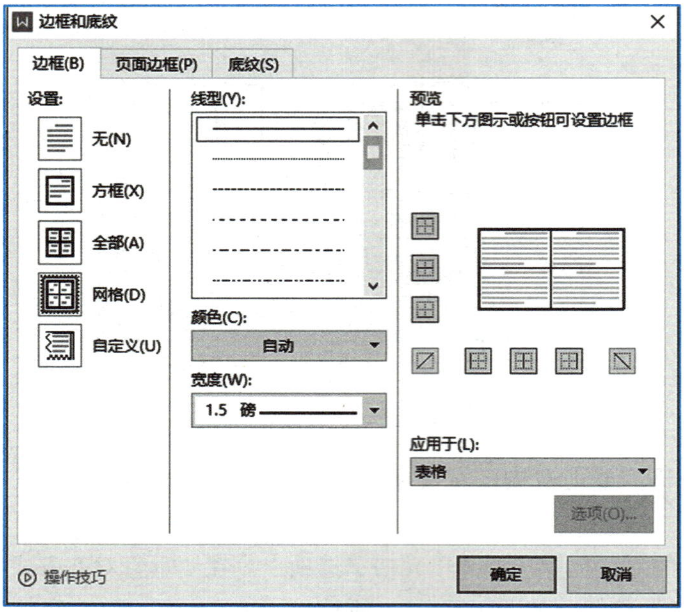

图 3-3-11　设置表格边框

6. 单元格底纹设置

(1) 选择表格第一列，并参照“个人简历表”样文效果，按住 Ctrl 键，拖曳鼠标选择其他单元格。

(2) 打开“边框和底纹”对话框，设置内容如图 3-3-12 所示。

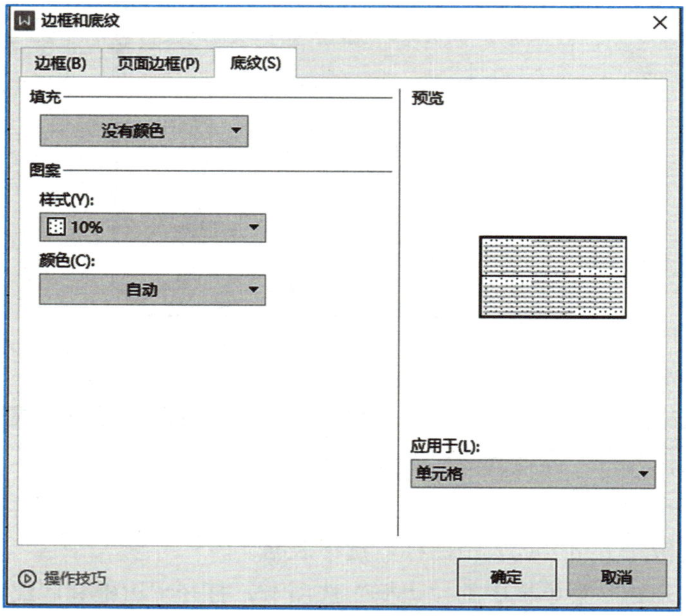

图 3-3-12　设置表格底纹

7. 表格内容整理

调整表格中各个单元格内容的字间距，存盘，完成“个人简历表”的制作。

任务技能拓展

制作一份如图 3－3－13 所示的采购月报表。

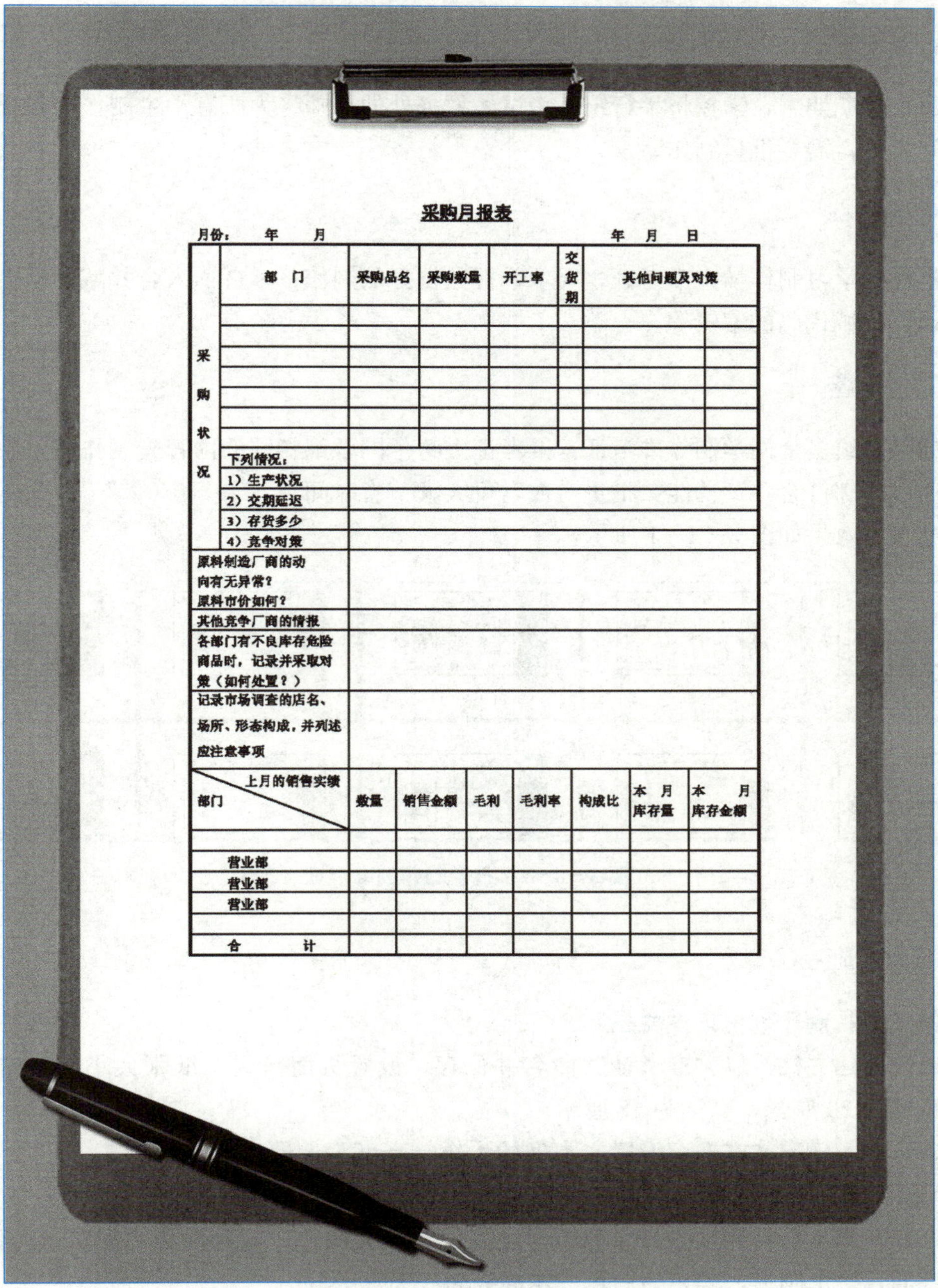

采购月报表

月份：　年　月　　　　　　　　年　月　日

	部　门	采购品名	采购数量	开工率	交货期	其他问题及对策	
采购状况							
	下列情况：						
	1）生产状况						
	2）交期延迟						
	3）存货多少						
	4）竞争对策						

原料制造厂商的动向有无异常？原料市价如何？	
其他竞争厂商的情报	
各部门有不良库存危险商品时，记录并采取对策（如何处置？）	
记录市场调查的店名、场所、形态构成，并列述应注意事项	

上月的销售实绩 / 部门	数量	销售金额	毛利	毛利率	构成比	本月库存量	本月库存金额
营业部							
营业部							
营业部							
合　计							

图 3－3－13　采购月报表参考样式

任务四　批量制作准考证

任务引领

每个学期期末，学校将举行统一考试，教务处的老师将为所有学生制作准考证，因为时间紧迫，需要批量制作。

任务目标

本任务学习制作学生准考证，要求掌握数据源的制作；掌握插入合并域；学会插入照片，以及域代码的编辑等。

知识储备

如果要给多个同学制作准考证，准考证上每个同学都相同的内容先制作好，不同的内容通过“邮件合并”功能，批量生成，可大大节省时间。

准考证效果如图 3-4-1 所示。

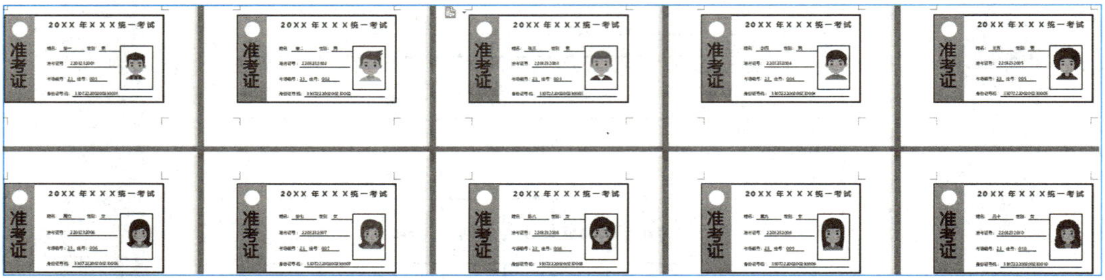

图 3-4-1　批量制作的准考证

任务实施

第 1 步：制作准考证主文档

（1）新建文档，以“准考证”命名并保存。设置页面布局，纸张大小为自定义大小，宽度为 20 厘米，高度为 15 厘米。

（2）插入横向文本框，设置文本框的大小，高度为 8 厘米，宽度为 14 厘米，线型为 3 磅。如图 3-4-2 所示。

（3）在文本框左侧插入一个长方形，并设置填充颜色，轮廓线为“无”；在绿色矩形上方插入一个圆形，颜色为白色，轮廓线为“无”。

（4）插入艺术字，输入“准考证”，字体大小为 40，微软雅黑；插入艺术字“20××

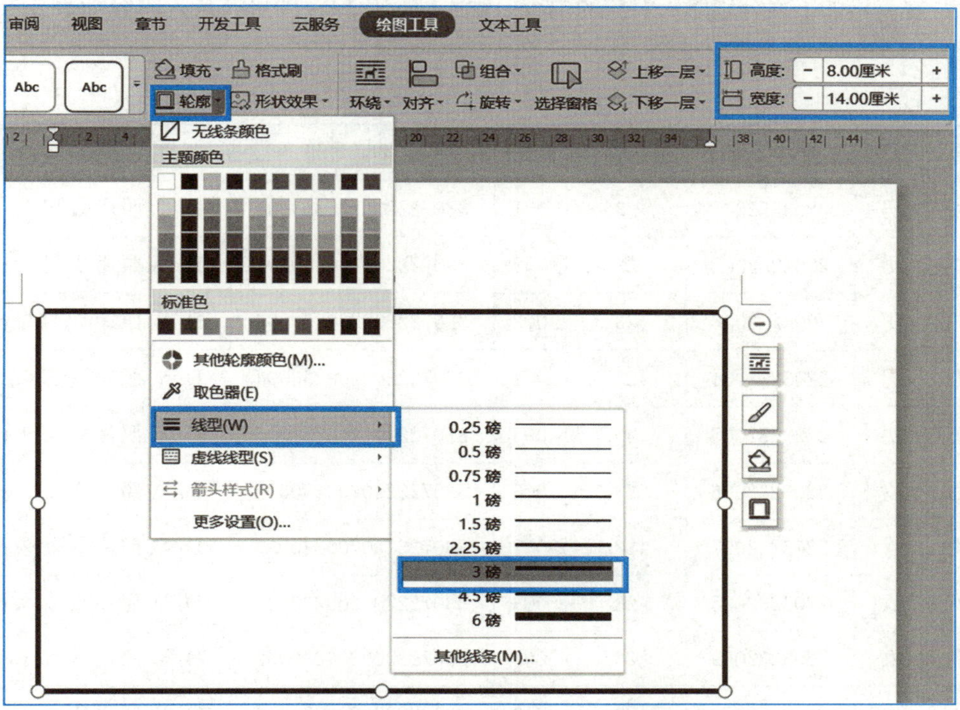

图 3-4-2　制作文本框轮廓

年×××统一考试”，字体大小为 18，微软雅黑。

（5）在文本框里再插入一个横向文本框，轮廓颜色为“无”，并在文本框里输入内容：姓名、性别、准考证号、考场编号、座号、身份证号码。

（6）在第二个文本框的右上角插入一个文本框，并设置轮廓颜色为“无”，并输入文字“照片”。如图 3-4-3 所示。

图 3-4-3　制作照片文本框

第 2 步：制作数据源

（1）新建空白文档，并以“学生名单”命名并保存。

（2）单击“插入”菜单选择“表格”按钮，插入 11 行 7 列的表格。

（3）在表格的第一行输入姓名、性别、准考证号、考场编号、座号、身份证号码、照片，在表格的下面分别输入对应的内容，输入完成后保存即可，录入内容如表 3－4－1 所示。

表 3－4－1　录入数据内容

姓名	性别	准考证号	考场编号	座号	身份证号码	照片
徐一	男	2203232001	23	001	330722200200230001	D:\\照片\\男 1.png
楼二	男	2203232002	23	002	330722200200230002	D:\\照片\\男 2.png
张三	男	2203232003	23	003	330722200200230003	D:\\照片\\男 3.png
李四	男	2203232004	23	004	330722200200230004	D:\\照片\\男 4.png
王五	男	2203232005	23	005	330722200200230005	D:\\照片\\男 5.png
周六	女	2203232006	23	006	330722200200230006	D:\\照片\\女 1.png
徐七	女	2203232007	23	007	330722200200230007	D:\\照片\\女 2.png
陈八	女	2203232008	23	008	330722200200230008	D:\\照片\\女 3.png
黄九	女	2203232009	23	009	330722200200230009	D:\\照片\\女 4.png
吕十	女	2203232010	23	010	330722200200230010	D:\\照片\\女 5.png

相关知识

制作数据源时要注意，表格上方不能有标题，同时数据之间不能有空行。数据源对应文字的对齐方式、字体与字号的设置无要求。照片的地址必须是绝对地址，而且将照片调整好大小，命名好并存放在相应的位置。

（4）也可以用 Excel 制作数据源（此处选做，操作内容将在下一章节进行讲解）。

第 3 步：邮件合并生成文档

（1）打开“准考证”文件，单击“引用”菜单下面的“邮件”命令，打开数据源，从弹开的窗口中找到编辑好的“学生名单”数据源（文字或者表格均可），单击打开按钮，即可将数据源与主文档连接起来。如图 3－4－4、图 3－4－5 所示。

图 3－4－4　打开数据源界面

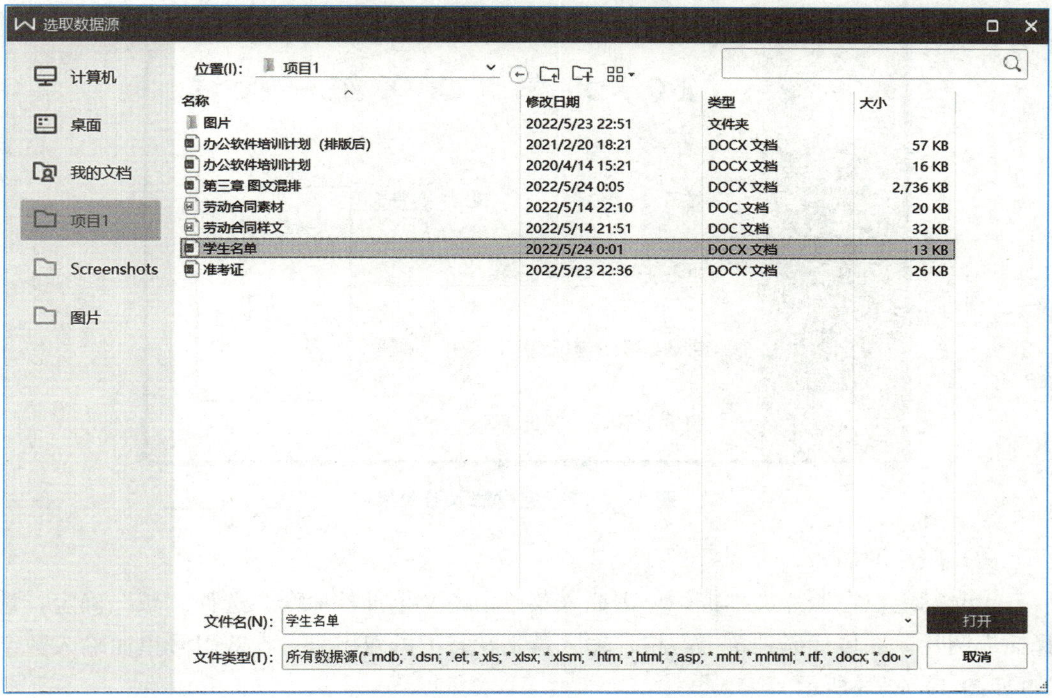

图 3-4-5　选择数据源文件

（2）将光标定位在要插入内容的位置，单击“插入域”中的“姓名”，插入“姓名”，用同样的办法插入“性别”“准考证号”“考场编号”“座号”“身份证号”。如图 3-4-6、图 3-4-7 所示。

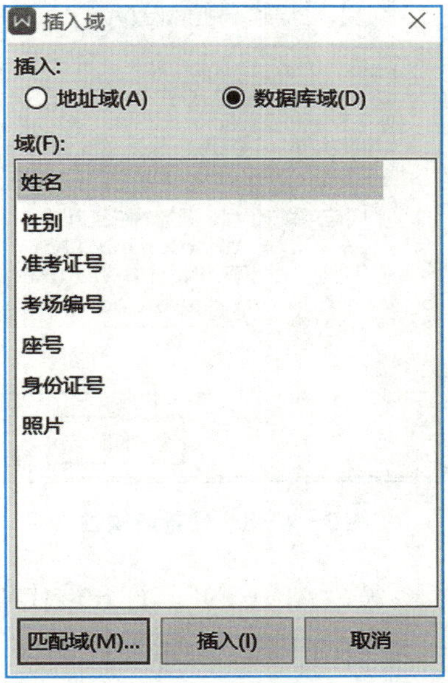

图 3-4-6　选择插入域

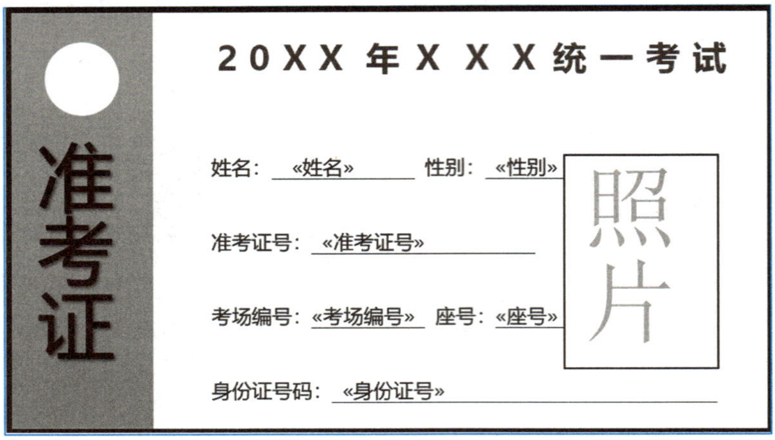

图 3-4-7　完成插入域效果

（3）照片的插入。

①光标定位在照片文本框，单击插入菜单中的文档部件命令，选择“域”确定，选择插入图片，在域代码处单击空格，输入英文状态下的双引号，在双引号里面输入数字 1，如图 3-4-8 所示。

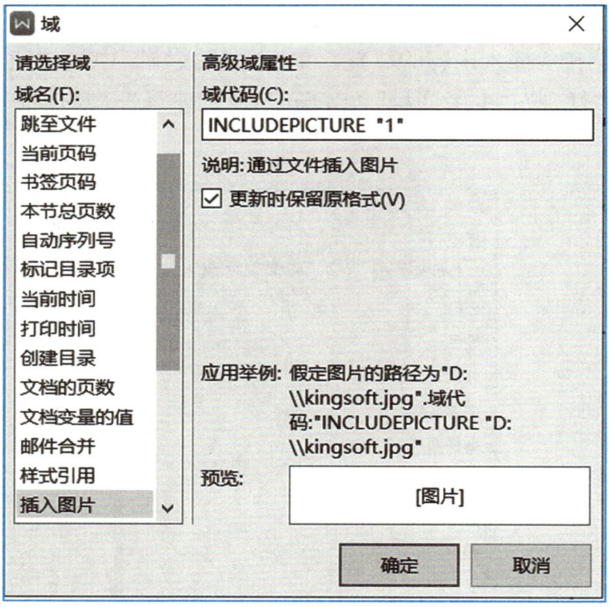

图 3-4-8　设置域属性

②光标定位在照片文本框，按“Alt+F9”，打开域代码，将“1”选中，单击“插入域”，选择“照片”，再按一次“Alt+F9”。如图 3-4-9 所示。

（4）合并生成，单击合并到新文档，按“Ctrl+A”选中所有准考证，按“F9”显示所有照片。如图 3-4-10 所示。

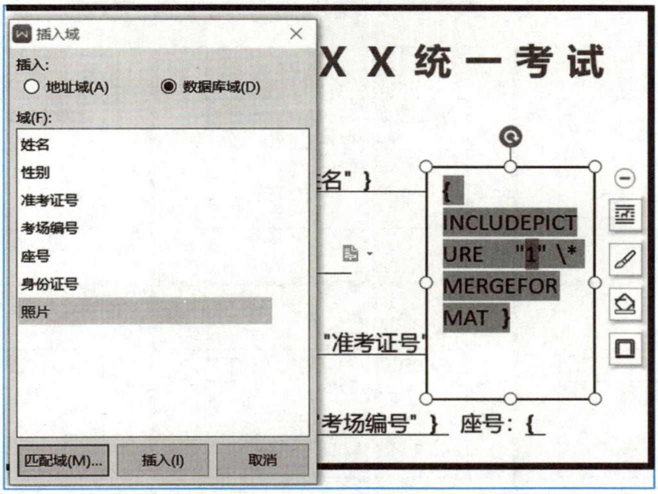

图 3-4-9　设置照片插入域

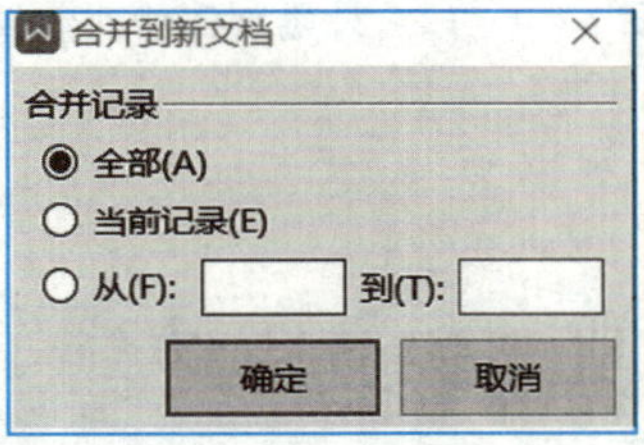

图 3-4-10　合并记录

任务技能拓展

批量制作学生成绩单和信封，参考效果如图 3-4-11、图 3-4-12 所示。

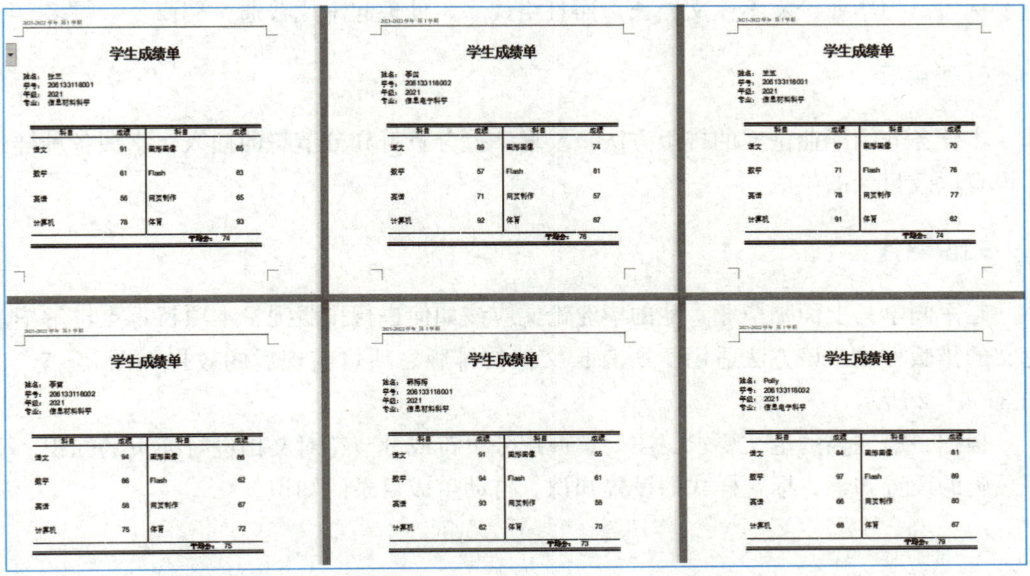

图 3-4-11　批量制作成绩单效果

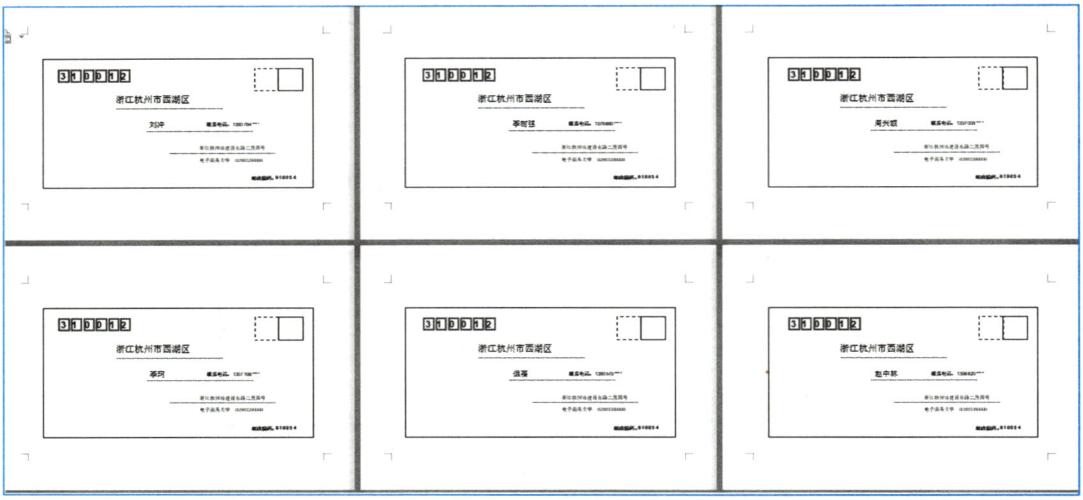

图 3－4－12　批量制作信封效果

任务五　设计、排版毕业论文

任务引领

撰写毕业论文是高等院校教学过程中的重要环节之一，是高等院校学生完成学业的重要标志。但毕业论文不仅文档长，而且格式多，处理起来比普通文档要复杂得多。

任务目标

本任务介绍毕业论文的排版方法，要求掌握分页符和分节符的插入，掌握各种样式的设置以及目录的生成。

知识储备

赵军同学马上面临毕业，他的毕业论文应该如何进行排版呢？本项目重点讲解毕业论文的排版方法，该方法适用于所有长文档的排版。项目实现后的效果如图 3－5－1、图 3－5－2 所示。

根据一篇完整的论文要求，需要掌握用分页符或分节符对文档进行换页的知识、页眉页脚的设置知识、标题样式的设置知识、自动生成目录的知识。

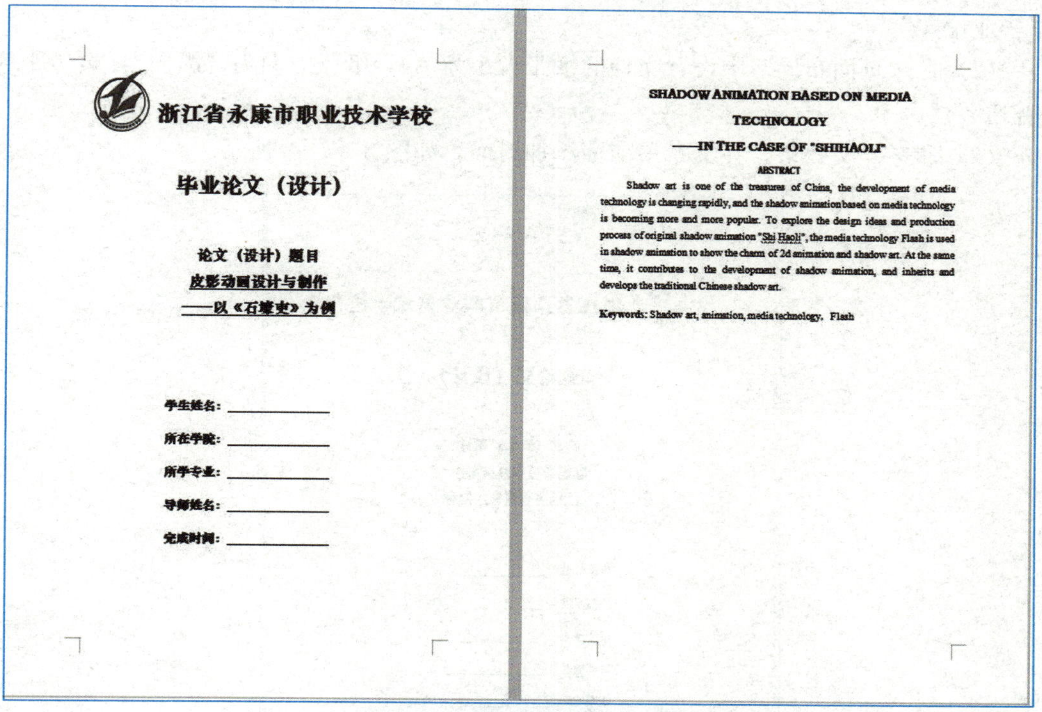
浙江省永康市职业技术学校

毕业论文（设计）

论文（设计）题目

皮影动画设计与制作

——以《石壕吏》为例

学生姓名：________

所在学院：________

所学专业：________

导师姓名：________

完成时间：________

SHADOW ANIMATION BASED ON MEDIA TECHNOLOGY

——IN THE CASE OF "SHIHAOLI"

ABSTRACT

Shadow art is one of the treasures of China, the development of media technology is changing rapidly, and the shadow animation based on media technology is becoming more and more popular. To explore the design ideas and production process of original shadow animation "Shi Haoli", the media technology Flash is used in shadow animation to show the charm of 2d animation and shadow art. At the same time, it contributes to the development of shadow animation, and inherits and develops the traditional Chinese shadow art.

Keywords: Shadow art, animation, media technology, Flash

图 3-5-1　毕业论文封面设计效果

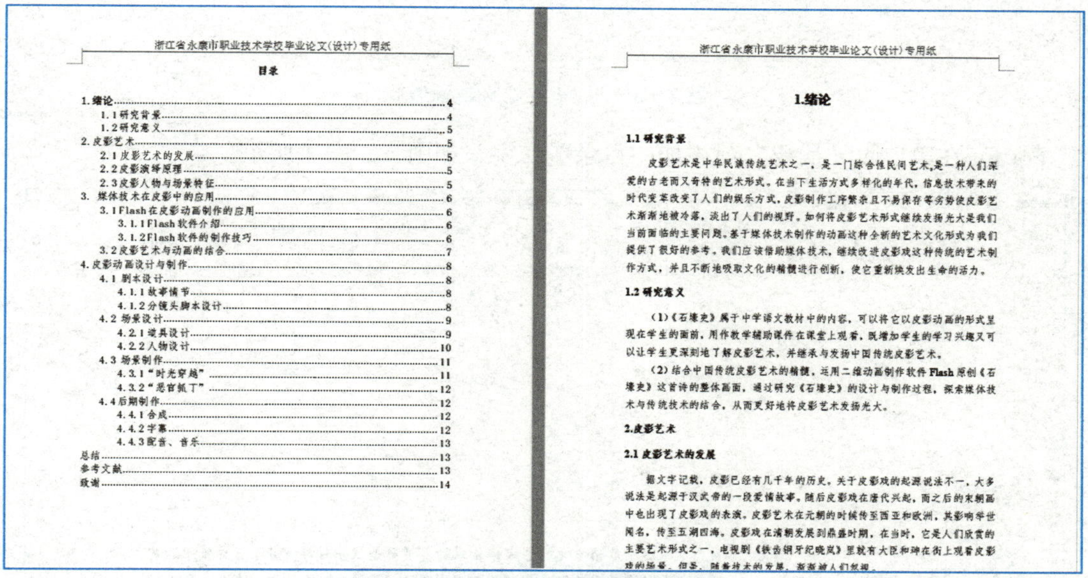
浙江省永康市职业技术学校毕业论文(设计)专用纸

目录

1.绪论……4
　1.1研究背景……4
　1.2研究意义……5
2.皮影艺术……5
　2.1皮影艺术的发展……5
　2.2皮影演绎原理……5
　2.3皮影人物与场景特征……5
3. 媒体技术在皮影中的应用……6
　3.1Flash在皮影动画制作的应用……6
　　3.1.1Flash软件介绍……6
　　3.1.2Flash软件的制作技巧……6
　3.2皮影艺术与动画的结合……7
4.皮影动画设计与制作……8
　4.1 剧本设计……8
　　4.1.1故事情节……8
　　4.1.2分镜头脚本设计……8
　4.2 场景设计……9
　　4.2.1道具设计……9
　　4.2.2人物设计……10
　4.3 场景制作……11
　　4.3.1“时光穿越”……11
　　4.3.2“恶官抓丁”……12
　4.4后期制作……12
　　4.4.1合成……12
　　4.4.2字幕……12
　　4.4.3配音、音乐……13
总结……13
参考文献……13
致谢……14

浙江省永康市职业技术学校毕业论文(设计)专用纸

1.绪论

1.1 研究背景

皮影艺术是中华民族传统艺术之一，是一门综合性民间艺术,是一种人们深爱的古老而又奇特的艺术形式。在当下生活方式多样化的年代，信息技术带来的时代变革改变了人们的娱乐方式，皮影制作工序繁杂且不易保存等劣势使皮影艺术渐渐地被冷落，淡出了人们的视野。如何将皮影艺术形式继续发扬光大是我们当前面临的主要问题。基于媒体技术制作的动画这种全新的艺术文化形式为我们提供了很好的参考，我们应该借助媒体技术，继续改进皮影戏这种传统的艺术制作方式，并且不断地吸取文化的精髓进行创新，使它重新焕发出生命的活力。

1.2 研究意义

（1）《石壕吏》属于中学语文教材中的内容，可以将它以皮影动画的形式呈现在学生的面前，用作教学辅助课件在课堂上观看，既增加学生的学习兴趣又可以让学生更深刻地了解皮影艺术，并继承与发扬中国传统皮影艺术。

（2）结合中国传统皮影艺术的精髓，运用二维动画制作软件 Flash 原创《石壕吏》这首诗的整体画面，通过研究《石壕吏》的设计与制作过程，探索媒体技术与传统技术的结合，从而更好地将皮影艺术发扬光大。

2.皮影艺术

2.1 皮影艺术的发展

据文字记载，皮影已经有几千年的历史。关于皮影戏的起源说法不一，大多说法是起源于汉武帝的一段爱情故事。随后皮影戏在唐代兴起，而之后的宋朝画中也出现了皮影戏的表演。皮影艺术在元朝的时候传至西亚和欧洲，其影响举世闻名，传至五湖四海。皮影戏在清朝发展到鼎盛时期，在当时，它是人们欣赏的主要艺术形式之一，电视剧《铁齿铜牙纪晓岚》里就有大臣和珅在街上观看皮影戏的场景。但是，随着技术的发展，渐渐被人们忽视。

图 3-5-2　毕业论文目录、正文效果

任务实施

第 1 步：划分文档整体结构

1. 添加封面、目录、表格

（1）打开素材文件夹中的“毕业论文文字素材”文件，将其另存为“15012518 赵军毕业论文”。

（2）在“页面布局”中设置文档的纸张大小为 A4，纸张方向为“纵向”，页边距为“普通”。

（3）参考样文效果，在文章最前面添加封面，如图 3－5－3 所示。

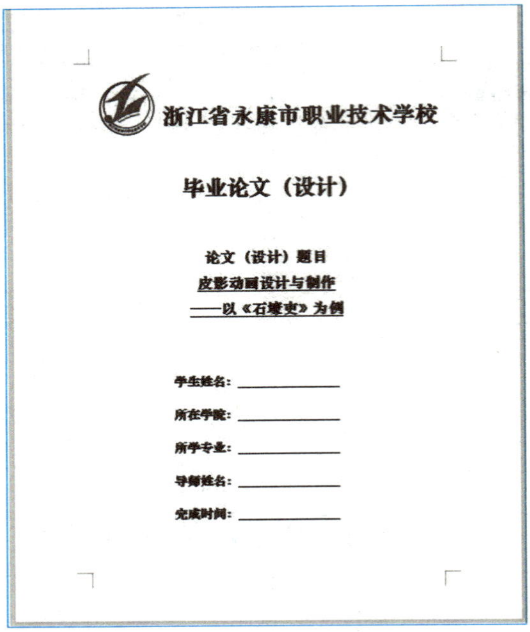

图 3－5－3　毕业论文封面效果

（4）在第二页“摘要”前添加“目录”二字，如图 3－5－4 所示。

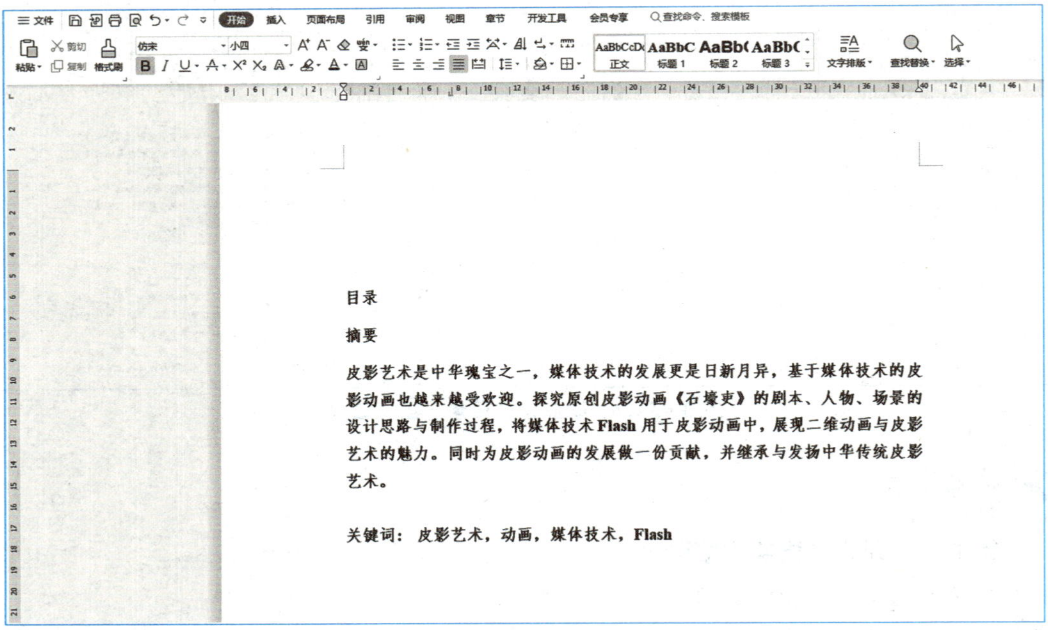

图 3－5－4　添加目录项目

（5）在文章最后添加“论文指导（阶段性进度检查）记录”表格（此方法在前面已讲过，此处不再重复介绍）。

2. 利用分节符或分页符划分文档

（1）将光标定位在封面页的最后位置，单击“页面布局”选项卡中的“分隔符”，在弹出的下拉菜单中单击“下一页分节符”，即可插入一个分节符，如图 3-5-5 所示。

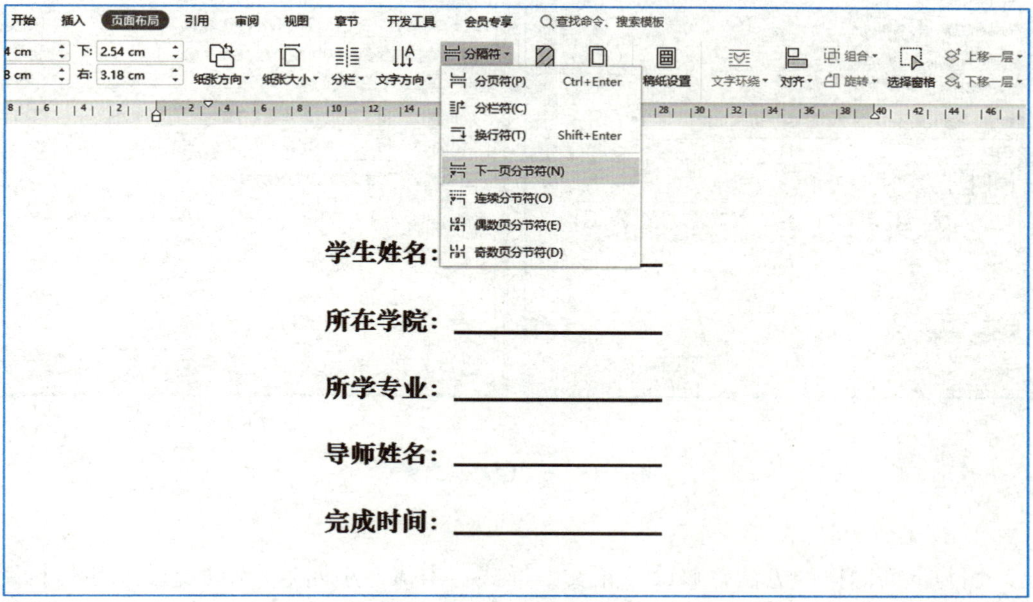

图 3-5-5　添加分隔符

（2）同理，若选择“分隔符”下的“分页符”，即可在光标所在位置插入一个分页符，由于论文每一章都要新起一页，因此页眉和页码连续的章节之间插入分页符，不连续地插入分节符。封面—分节符—目录—分节符—摘要—分页符—英文摘要—分节符—绪论—分页符—第一章—分页符—第二章……

第 2 步：应用文字样式

1. 设置一、二、三级标题样式

（1）设置一级标题样式。在“开始”选项卡中的“样式”列表中找到“标题 1”，在“标题 1”上单击鼠标右键，选择“修改”，将弹出“修改样式”窗口，设置其格式为：黑体，小三号，加粗，居中，将下侧的“同时保存到模板”复选框选中，如图 3-5-6(a) 所示。然后单击左下角的“格式”按钮中的“段落”选项，在其中设置段前段后间距均为 0 磅，无首行缩进，1.5 倍行距，大纲级别 1 级，如图 3-5-6(b) 所示。

（2）用同样的方法修改“标题 2”样式，将“标题 2”样式修改为黑体，四号，加粗，1.5 倍行距，段前段后间距为 0 磅，首行缩进 2 个字符，大纲级别 2 级。

（3）同理，修改“标题 3”样式为：宋体，小四号，不加粗，1.5 倍行距，段前段后间距为 0 磅，首行缩进。

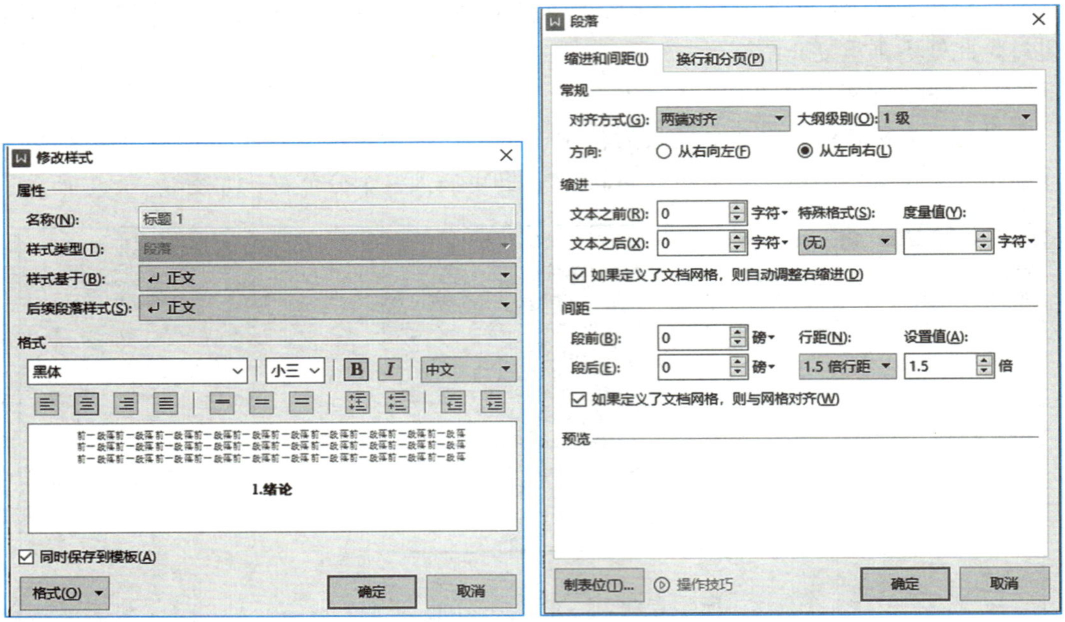

（a）　　　　　　　　　　　　（b）

图 3-5-6　修改正文样式

2. 设置正文样式

用与上面同样的方法，修改“正文”样式：宋体，小四号，不加粗，1.5 倍行距，段前段后间距为 0 磅，首行缩进 2 个字符。

3. 为标题及正文应用样式

（1）选择“目录”文字，将其按一级标题格式设置，但不能为其应用“标题 1”样式。

（2）选中“摘要”“Abstract”“绪论”“2. 皮影艺术”等标题文字，单击样式中的“标题 1”，为其应用“标题 1”样式，如图 3-5-7 所示。

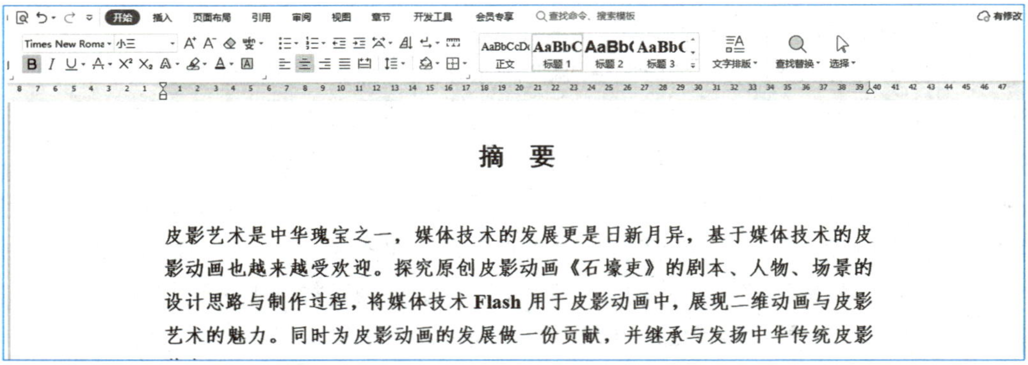

图 3-5-7　设置标题样式

（3）用同样的方法，为“1.1 研究背景”“2.1 皮影艺术的发展”等同级别文字应用

“标题 2”样式。

（4）为“3.1.1 Flash 软件介绍”“4.1.1 故事情节”等级别的文字应用“标题 3”样式。

（5）为其余的正文文字（表格、图表名称除外）应用正文文字样式，如图 3－5－8 所示。

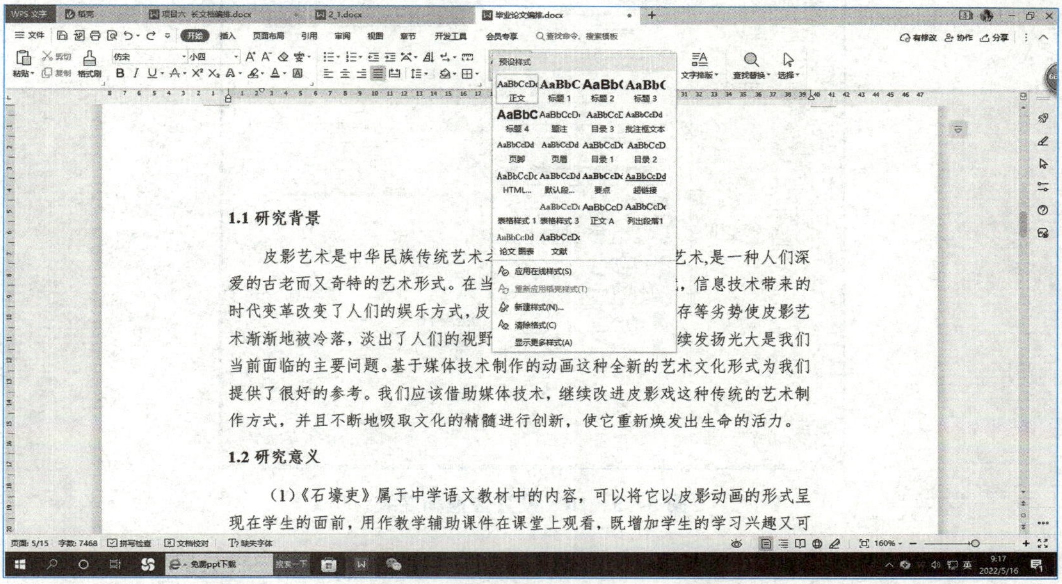

图 3－5－8　设置正文样式

第 3 步：插入页眉页码

1. 插入页眉

（1）双击目录页上空白区域，进入页眉编辑区域，在“页眉页脚”选项卡中，将“同前节”取消选择，然后为其添加文字“浙江省永康市职业技术学校毕业论文（设计）专用纸”，点击“页眉横线”添加横实线线条。如图 3－5－9 所示。

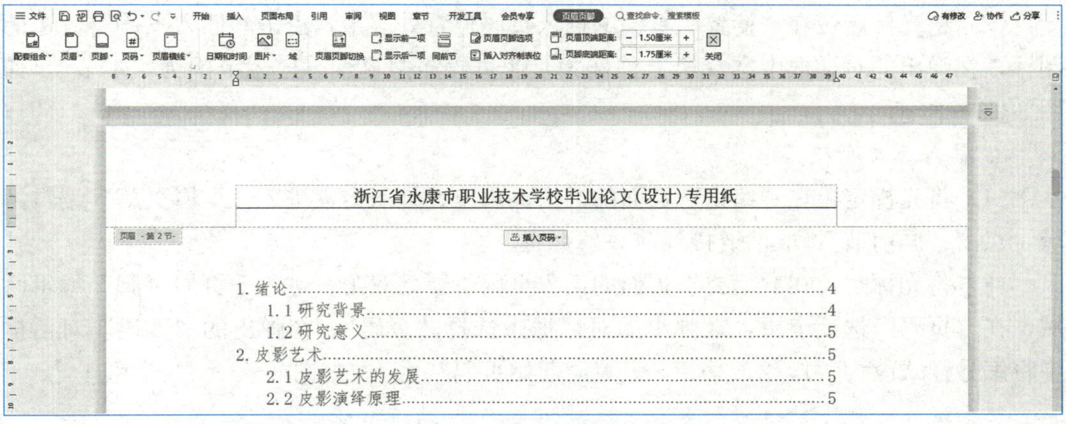

图 3－5－9　插入页眉

（2）选中文字，设置文字字体为宋体，字号为三号，加粗，单倍行距。

（3）在“开始”选项卡中单击“边框和底纹”，打开“边框和底纹”窗口，将边框样式选择为“双线”，应用于“段落”，如图 3-5-10 所示。

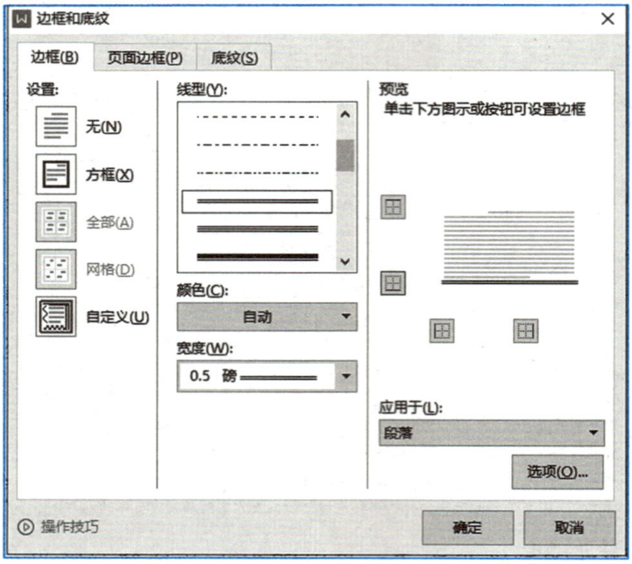

图 3-5-10　设置边框和底纹

（4）单击“设计”选项卡中的“关闭页眉页脚”按钮，退出页眉页脚编辑状态。

2. 插入摘要页码

（1）将光标定位在“摘要”页面的插入页码位置处双击，进入“页眉页脚”编辑区域，点击“同前节”，取消链接到前一条页眉。

（2）将光标定位在“摘要”页面的插入页码位置处双击，进入“页眉页脚”编辑区域，在“页码”选项卡中，在弹出的对话框中选择“页码”，如图 3-5-11(a) 所示。在弹出的“页码”对话框中将编号样式改为“Ⅰ，Ⅱ，Ⅲ…”，设置“起始页码”为 1，如图 3-5-11(b) 所示。

（3）将光标定位在“摘要”页面的插入页码位置处双击，点击“插入页码”旁边的图标，在弹出的对话框中选择第二种样式，使页码居中显示。应用范围为“本节”，如图 3-5-12 所示。

3. 插入正文页码

（1）将光标定位在“绪论”页面的插入页码位置处双击，进入“页眉页脚”编辑区域，点击“同前节”，取消链接到前一条页眉。

（2）将光标定位在“摘要”页面的插入页码位置处双击，进入“页眉页脚”编辑区域，在“页码”选项卡中，在弹出的对话框中选择“页码”，在弹出的“页码”对话框中将编号样式改为“1，2，3…”，设置“起始页码”为 1，如图 3-5-13 所示。

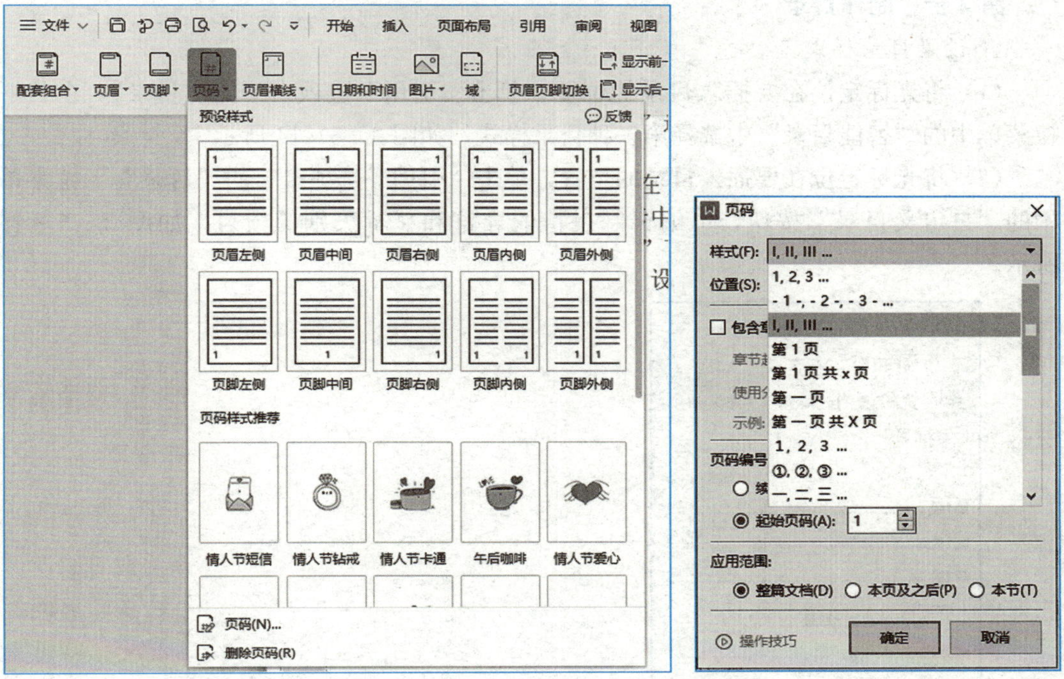

（a） （b）

图 3-5-11 设置页码

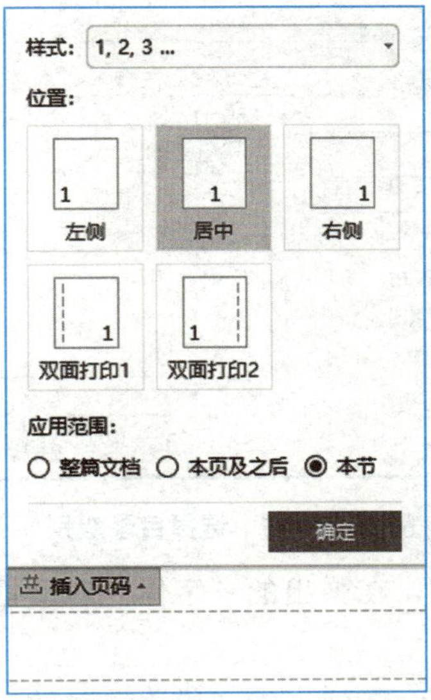

图 3-5-12 设置页码格式

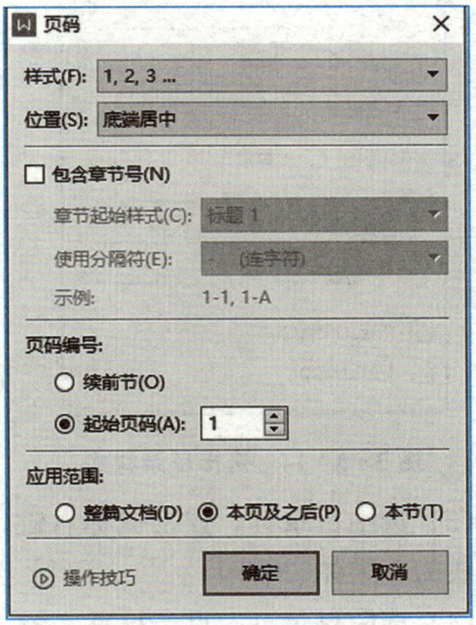

图 3-5-13 设置页码数值

（3）将光标定位在“绪论”页面的插入页码位置处双击，点击“插入页码”旁边的图标，在弹出的对话框中选择第二种样式，使页码居中显示。应用范围为“本页及之后”。

第 4 步：制作目录

1. 设置目录样式

（1）将光标定位在要插入目录的位置，单击“引用”选项卡下的“目录”，在其下拉菜单中的“智能目录”中选择第三种目录样式，如图 3-5-14 所示。

（2）将光标定位在要插入目录的位置，单击“引用”选项卡下的“目录”下拉菜单中的“自定义目录”按钮，可编辑制表符前导符和显示级别等项目，如图 3-5-15 所示。

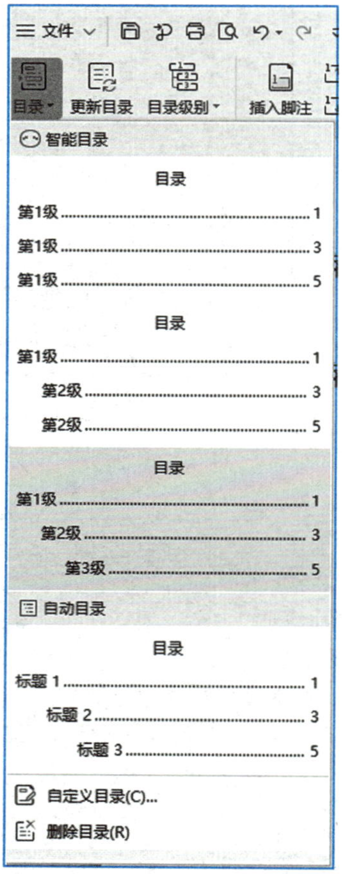

图 3-5-14　选择目录样式

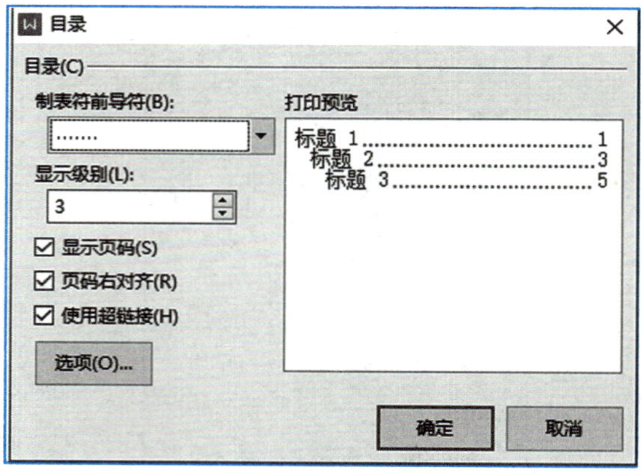

图 3-5-15　选择目录级别

（3）选中目录页，点击鼠标右键，选择“字体”，在弹出的“字体”对话框中，设置格式为：宋体，小四。

（4）选中目录页，点击鼠标右键，选择“段落”，在弹出的“段落”对话框中，设置“大纲级别为 1 级，1.5 倍行距”，点击“确定”按钮，如图 3-5-16 所示。

2. 更新目录

若正文中与目录相关的内容有修改，则需要在目录上单击右键，选择“更新目录”，在弹出的窗口中选择“更新整个目录”，即可将目录与文章内容自动匹配，如图 3-5-17 所示。

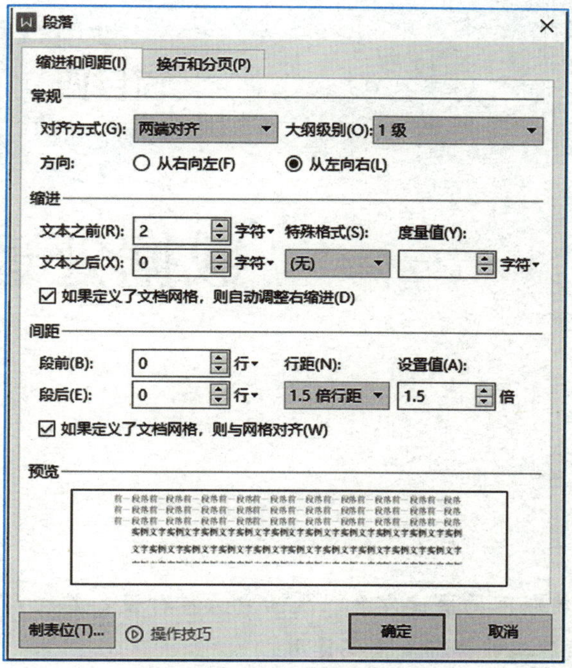

图 3-5-16 设置段落样式

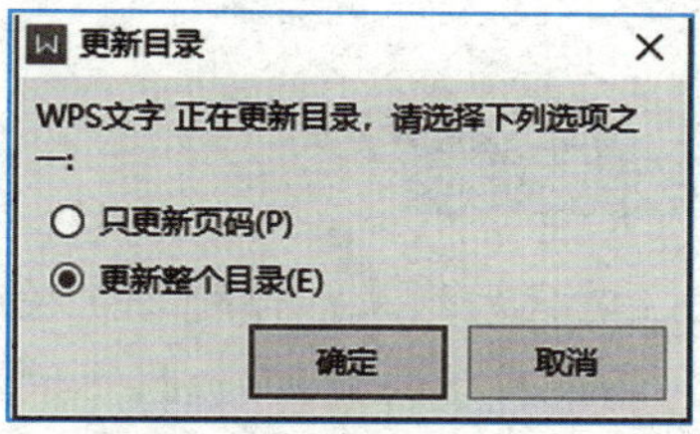

图 3-5-17 更新目录

任务技能拓展

完成一份创业计划书的制作，参考样式如图 3-5-18 所示。

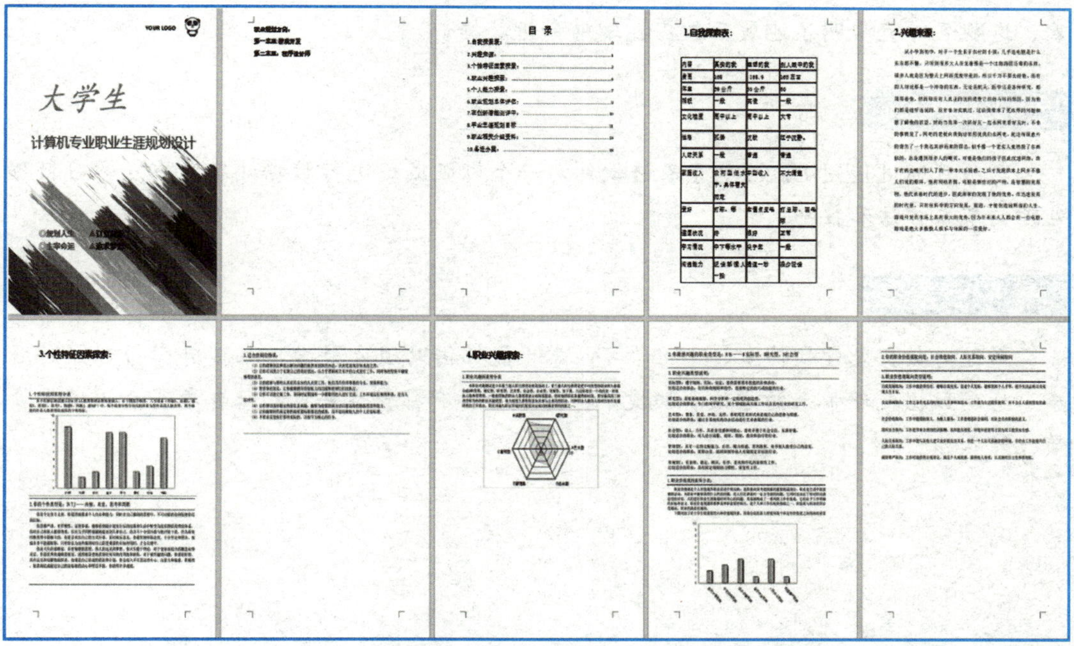

图 3-5-18 创业计划书参考

项目四

数据处理

项目概述

5G时代的到来，伴随着互联网和物联网的快速发展，生活中的各种设备都在产生数据。高效科学的数据处理，对于生活和工作都起着重要作用。

当前市场上数据处理软件种类繁多，常见的有结构化查询语言（Structured Query Language，SQL）、统计产品与服务解决方案（Statistical Product and Service Solutions，SPSS）、Excel电子表格软件、统计分析系统（Statistical Analysis System，SAS）、Python、由Ross Ihaka和Robert Gentleman开发的用于统计分析、绘图的编程R语言等。其中，Excel电子表格软件可以非常快速、方便地制作电子表格，完成各种基础的运算，用图表、透视表等直观明了地展示数据，辅助分析数据。

项目目标

本项目通过使用Excel电子表格软件对一个班级成绩进行数据处理，重点学习数据处理的基本方法和技巧。

职业素养

通过对数据处理软件Excel的学习，学生能够借助现代科学技术提升学习和工作效率，感受数据处理带来的方便和快捷，努力成为具有社会责任感和社会参与意识的高素质技能人才。

任务一　制作一个学生成绩表

任务引领

日常学习和生活中，我们会遇到各种数据，当数据量比较大的时候，利用 Excel 文档处理会方便、快捷得多。

任务目标

本任务通过制作一个学生成绩表，初步认识 Excel 电子表格软件，认识软件中的基本组成，要求掌握以下基本操作：

（1）电子表格的新建与保存。

（2）单元格内容的输入。

（3）单元格自动填充。

知识储备

每个学期的成绩是学生素质报告的重要组成部分（见图 4－1－1）。通过制作一个学生成绩表的电子版本，可以大大提高填写效率，也能帮助学生实现学期内自我的横向比较，从而更好地确立学习目标与努力方向。

科目	品德与生活	语文	数学	英语	科学	音乐	体育	美术	综合实践
成绩									
班主任寄语	班主任：　年　月　日								

图 4－1－1　学生成绩表

图 4－1－2 是某同学自高一入学到高一结束每次月考的成绩汇总。班主任老师将各学科的成绩文档汇总在 Excel 文档的一张工作表上，作为学生素质报告手册的学科成绩，也帮助每位同学对成绩进行自我分析。

科目	2020.09	2020.10	2020.11	2020.12	2021.01	2021.02	2021.03	2021.04	2021.05	2021.06
语文	75	80	77	78	80	81	83	85	83	86
数学	85	88	80	87	88	90	92	92	94	95
体育	70	75	70	75	70	75	80	75	80	75
音乐	80	85	80	82	81	80	78	82	85	87
哲学	79	76	77	80	75	80	71	81	71	82
职业规划	68	67	62	65	70	67	72	71	65	67
计算机基础	77	79	80	81	78	77	76	80	79	80
计算机网络	75	80	77	79	81	85	80	82	84	85
计算机编程	87	81	85	87	79	85	90	90	91	92
视频编辑	90	92	91	90	88	92	85	89	90	91

图 4-1-2　个人成绩记录

任务实施

第 1 步：新建空白文档

启动 Excel 电子表格（双击桌面上 Excel 的快捷方式图标，或者在空白处右击选择新建→XLSX 文件），新建一个空白工作簿，命名为“高一学年学生成绩汇总表 . xlsx”。如图 4-1-3 所示。

第 2 步：修改工作表名称

在工作表标签“Sheet1”上右击，在快捷菜单中选择“重命名”命令，或者双击工作表标签“Sheet1”，即可输入“学生成绩表”修改工作表名称。如图 4-1-4 所示。

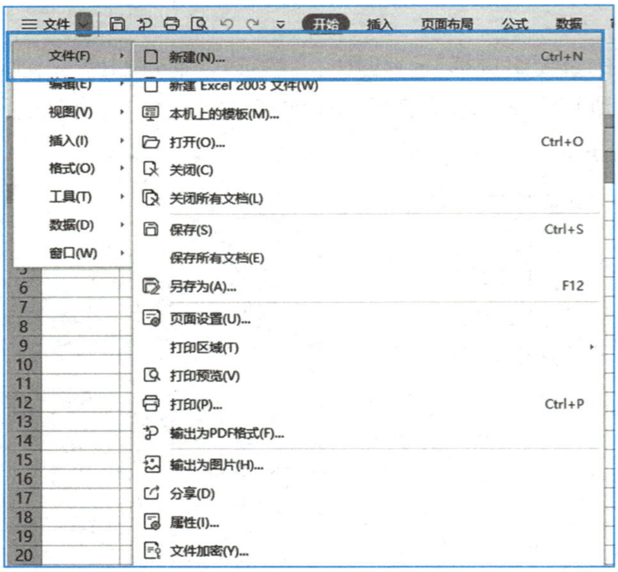

图 4-1-3　新建空白工作簿

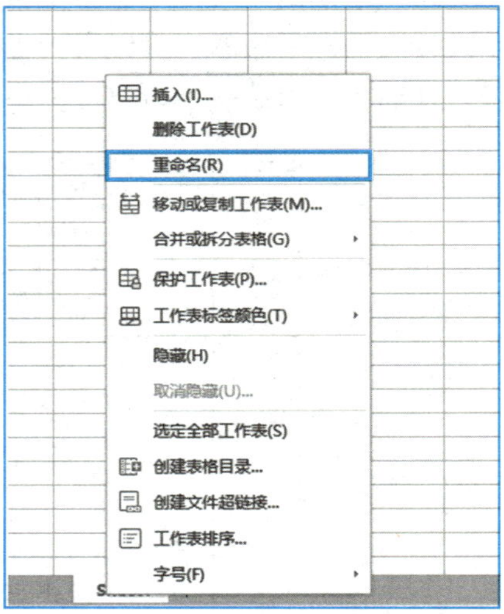

图 4-1-4　重命名工作表

相关知识

（1）工作簿：就是 Excel 文档，其扩展名为 . xlsx，理论上，一个工作簿最多可建立无数个工作表，这与计算机内存容量有关。

(2) 工作表：工作簿中的表格。一个工作表可以由1048576行和16384列构成。

(3) 单元格：表格中行与列的交叉部分。它是组成表格的最小单位，不可拆分。每个单元格都有一个唯一的名称，如“A”列、第“1”行的单元格名称为“A1”。如图4-1-5所示。

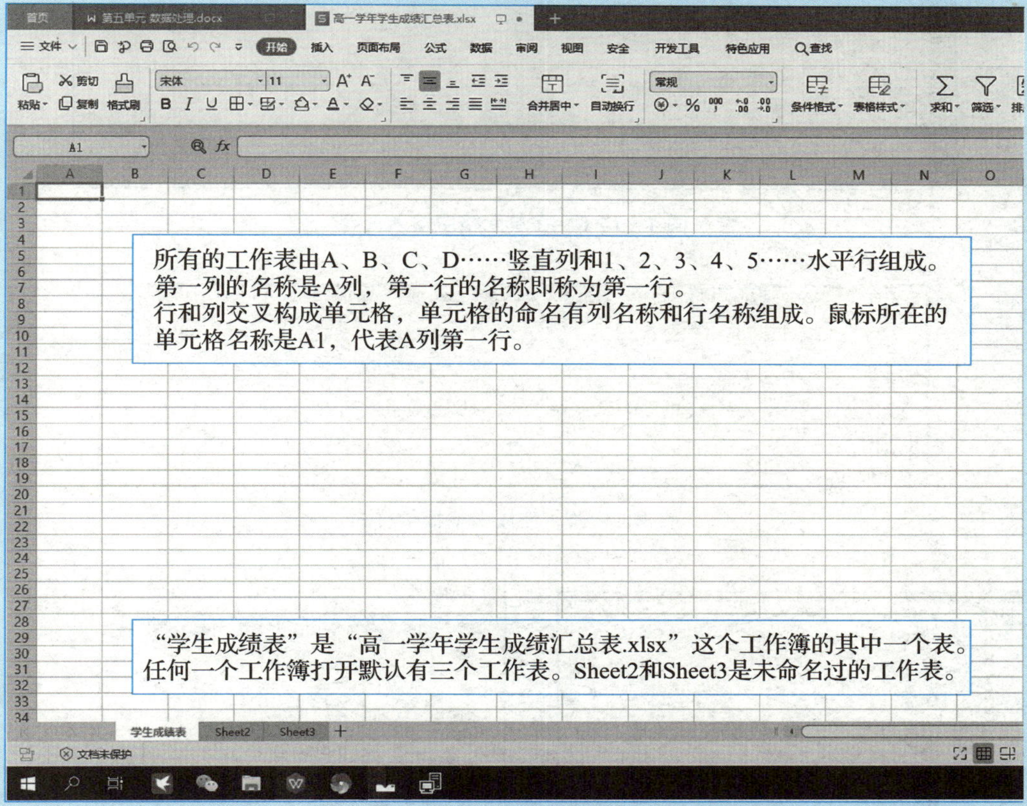

图4-1-5 认识工作表

第3步：填写项目内容

根据高一学年的科目和对应考试时间，建立工作表内容。

可以将考试科目设置为行，考试时间设置成列；也可以将考试科目设置为列，考试时间设置成行。如图4-1-6所示。

输入项目内容，建立表格框架。表格框架的建立，决定了表格的结构。如图4-1-7所示。

当输入时间“2020.10”时，系统会将其自动修改成“2020.1”，这是因为默认的表格格式为常规。此时可以对该单元格的格式进行设置，选择要设置的单元格对象，右击选择“设置单元格格式”。如图4-1-8所示。

电子表格的单元格格式有很多种：如常规、数值、货币、会计专用、日期、时间、分数、科学记数、文本、特殊、自定义。

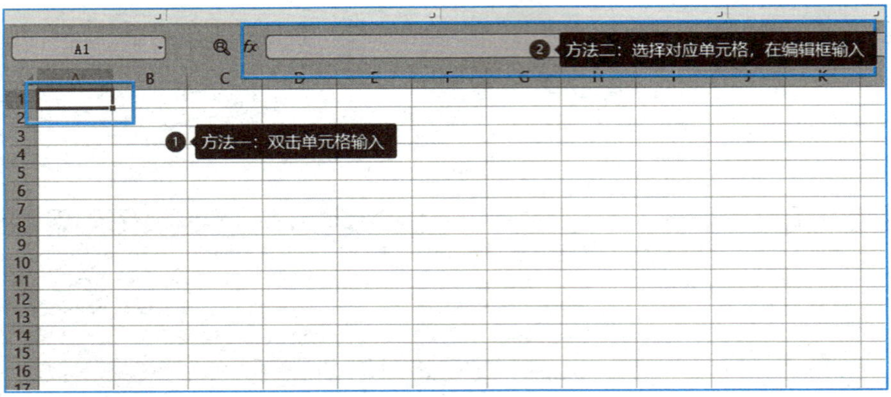

图 4-1-6　在单元格中输入内容

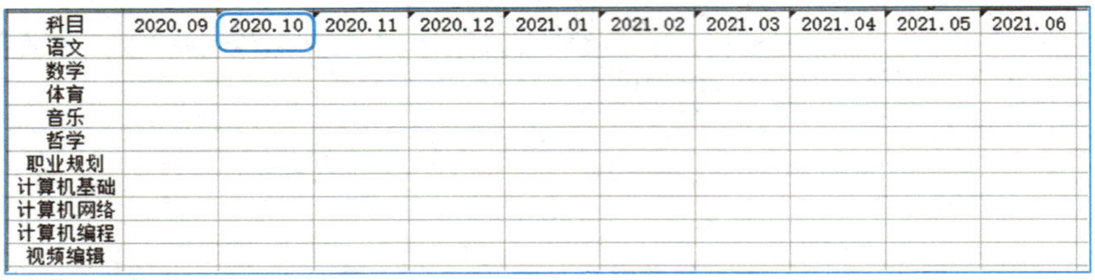

图 4-1-7　完成表格框架样式

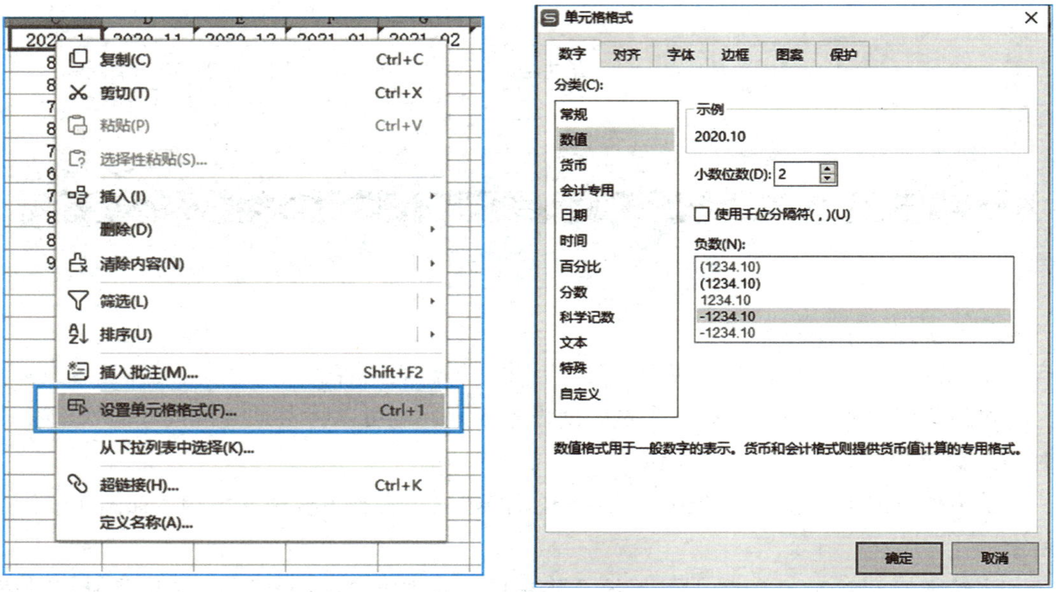

图 4-1-8　设置单元格格式

需要计算班级的平均分时，可以选择数值；需要统计班级及格率时，可以选择百分比；将考试日期输入之后，可以使用自动填充功能；将鼠标放在需要填充的单元格的右下角，鼠标变成黑色十字，再将十字键拉伸至需要填充的位置放开鼠标，完成自动填充。如图 4－1－9 所示。

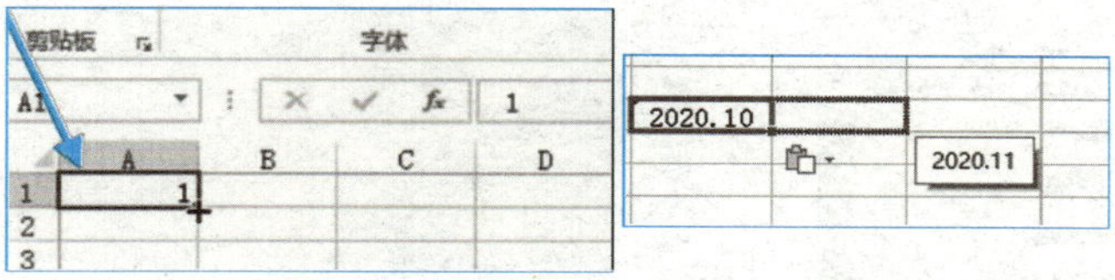

图 4－1－9　自动填充功能

自动填充功能在编辑学生学号的时候也非常好用，可以大大提升输入数据的效率。

第 4 步：调整表格格式

（1）调整列宽。单击 A 列，按住 Shift 键后，单击 K 列（选择 A 列到 K 列的连续区域），则选中所有的数据列，右击选择“列宽”，输入列宽的值，完成调整。如图 4－1－10 所示。

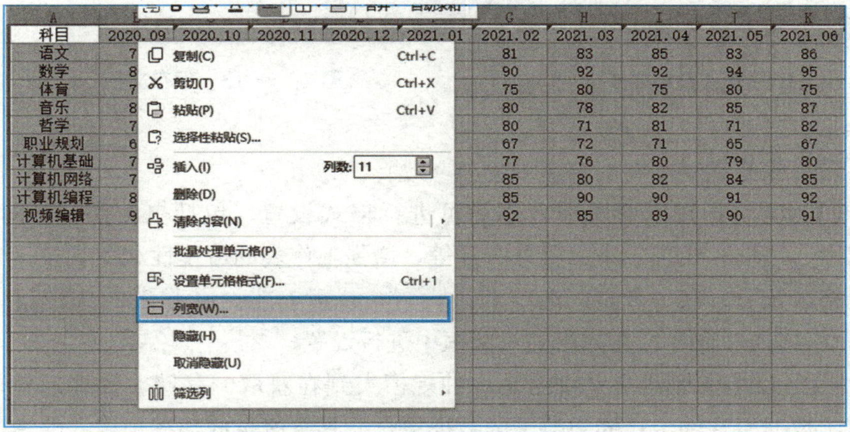

图 4－1－10　调整列宽

（2）设置数据对齐方式。用上述方法，全选数据区域，选择“开始”选项卡中的对齐方式——“居中”和“垂直居中”按钮。如图 4－1－11 所示。

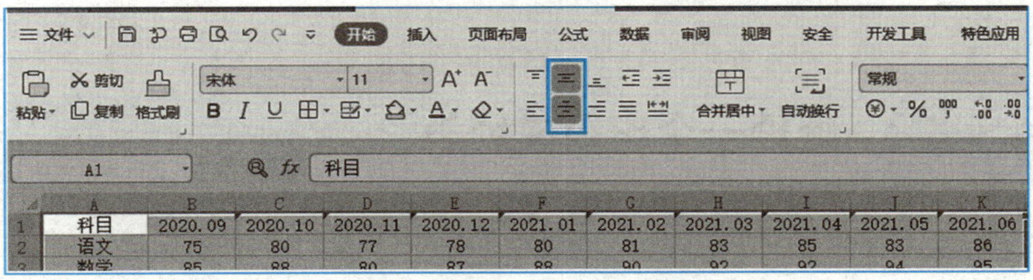

图 4－1－11　设置数据对齐方式

（3）添加表格线。全选数据区域，选择“开始”选项卡“字体”组——“框线”下拉列表按钮——“所有框线”命令。结束操作后，保存文档。如图 4－1－12、图 4－1－13 所示。

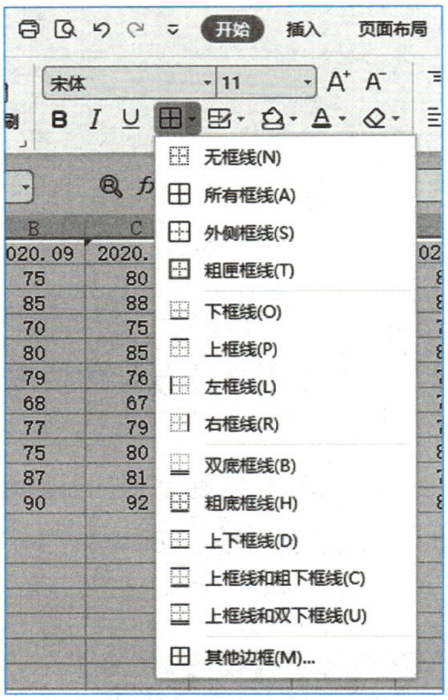

图 4－1－12　设置表格框线

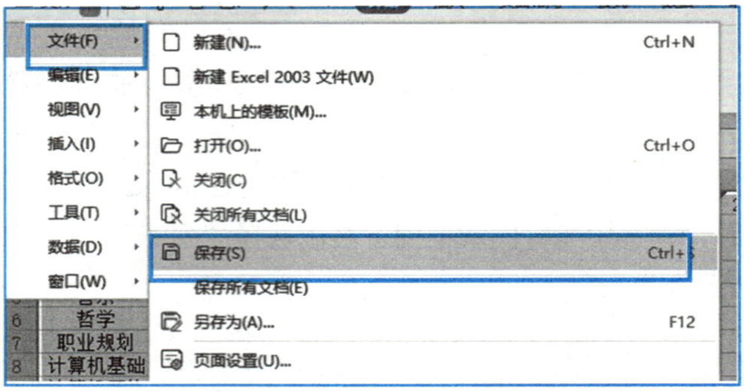

图 4－1－13　保存文档

任务技能拓展

1. 格式设置。通过以下两种方式均可进行格式设置，包括更改字体、对齐方式、颜色和阴影、边框和线条、添加背景图片等，增强工作表的可读性和美观度。选中单元格或单元格区域后，在“开始”选项卡中设置；或者右击，在弹出的快捷菜单中选择“设置单元格格式”命令，在弹出的对话框中进行设置。

2. 大数据及其采集器。大数据是一种规模大到在获取、存储、管理、分析方面大大超出传统数据库软件工具能力范围的数据集合，具有海量的数据规模、快速的数据流转、多样的数据类型和价值密度低四大特征。目前大数据采集器有八爪鱼采集器、爬山虎采集器、火车采集器等，操作简单，可以轻松从网页上抓取结构化的文本、图片、文件等资源信息。

任务二　处理一个班级成绩表

任务引领

学会了成绩表的创建，我们就可以创建并处理年级成绩、计算总成绩、计算学年总评分、汇总一个班级成绩表等操作。

任务目标

本任务通过创建成绩表，要求掌握表格中行、列的删除与插入，以及单元格引用。要求会使用公式进行简单的计算。

知识储备

数据处理是对数据进行分析和加工的过程，包括对各种原始数据的分析、整理、计算、统计等。本任务的工作表是在任务一“制作一个学生成绩表”的基础上，按各位学生的各科成绩计算总评成绩和班级名次等内容。

其中：总评成绩的计算公式是：总评成绩＝平时成绩×40％＋期末成绩×60％，采用加权计算。

在 Excel 中，运用公式和函数可以快捷地完成以上数据计算。在操作过程中，面对大量原始数据，严谨细致、认真负责是数据处理必备的品质，确保数据真实准确，切不可随意篡改数据。

任务实施

第 1 步：插入列

打开“高一学年学生成绩汇总表.xlsx”，选择工作表“学生成绩表”。选中 F 列，右击，选择“插入”命令，即在 F 列位置前插入一空白列。该空白列即成为 G 列，在 G1 单元格中输入文字“平时成绩”。用相同的方法插入期末成绩列、总评成绩列。如图 4－2－1 所示。

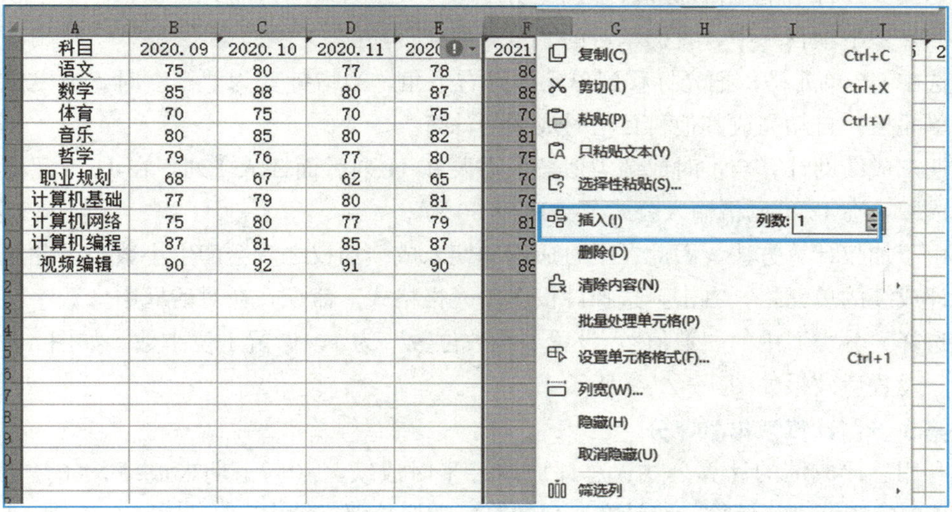

图 4－2－1 插入列

第 2 步：计算总评成绩

单击 G2 单元格，在编辑栏输入公式“＝(75＋80＋77＋78＋80)/5＊40％”，按

回车键，完成 G2 单元格语文平时成绩的计算。所以在 Excel 中，单元格的公式具有计算功能。

但是如果此时发现该同学的 2020 年 11 月份的语文成绩输入错误，77 分应该修改成 87 分，那么需要修改 D2 这个单元格的数值，并且原来 G2 单元格的内容“=(75+80+77+78+80)/5 * 40%”也会产生错误。应该修改为：“=(75+80+87+78+80)/5 * 40%”。这个过程会增加一部分的工作量。那么是否有更好的方法可以规避这种问题呢？

相关知识

在项目一中，我们学习过单元格名称的命名。单元格的引用就建立在单元格名称上，单元格的引用指的是用单元格在表中的坐标位置的标识。

如 2020 年 9 月的成绩为 75 分，则可以用 B1 来标识。因此 G2 单元格中原有的公式“=(75+80+77+78+80)/5 * 40%”，也可以写成“=(B2+C2+D2+E2+F2)/5 * 40%”，按回车键，完成 G2 单元格语文平时成绩的计算。

此时 G2 单元格也可以得到一样的成绩“31”，而单元格引用的好处就在于：如果修改 2020 年 11 月份的成绩，将 D2 修改成 87，而此时 G2 则自动更新为新值！

B2、C2、D2、E2、F2 五个单元格的内容分别代表了语文平时考试的五次成绩，相加再除以 5 得到平时成绩的平均值，再乘以 40%，即可得到第一学期的语文平时成绩。

同理，我们可以通过一样的方法计算出数学、体育等各科目的总评成绩。那是否也需要 G2、G3 每个单元格都进行公式的引用吗？

回忆一下项目一中，我们学习的“自动填充”功能：

选中 G2 单元格，把光标移到单元格的右下角，当指针变为“+”时，拖曳鼠标至 G11 单元格，自动完成其他科目平时成绩的计算。

期末成绩的计算与平时成绩类似，只需要在 H 列后面插入 I 列，在 I1 单元格输入期末成绩，在 I2 单元格输入公式“=H2 * 60%”。

由于加权计算方法，因此在平时成绩和期末成绩加权之后会产生小数，因此选中所有总评成绩的单元格，右击，选择“设置单元格格式”命令，在对话框中“数字”选项卡中选择“分类”中的“数值”，设置“小数位数”为 1，保留 1 位小数。如图 4-2-2 所示。设置后效果如图 4-2-3 所示。

第 3 步：计算学年总评分

利用总评成绩的计算公式：总评成绩=平时成绩×40%+期末成绩×60%，将 G 列和 I 列的成绩进行计算，统计在 J 列的第一学期总评成绩中。

计算统计的方法与步骤 2 类似，在目标单元格 J2 中输入“=”号，“=”号表示输入的内容不是数值，而是函数或公式，在这里是求和公式。如图 4-2-4 所示。

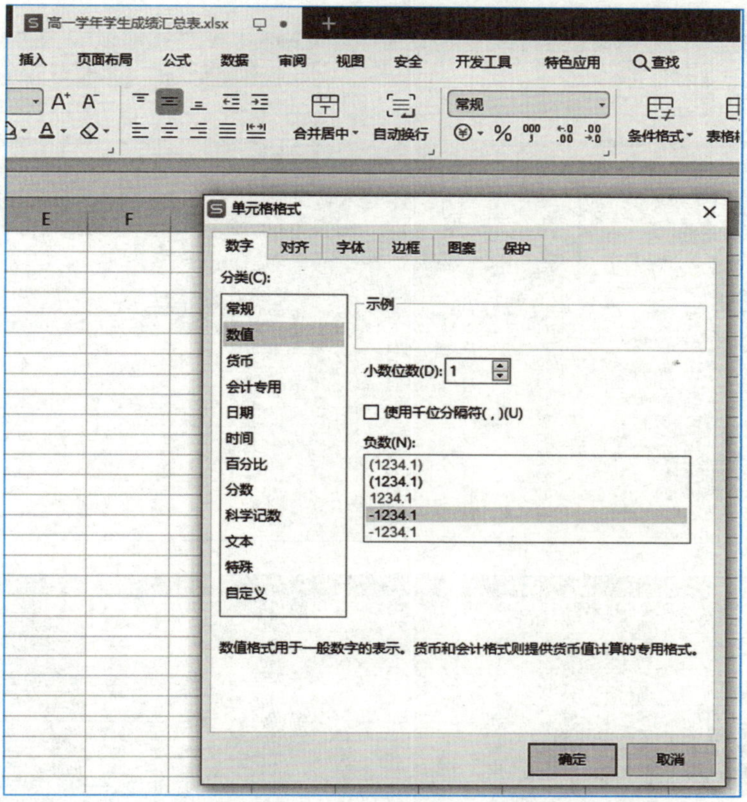

图 4-2-2 设置单元格格式

A	B	C	D	E	F	G	H	I	J	K	L
科目	2020.09	2020.10	2020.11	2020.12	2021.01	平时成绩	2021.02	2021.03	2021.04	2021.05	2021.06
语文	75	80	77	78	80	31	81	83	85	83	86
数学	85	88	80	87	88	34	90	92	92	94	95
体育	70	75	70	75	70	29	75	80	75	80	75
音乐	80	85	80	82	81	32.7	80	78	82	85	87
哲学	79	76	77	80	75	31.2	80	71	81	71	82
职业规划	68	67	62	65	70	26.2	67	72	71	65	67
计算机基础	77	79	80	81	78	31.7	77	76	80	79	80
计算机网络	75	80	77	79	81	31.1	85	80	82	84	85
计算机编程	87	81	85	87	79	34	85	90	90	91	92
视频编辑	90	92	91	90	88	36.3	92	85	89	90	91

图 4-2-3 设置单元格格式后的效果

学生通过每一个学期学习不同科目，获得相应学分。依据总评分，可以得到学年的学科总学分。除了使用公式进行相加之外，还可以使用函数。其中 SUM 为函数名，括号内为函数的参数，J2：J11 表示 J2、J3、J4、J5、J6、J7、J8、J9、J10、J11 连续 10 个单元格的数据区域，该函数的作用是计算该数据区域内的总和，等同于输入公式“=J2+J3+J4+J5+J6+J7+J8+J9+J10+J11”。SUM 函数还可以在公式菜单下，选择自动求和选项，进行使用。

AVERAGE 函数功能是计算平均数，“=(B2+C2+D2+E2+F2)/5”与“=AVERAGE(B2：F2)”效果相同。

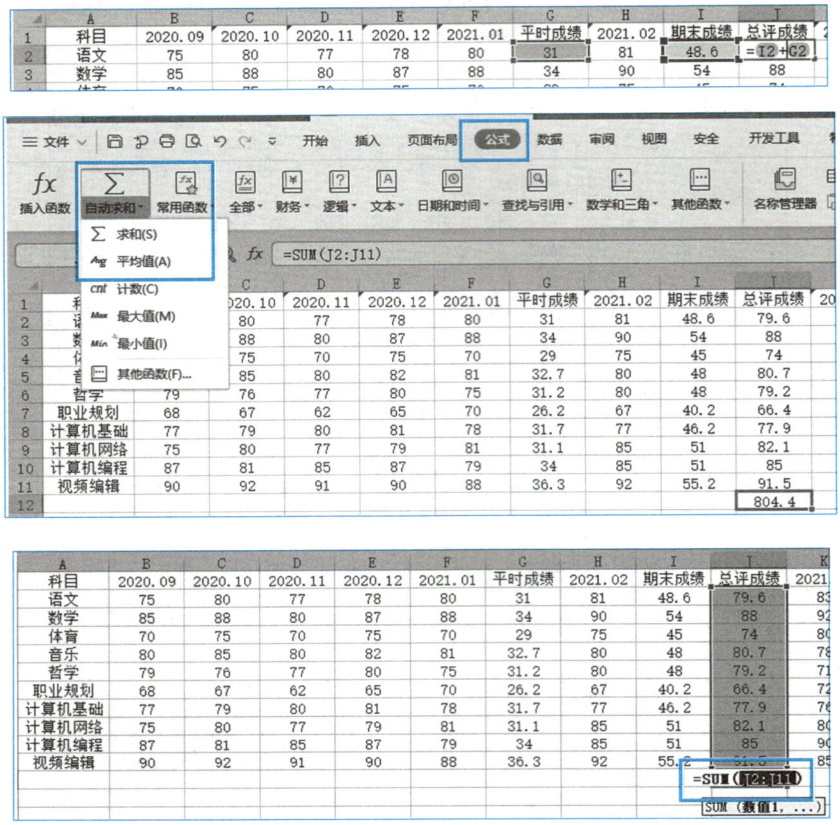

图 4-2-4　使用求和公式

第 4 步：汇总一个班级成绩表

每位同学完成自己个人的平时成绩和期末成绩计算之后，复制总评成绩结果列汇总称为班级成绩表。对表中所有的同学的总评成绩进行汇总。

在复制过程中，如果选择默认粘贴选项，则会出现粘贴之后的结果是数字 0，这是因为在默认粘贴中，复制的是单元格中的公式或者函数。此时 I2 和 G2 所在的列没有参与复制，因此此时的 J2 列内容均为 0。

解决方法为：在粘贴时，右击单元格选择“粘贴为数值”。此时就能将计算结果（数值）复制到新的表格中。如图 4-2-5、图 4-2-6、图 4-2-7 所示。

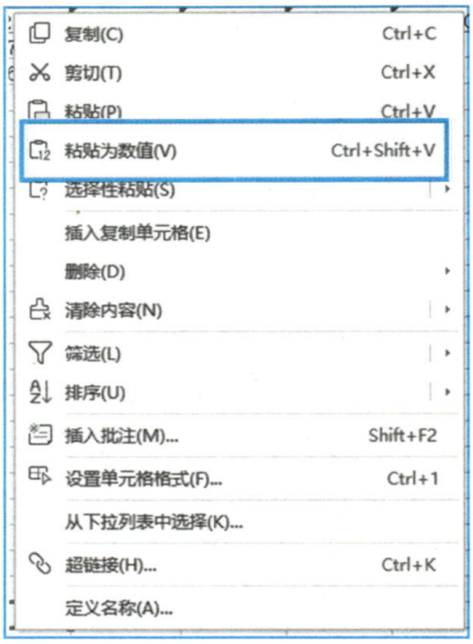

图 4-2-5　设置粘贴格式

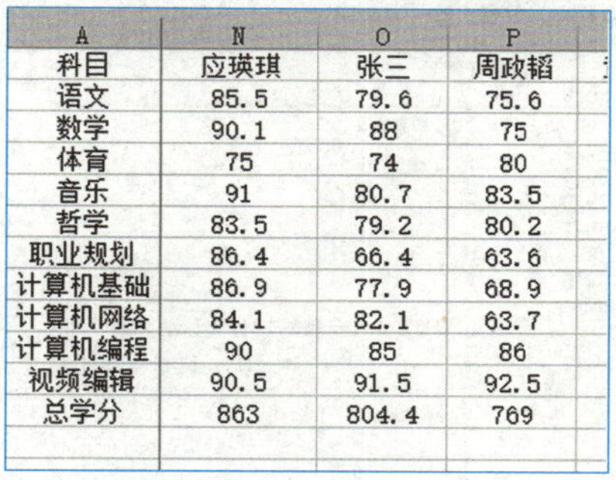

A	N	O	P
科目	应瑛琪	张三	周政韬
语文	85.5	79.6	75.6
数学	90.1	88	75
体育	75	74	80
音乐	91	80.7	83.5
哲学	83.5	79.2	80.2
职业规划	86.4	66.4	63.6
计算机基础	86.9	77.9	68.9
计算机网络	84.1	82.1	63.7
计算机编程	90	85	86
视频编辑	90.5	91.5	92.5
总学分	863	804.4	769

图 4－2－6　粘贴为数值效果

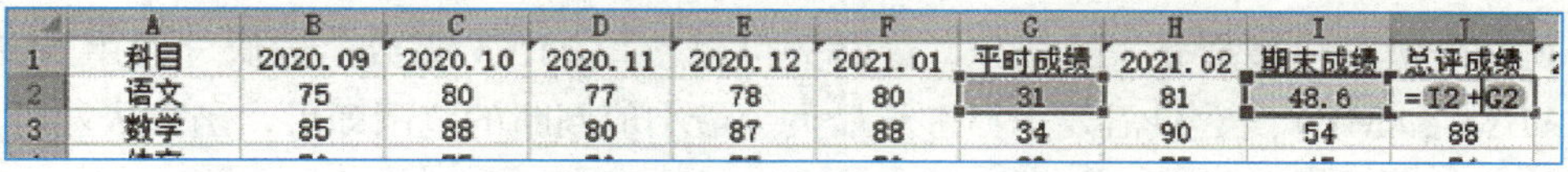

	A	B	C	D	E	F	G	H	I	J
1	科目	2020.09	2020.10	2020.11	2020.12	2021.01	平时成绩	2021.02	期末成绩	总评成绩
2	语文	75	80	77	78	80	31	81	48.6	=I2+G2
3	数学	85	88	80	87	88	34	90	54	88

图 4－2－7　完成其他单元格

任务技能拓展

计算及格人数和及格率，如图 4－2－8 所示。

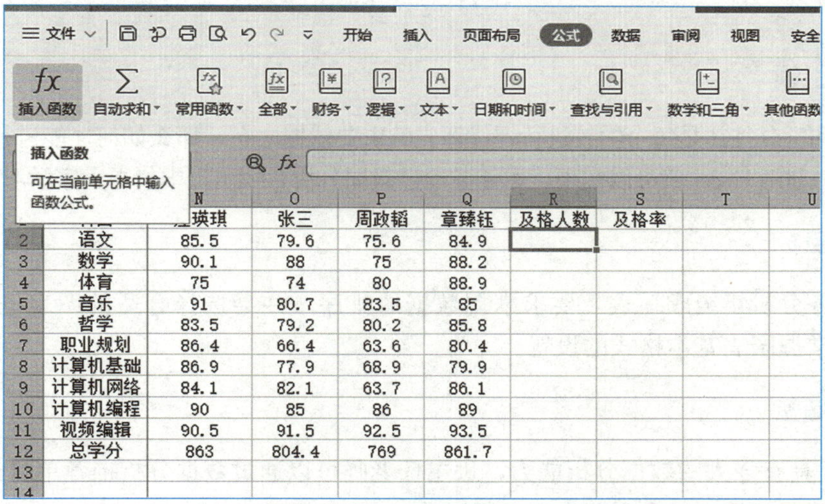

	A	N	O	P	Q	R	S	T	U
1		瑛琪	张三	周政韬	章臻钰	及格人数	及格率		
2	语文	85.5	79.6	75.6	84.9				
3	数学	90.1	88	75	88.2				
4	体育	75	74	80	88.9				
5	音乐	91	80.7	83.5	85				
6	哲学	83.5	79.2	80.2	85.8				
7	职业规划	86.4	66.4	63.6	80.4				
8	计算机基础	86.9	77.9	68.9	79.9				
9	计算机网络	84.1	82.1	63.7	86.1				
10	计算机编程	90	85	86	89				
11	视频编辑	90.5	91.5	92.5	93.5				
12	总学分	863	804.4	769	861.7				
13									
14									

图 4－2－8　计算及格人数和及格率

统计及格率，可以通过使用 COUNTIF 函数确定及格人数。COUNTIF 函数有两个参数：进行 COUNTIF 判断的范围以及条件。在目标单元格 R2，该单元格将显示全班语文总评成绩在及格分以上的同学人数，在“公式”选项卡中找到插入函数；在弹出的菜单中选择“COUNTIF”函数。

此时 COUNTIF 函数的范围是语文所在行的所有同学成绩，B2：Q2，判断条件是“＞＝60”；回车即可得到及格人数，再除以班级总人数即得到班级语文学科总评及格率。COUNTIF 将忽略文本字符串中的大小写。如图 4－2－9 所示。

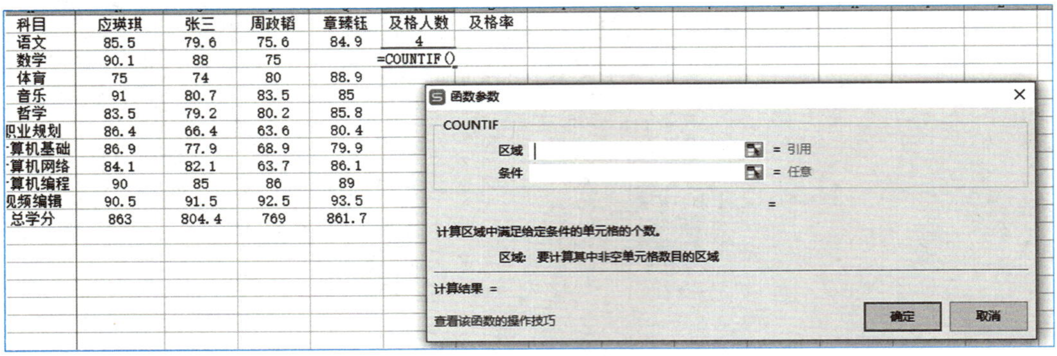

科目	应瑛琪	张三	周政韬	章臻钰	及格人数	及格率
语文	85.5	79.6	75.6	84.9	4	
数学	90.1	88	75		=COUNTIF()	
体育	75	74	80	88.9		
音乐	91	80.7	83.5	85		
哲学	83.5	79.2	80.2	85.8		
职业规划	86.4	66.4	63.6	80.4		
算机基础	86.9	77.9	68.9	79.9		
算机网络	84.1	82.1	63.7	86.1		
算机编程	90	85	86	89		
见频编辑	90.5	91.5	92.5	93.5		
总学分	863	804.4	769	861.7		

图 4－2－9　使用 COUNTIF 公式统计

得到班级学科最高分、最低分。最高分可以使用 MAX 函数，最低分使用 MIN 函数。MAX 和 MIN 函数只需要选择进行最大、最小值判断的范围即可，函数依然可以在公式菜单下调出。

任务三　分析一个年级成绩表

任务引领

成绩和学分往往是每个学校进行评优评先的重要依据之一，那么如何才能进行良好的横向比较呢？利用 Excel 就可以实现。本任务通过数据分析，找出班中值得大家学习的榜样。

任务目标

本任务分析年级成绩表，要求掌握数据的排序，并会选择合适的图表进行数据分析，还要掌握图表基本格式的设置。

知识储备

Excel 具有强大的数据分析能力，班主任老师可以通过数据分析推荐单科优秀学生、进步奖，并了解性别差异对获取学分的影响。

如对单科成绩进行排序即可获得语文学科总评成绩前 5 名的同学；也可以通过筛选选出两门专业课成绩都在 85 分及以上的同学；还能通过汇总分析按性别分类，男女生平均获得学分的情况，形成数据透视表。

任务实施

第 1 步：对数据进行排序，找出语文学科总评成绩前 5 名的同学，推荐为语文学科优秀生

（1）插入新工作表，命名为“语文学科优秀生”。复制工作表“班级成绩表”的第

1、2行，分别代表学生名单和语文成绩，粘贴到工作表“语文学科优秀生”，起始位置为A1单元格。

（2）选中新工作表中的数据区域第1、2行，单击“数据”选项卡中的“排序”项。如图4-3-1所示。

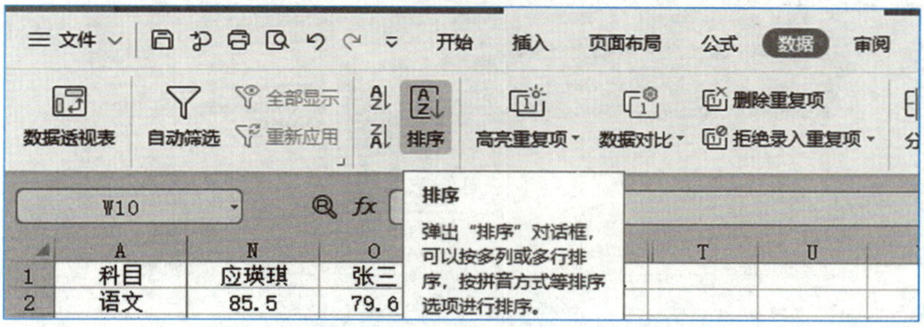

图4-3-1　使用排序功能

（3）在“排序”对话框中点击选项进行设置，默认为按列排序，但当语文成绩为一行时，进行按行排序。如图4-3-2所示。

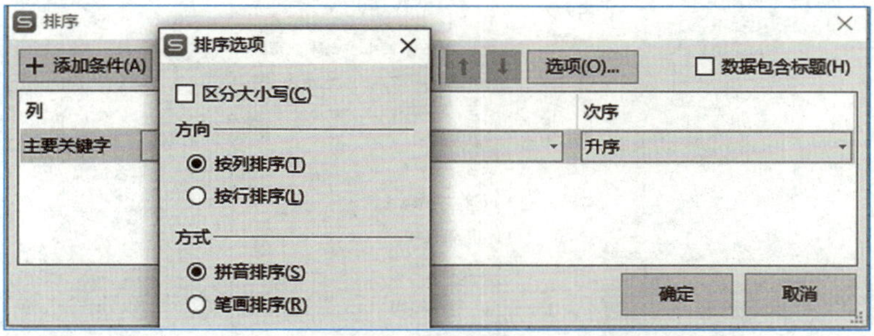

图4-3-2　设置排序方式

（4）在“排序”对话框中设置“主要关键字”为“语文总评”，“排序依据”为“单元格值”，“次序”为“降序”，单击“确定”按钮，即以语文总评成绩降序排序。

（5）删除第6列后面的所有内容。修改“序号”为“语文前5”，得到结果。

同上操作，列出其余各科单科前5名学生作为学科优秀生推荐名单。

第2步：制作图表，找出每次月考学科成绩都在进步的同学（以语文学科为例），推荐为进步奖

相关知识

利用Excel电子表格相关数据制作的图表，可以更加直观地分析和比较数据。柱状图可以更好地显示各学科之间的差异，折线图不仅清晰地显示各次月考成绩的变化情况，而且可以凸显不同学科成绩的对比情况。还可以通过增加图表项，如数据标记、图例、标题、文字、趋势线、误差线及网格线来美化图表和突出需要展示的信息。大多数图表项可被移动或调整大小，也可以用图案、颜色、对齐、字体及其他格式属性设置这些图表项的格式。如图 4－3－3 所示。

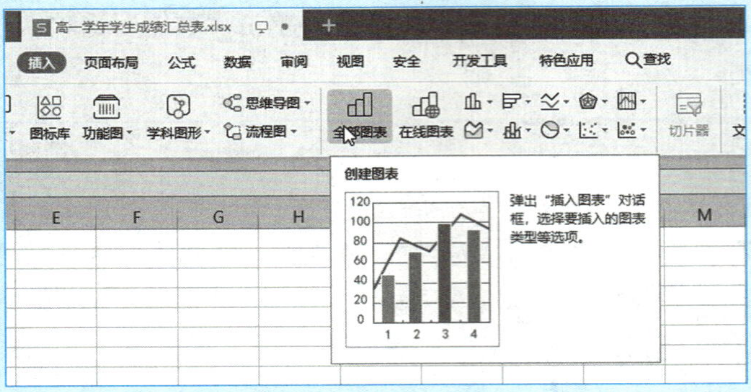

图 4－3－3　创建图表功能

还可以通过“文件”菜单中的“插入”，选择“图表”。如图 4－3－4 所示。

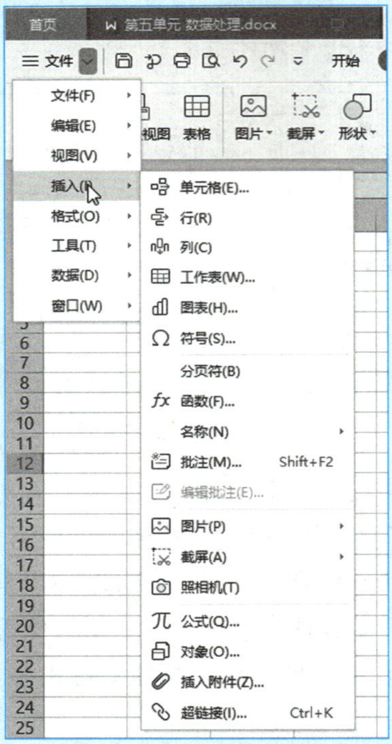

图 4－3－4　使用菜单插入图表

（1）制作图表时，选择数据、插入图表和编辑图表。其中选择数据尤为重要，打开“班级汇总表 . xlsx”文件。选中需要制作成为图表的单元格区域。

（2）单击“插入”选项卡——图表工具组。如图 4－3－5 所示。Excel 为我们提供了多种图表。如图 4－3－6 所示。根据不同的用途选择不同的图表类型。在“进步奖”的案例中，可以采用折线图来表现。如图 4－3－7 所示。

图 4-3-5　图表工具组

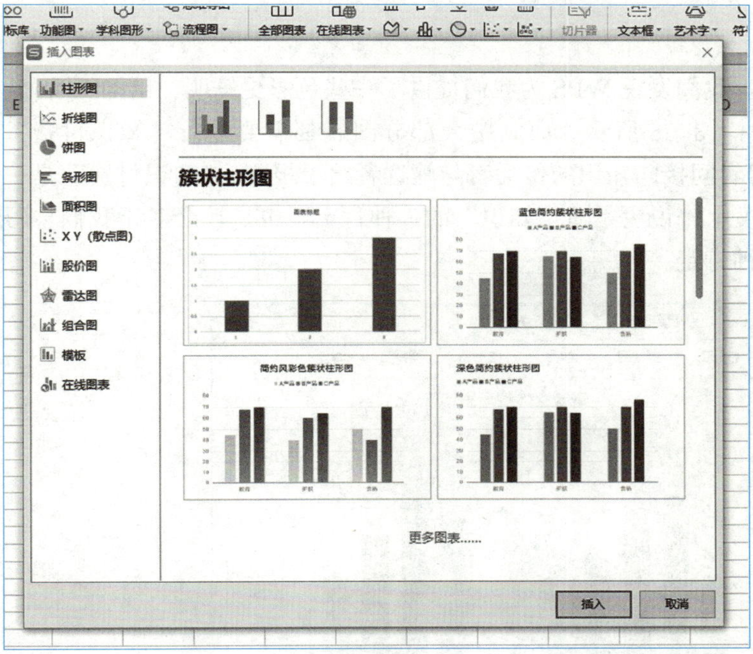

图表符号	图表类型	典型用途
	条形图	在水平方向上比较不同类型的数据
	柱形图	在竖直方向上比较不同类型的数据
	折线图	按类别显示一段时间内数据的变化趋势
	饼图	在单组中，描述部分与整体的关系
	XY 散点图	描绘两种相关数据的关系
	面积图	强调一段时间内数值的相对重要性
	圆环图	以一个或多个数据类别来比较部分与整体的关系
	雷达图	表明数据或数据频率相对于中心的变化
	曲面图	当第三个变量变化时，描绘另外两个变量的变化轨迹
	气泡图	突出显示值的聚合，类似散点图
	股价图	综合了柱形图和折线图，专门用来反映股票价格变化

图 4-3-6　不同类型图表的典型用途

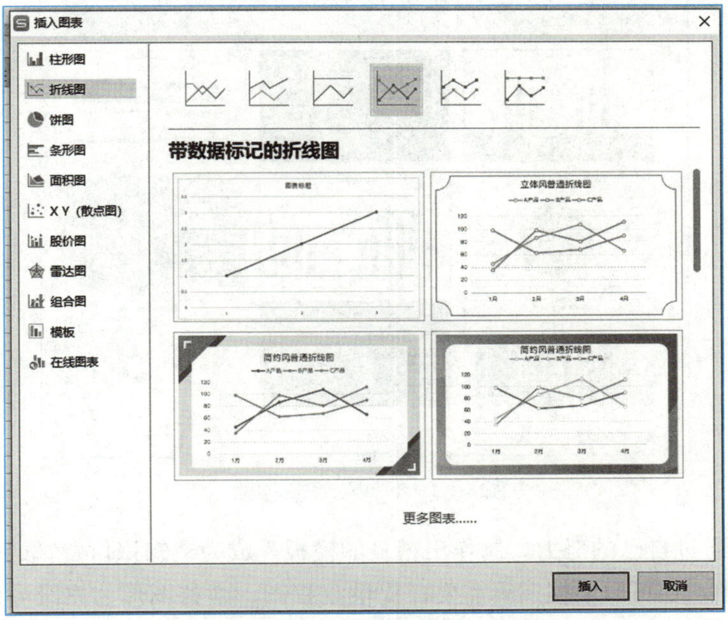

图 4-3-7　折线图样式

（3）编辑图表：在完成的图表上右击，在快捷菜单中选择“选择数据”命令，可以查看这张图表所对应的“图表数据区域”“图例项（系列）”“水平（分类）轴标签”所对应的数据，也可以根据需要增加或者删除数据更新图表，还可以修改图表的标题、样式、标签等。

任务技能拓展

在制作图表的过程中，我们发现 WPS 为我们提供了一些色彩更鲜明、结构更清晰、图例更美观的图表，如图 4－3－8 所示。而其中大部分图表都需要进行“知识付费”。“知识付费”让知识的获得者间接向知识的传播者与筛选者给予报酬，“知识付费”是一种时代的进步，从某种程度上来说更是对“知识”的一种肯定，也是社会对于我们学习并不断精进自我技能的一种肯定。

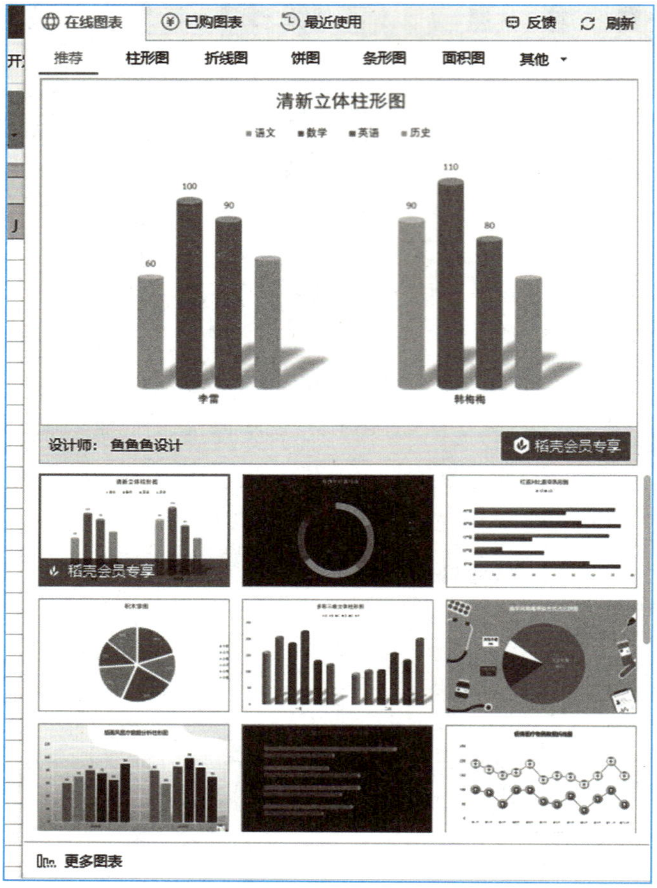

图 4－3－8　WPS 图表类型

我们可以通过自己的努力，制作出精良的模板，成为“知识付费”的受益者。

在 WPS 中，还可以根据实际需要，提供流程图、学科图形、思维导图等多维度的插入对象，如图 4－3－9 所示。

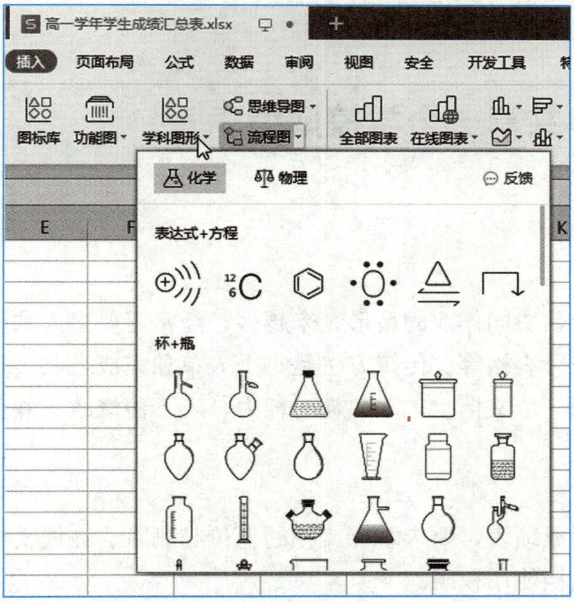

图 4－3－9 选择使用图标

研究数据透视表的使用：数据透视表（Pivot Table）是一种交互式的表，可以进行某些计算，如求和、计数等，所进行的计算与数据跟数据透视表中的排列有关。

之所以称为数据透视表，是因为可以动态地改变它们的版面布置，以便按照不同的方式分析数据，也可以重新安排行号、列标和页字段。每一次改变版面布置时，数据透视表会立即按照新的布置重新计算数据。另外，如果原始数据发生更改，则可以更新数据透视表。插入表步骤如图 4－3－10、图 4－3－11 所示。

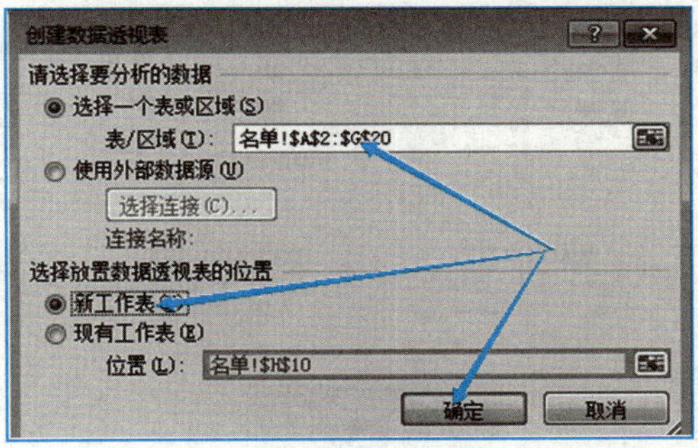

图 4－3－10 创建数据透视表

图 4－3－11 选择“插入”菜单的数据透视表

任务四　共享一个学校成绩表

任务引领

随着网络的发展，协同作业的情形越来越多，经常需要多人共同完成一个项目，如一份项目书、一个统计表格等。传统方法是每个人单独完成自己负责的部分，再由专人负责统一汇总整理到一个文档上，不仅耗时耗力，还不便修改，并且容易出错。

任务目标

本任务学习共享成绩表，要求掌握文档的上传与删除、在线文档的编辑与分享。

还要求会设置文档使用权限。

知识储备

在线协作文档工具可以让多人在线共同编辑同一份文档，事半功倍。如图 4 - 4 - 1 所示。

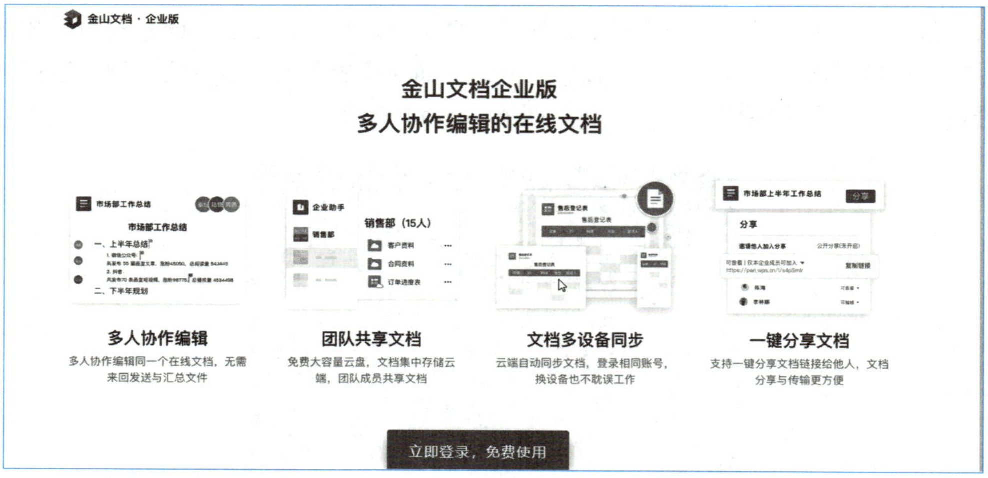

图 4 - 4 - 1　在线编辑功能

每个学期的期末，班主任们都需要收集不同学科老师对学生的学习评价；在中职毕业时，要将不同学期的学习成绩汇总成中职素质报告。在线文档具备支持多人实时协同编辑、评论等丰富的互动功能，让团队协作更便捷、沟通更充分。目前有许多支持在线编辑文档的网络平台，如 PageOffice、WPS+云办公、飞书、腾讯文档、钉钉等。腾讯文档是一款可多人协作的在线文档，打开网页就能查看和编辑，云端实时保存，可针对 QQ、微信好友设置文档访问、编辑权限，支持多种版本 Word、Excel 和 PPT 文档。

这是一份在线文档。中职的班主任老师们用它收集、记录计算机班 50 位学生的素质报告，非常便捷。还可以针对不同的任务，建立不同的团队，为团队中的成员进行文档贡献、进度跟进提供一个良好的平台。如图 4－4－2 所示。

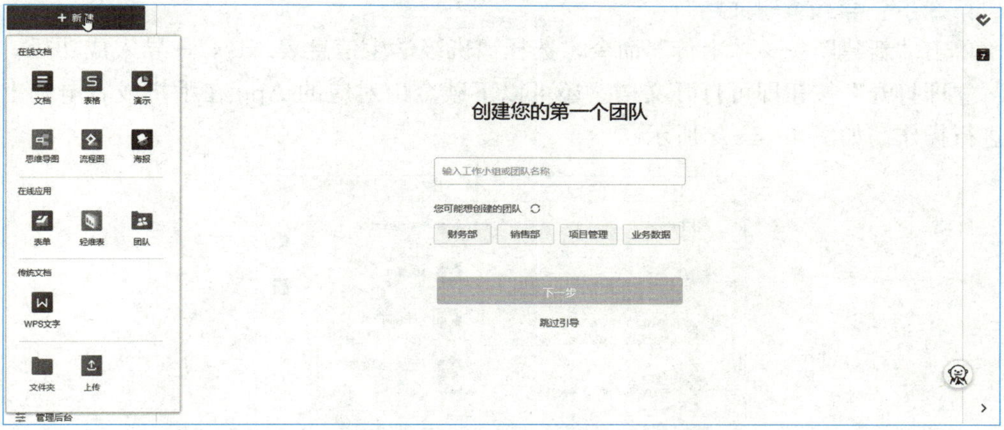

图 4－4－2　创建团队

任务实施

第 1 步：准备编辑文档

如图 4－4－3 所示，新建一个 Excel 文档，按样稿输入内容，保存为“班级学生信息表. xlsx”。

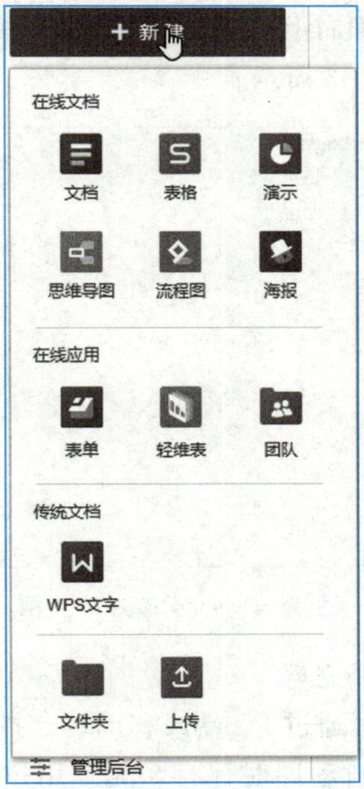

图 4－4－3　新建在线文档类型

第 2 步：登录金山文档

打开官方网站，网址为 https://www.kdocs.cn/，注册并登录，也可以使用现有的微信账号快速登录。

第 3 步：导入编辑文档

单击“新建”——“上传”命令，选择“班级学生信息表.xlsx”，导入成功后，单击“立即打开”按钮即可打开文档。还可以下载金山对应的 App 在手机或者电脑上直接进行操作。如图 4-4-4 所示。

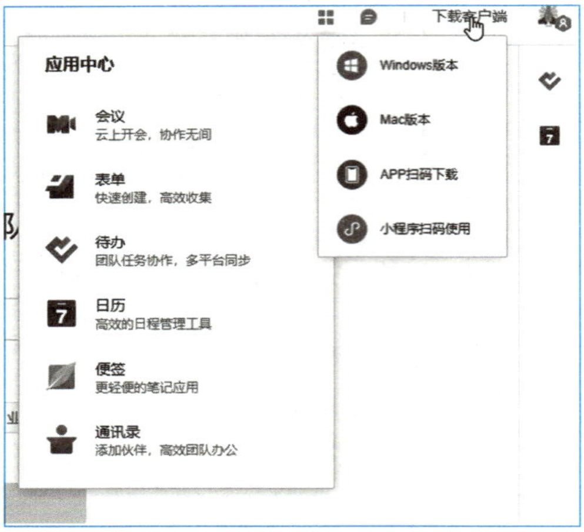

图 4-4-4　客户端下载

第 4 步：分享在线文档

打开导入的文档，单击页面右上角位置的“分享”按钮，便可打开“文档分享”对话框分享在线文档。如图 4-4-5 所示。

图 4-4-5　分享在线文档

第 5 步：多人协作完成编辑文档

收到分享的链接信息后，可通过 PC 端或移动端，打开该文件，进行个人信息的录入。完成后退出即可，平台会自动即时保存，无须用户进行保存操作。如图 4-4-6 所示。

图 4-4-6　共享文档界面

第 6 步：保存为本地文档

单击“文件”——“导出为”——“本地 Excel 表格”命令，保存为本地文档。

相关知识

腾讯在线文档如何删除？

首先回到腾讯文档首页并刷新页面，这时在“我的文档”可以看到刚刚新建的文档。长按选中该文档，并单击“删除”命令，便会弹出确认对话框，单击“确定”按钮即可完成删除。

腾讯文档网页版如何设置权限？

单击文件编辑页面右上角的图标便可打开“文档权限”设置菜单。

- 设置为私密文档：仅自己可以查看/编辑文档。
- 指定人：仅限指定的人可以查看/编辑文档。
- 获得链接的人可查看：获得链接的任何人可以查看文档，不能编辑。
- 获得链接的人可编辑：获得链接的任何人可以查看，同时也能编辑文档。

在页面的左侧，点击共享按钮，可以查看自己账户下所有上传的文件：共享文件夹、收到的文件、发出的文件。对于不需要的文件还可以进行定期整理，养成分类的好习惯。

对于某一特定文档，除了选择进行简单的共享操作之外，还可以选择添加标签、固定至常用、退出共享等操作。编辑共享如图 4-4-7 所示。

除此之外，还可以通过手机 App 和微信小程序端口接入金山文档，方便快速地享受在线文档的相关功能。如图 4-4-8 所示。

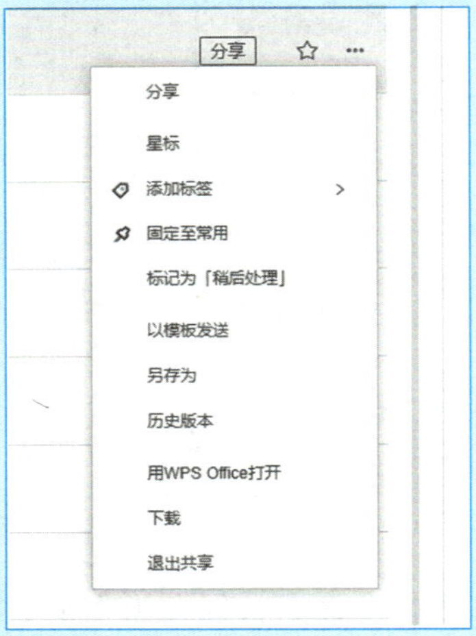

图 4-4-7 编辑共享

图 4-4-8 金山文档小程序界面

任务技能拓展

钉钉（Ding Talk）是阿里巴巴集团专为企业打造的免费沟通和协同的多端平台，提供PC版、手机版等，支持手机和计算机间文件互传。在钉钉内发送 Office 文档或表格，支持多人同时在线编辑，可以邀请群内成员一起在线查阅或协同办公。如图 4-4-9 所示。

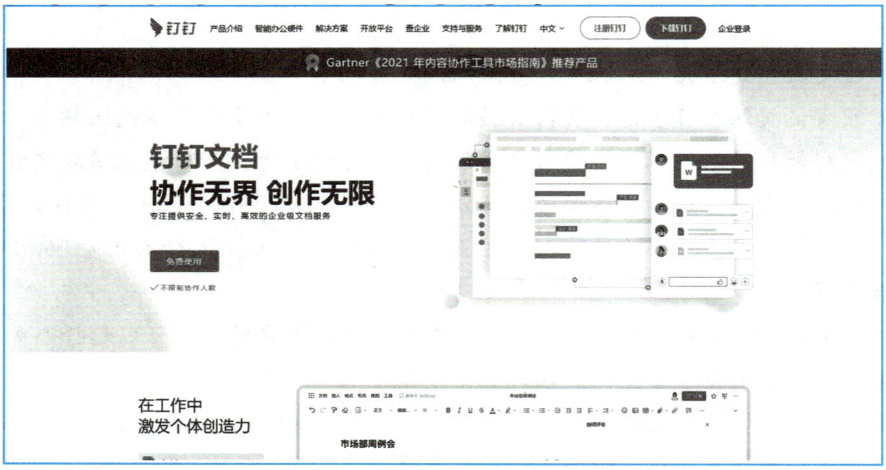

图 4-4-9 钉钉在线文档

项目五

Python 程序设计入门

项目概述

用任何编程语言来开发程序，都是为了让计算机工作，比如下载一个文件，编写一个文档等，而让计算机工作的 CPU 只能识别机器指令，所以，尽管不同的编程语言差异极大，最后都得“翻译”成 CPU 可以执行的机器指令。

Python 是一种高级编程语言，由 Guido van Rossum 于 20 世纪 90 年代初创造。Python 的设计目标是易于阅读、易于学习和易于使用。由于 Python 易于使用、逻辑简单、扩展包多等特点，不仅成为 AI 的首选语言，而且在数据分析、Web 爬虫等领域也有应用。

项目目标

通过本项目的学习，学生能够了解 Python 中的基本语法规则、变量命名规则、条件分支格式、循环格式、逻辑运算符等相关知识；会利用 Python 设计简单代码。

职业素养

通过对 Python 的学习，培养学生从多方面思考、解决问题的能力，增强自主学习的能力，培养实事求是、认真治学的学习态度。

我国软件行业近年来虽然发展迅速，但由于起步较晚，目前与软件强国相比仍有较大的差距。当下，我国软件行业还面临着“卡脖子”的问题。“少年强则国强”，作为新时代的青少年，同学们要努力学习科学文化知识，只有用知识武装好自己，才能在激烈的竞争中掌握更多的主动权。

任务一 单个学生成绩格式化输出

任务引领

Python 的应用范围非常广泛，在自动化、人工智能、Web 开发、软件开发、数据科学、数据分析等领域都非常出色。本任务利用 Python 录入学习成绩，并将成绩格式化输出。

任务目标

编写程序，提示用户输入“语文、数学、英语”三科成绩，然后按表 5-1-1 的形式输出。

表 5-1-1　输入信息

语文	数学	英语
66	77	88

本任务主要涉及提示用户输入信息（input）、接收用户输入的信息（赋值）、按要求输出信息（print）等语句，且这些语句按照一定顺序先后出现。

知识储备

本任务主要介绍程序顺序结构的定义和特点，了解顺序结构程序的执行过程。Python 程序流程控制思维导图如图 5-1-1 所示。

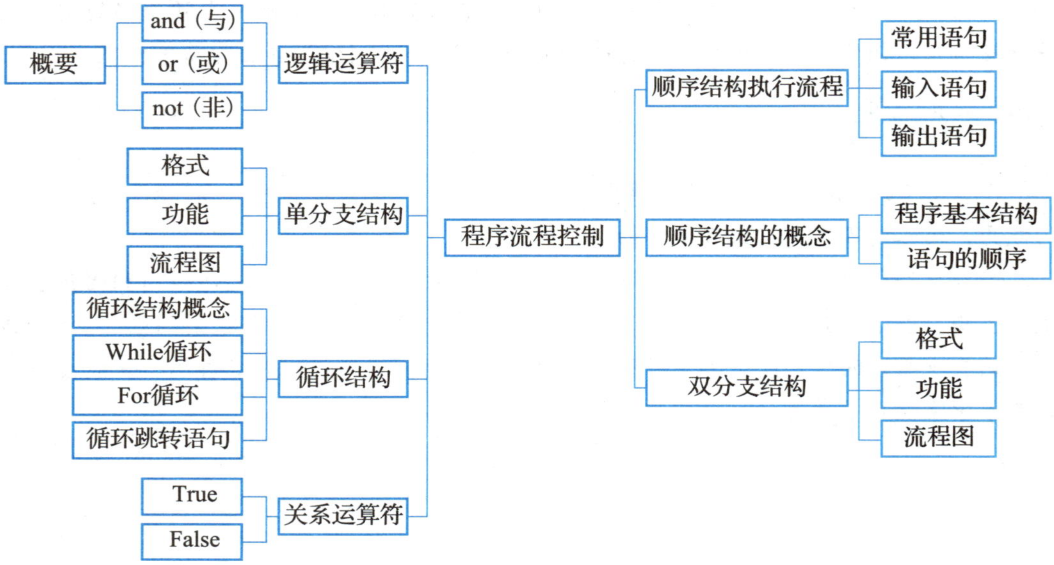

图 5-1-1　Python 程序流程控制思维导图

一、基本语法规则

（1）Python 使用缩进来划分代码块，同一个代码块的语句必须包含相同的缩进空格数。

（2）Python 中的注释有单行注释和多行注释，单行注释以 # 开头，多行注释用三个单引号或者三个双引号将注释内容括起来。

（3）在 Python 中，行末冒号的作用是告诉 Python 接下来要创建一个新的语句块，因此只要某一行以冒号结尾，它接下来的内容就应该有缩进。

（4）if-else 是一个条件分支，if 后边跟的是条件，如果条件成立，执行下面缩进的所有内容；如果条件不成立，有 else 的话就执行 else 缩进的所有内容。

（5）在计算机中，数据呈现给用户变量和常量两种形式。

①常量是指在程序运行过程中其值保持不变的量。一般约定使用大写字母表示常量。

②变量是指在呈现运行过程中其值会发生变化的量；Python 中的变量赋值不需要进行类型声明，它会根据赋值或运算的结果自动判断变量的类型。

二、变量的命名规则

（1）Python 中变量的命名规则。

①只能包含字母、数字和下划线。

②不能以数字开头。

③英文字母区分大小写，如 book 和 Book 是两个不同的变量。

（2）养成良好的编程习惯，要以“见名知意”的原则来命名变量，并遵循以下命名规范。

①大驼峰命名法：每一个单词首字母大写，如 Myname=‘张三’。

②小驼峰命名法：第一个单词首字母小写，其余单词首字母大写，如 myName=‘张三’。

③下划线命名法：单词之间以下划线相连，如 my_name=‘张三’。

（3）其他注意事项。

①不能使用系统关键字作为变量名。

②不建议使用系统内置函数名、类型名、模块名来定义变量。

三、顺序结构

顺序结构是程序执行流程的默认结构，也是程序的基本结构。顺序结构是指程序的功能是按照语句出现的先后次序依次执行来实现的。

顺序结构程序执行流程图如图 5-1-2 所示。

顺序结构中常用的语句主要有赋值语句和输入、输出语句等。

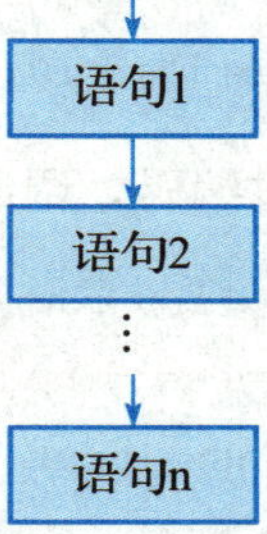

图 5-1-2 顺序结构执行流程图

任务实施

本任务可以分 3 个步骤完成单个学生成绩格式化输出，如表 5-1-2 所示。

表 5-1-2 完成单个学生成绩格式化输出

任务名	功能	使用知识点	代码示例
步骤 1	提示用户输入各科成绩并赋值给变量	使用 input()提示用户从键盘上输入成绩并赋值给相应变量	chinese=input("请输入语文成绩:")
步骤 2	格式化输出标题	使用 print()和 format()的格式化输出	print("{:10}{:10}{:10}".format("语文","数学","英语")
步骤 3	格式化输出各科成绩	使用 print()和 format()的格式化输出	print("{:10}{:10}{:10}".format(chinese,maths,english)

第 1 步： 提示用户从键盘输入语文、数学、英语三科成绩，并分别赋值给"chinese、maths、english"三个变量；

代码如下：

```
#从键盘获取语文、数学、英语三科成绩并分别赋值给 chinese、maths、english
chinese =input("请输入语文成绩:")
maths =input("请输入数学成绩:")
english =input("请输入英语成绩:")
```

第 2 步： 格式化输出标题"语文 数学 英语"，分别占 10 个字符的位置；

代码如下：

```
#输出标题"语文 数学 英语",分别占 10 个字符的位置并居中对齐
print("{:^10}{:^10}{:^10}".format("语文","数学","英语"))
```

第 3 步： 格式化输出"语文、数学、英语"对应的"chinese、maths、english"具体成绩，分别占 10 个字符的位置。

代码如下：

```
#输出语文、数学、英语三科成绩,由于中英文占位不同,为了对齐,分别占 10、14、10 个字符的位置
print("{:^10}{:^14}{:^10}".format(chinese,maths,english))
```

经过编码，调试之后，得到完整源代码如下：

```
#从键盘获取语文、数学、英语三科成绩并分别赋值给 chinese、maths、english
chinese =input("请输入语文成绩:")
maths =input("请输入数学成绩:")
english =input("请输入英语成绩:")
```

```
#输出标题“语文 数学 英语”,分别占 10 个字符的位置并居中对齐
print("{:^10}{:^10}{:^10}".format("语文","数学","英语"))
#输出语文、数学、英语三科成绩,由于中英文占位不同,为了对齐,分别占 10、14、10 个字符的位置
print("{:^10}{:^14}{:^10}".format(chinese,maths,english))
```

运行结果如下：

```
请输入语文成绩:66
请输入数学成绩:77
请输入英语成绩:88
   语文       数学       英语
   66         77         88
```

任务技能拓展

练习解析算法。解析算法的基本思想是指根据问题的前提条件与所求结果之间的关系，找出求解此题的数学表达式，并通过表达式的计算来实现问题的求解。

设计解析算法的一般步骤：(1) 明确问题的前提条件。(2) 明确要求的解。(3) 找条件与结果之间的关系式，确保数学表达式的正确性。(4) 在编程中正确描述数学关系式用 Python 编制解析程序时，必须保证计算过程描述的正确性。特别是把数学表达式转换成 Python 表达式时，必须注意这种转换的正确性，否则容易产生运算结果错误或运行过程错误。

任务二 根据成绩判定学生学习情况

任务引领

任务一学习了成绩的输入以及格式化输出学生成绩，本任务通过编写程序判定学生的学习情况。具体情况为：用户输入“语文、数学、英语”三科成绩，如果三科成绩都在 80 分及以上，则结果显示“成绩优秀!”；如果三科中只要有一科在 60 分以下，则显示“还需努力!”；其他情况，则显示“成绩一般!”。

任务目标

根据任务的实施过程来学习程序分支结构的定义和特点，了解分支结构程序的执行过程。

知识储备

分支结构是通过判断某特定条件是否满足要求来决定下一步的执行流程，分为单分支选择结构、双分支选择结构、多分支选择结构。

一、单分支结构

● 格式：

```
if 条件:
    语句块
```

● 功能：当条件为 True 或等价于 True（如非 0、非空字符串等）时，执行后面的语句块。

流程图如图 5-2-1 所示。

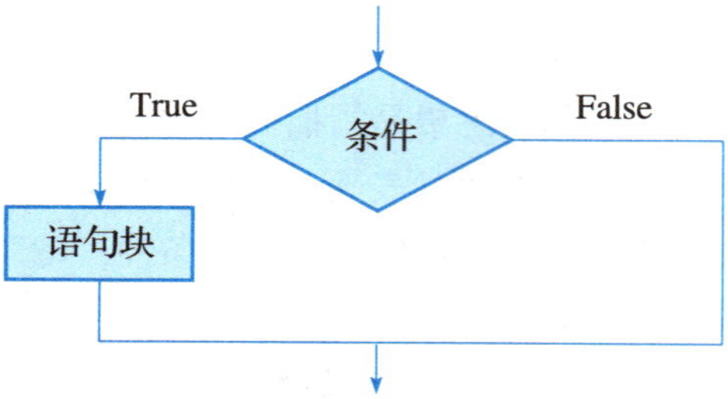

图 5-2-1　单分支结构执行流程图

温馨提示：条件一般为关系表达式或逻辑表达式，无须加括号，条件后面必须有冒号“:”，语句块为若干行语句，它们有相同的缩进。在分支结构和循环结构中，只要条件表达式的值不是 False、0（或 0.0、0j 等）、空值 None、空列表、空元组、空集合、空字典、空字符串、空 range 对象或其他空迭代对象，Python 解释器均认为其与 True 等价。

（一）关系运算符

关系运算符用来比较大小关系，比较结果为布尔值 True 或 False，常用来构成条件表达式。比较运算符有==、!=、>、>=、<、<=，分别表示等于、不等于、大于、大于等于、小于、小于等于。如图 5-2-2 所示。

运算符	描述	示例	功能
<	小于	x<y	x小于y时返回True;否则返回False
<=	小于等于	x<=y	x小于等于y时返回True;否则返回False
>	大于	x>y	x大于y时返回True;否则返回False
>=	大于等于	x>=y	x大于等于y时返回True;否则返回False
==	等于	x==y	x等于y时返回True;否则返回False
!=	不等于	x!=y	x不等于y时返回True;否则返回False

图 5-2-2　常用关系运算符

（二）逻辑运算符

Python 逻辑运算使我们能够在布尔值之间执行逻辑 and（与），or（或）和 not（非）运算，通常用来形成复杂的条件表达式，如图 5-2-3 所示。逻辑运算结果为布尔值。

● “与”运算的规则是参与运算的两个布尔值都为 True 时，结果为 True，否则为 False。

● “或”运算的规则是参与运算的两个布尔值只要有一个为 True，结果就为 True，两个布尔值都为 False 时结果为 False。

● “非”运算的规则是取反，True 的“非”运算结果为 False，False 的“非”运算结果为 True。

运算符	描述	举例
and	与	x and y，如果x为False则返回False， 否则返回y的值。
or	或	x or y，如果x为True，则返回True，否则返回y的值。
not	非	not x，如果x为True，则返回False，如果x为False，则返回True。

图 5-2-3　常用逻辑运算符

二、双分支结构

● 格式：

if 条件：
　语句块 1
else：
　语句块 2

● 功能：当条件为 True 或等价于 True 时，执行后面的语句块 1，当条件为 False 或等价于 False 时执行语句块 2。

流程图如图 5-2-4 所示。

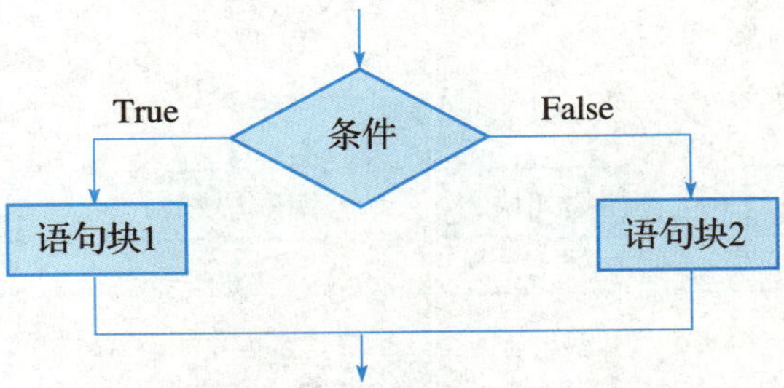

图 5-2-4　双分支结构执行流程图

温馨提示：if 和 else 必须对齐，语句块 1 和语句块 2 必须缩进相同位置。

另外，Python 还支持如下形式的三元运算符表达式，实现与双分支结构类似效果。

● 格式：表达式 1　if 条件 else 表达式 2
● 功能：当条件为 True 时返回表达式 1 的值，否则返回表达式 2 的值。

三、多分支结构

● 格式：

```
if 条件 1：
  语句块 1
elif 条件 2：
  语句块 2
elif 条件 3：
  语句块 3
……
elif 条件 n：
  语句块 n
else：
  语句块 n+1
```

● 功能：首先判断条件 1 是否为 True，如果是，则执行语句块 1，然后结束整个 if 语句；否则判断条件 2 是否为 True，如果是，则执行语句块 2，然后结束整个 if 语句；依此类推，如果条件 n 也不成立，则执行语句块 n+1。

流程图如图 5－2－5 所示。

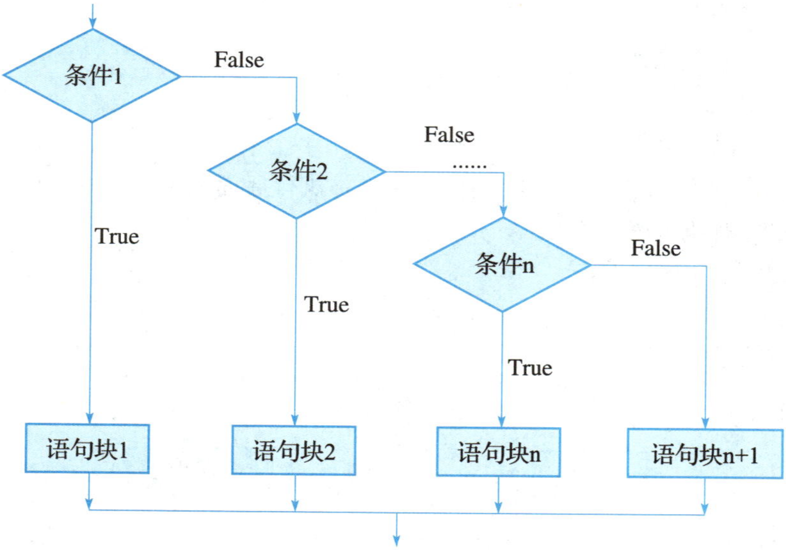

图 5－2－5　多分支结构执行流程图

温馨提示：if、elif 和 else 必须对齐，语句块 1、语句块 2……和语句块 n+1 必须缩进相同位置。

四、选择结构的嵌套

不论是单分支选择结构、双分支选择结构还是多分支选择结构，其中的语句块还可以再包含选择结构，这样就构成了选择结构的嵌套。

在使用嵌套选择结构时，一定要严格控制不同级别代码块的缩进量，这决定了不同代码块的从属关系和业务逻辑是否被正确实现，以及代码是否能够被解释器理解和执行。

本任务了解和掌握程序分支结构的概念和特点等知识，如图 5-2-6 所示。

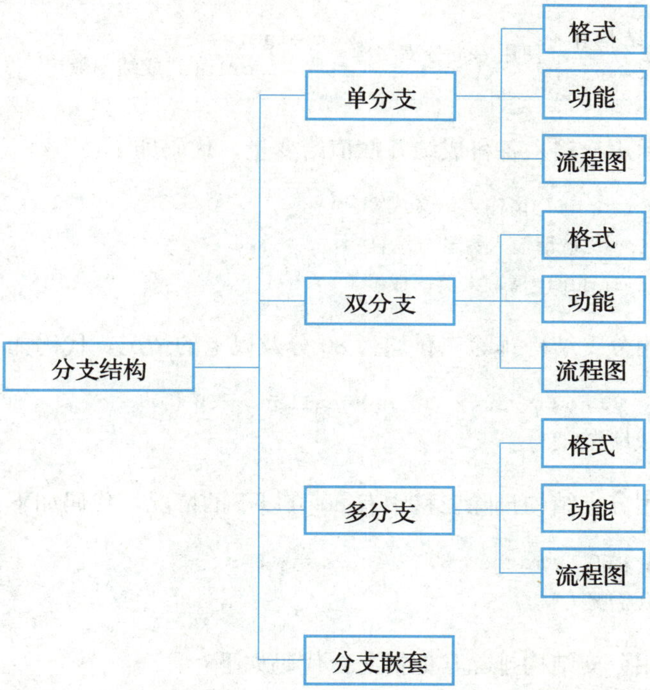

图 5-2-6　程序分支结构

任务实施

本任务可分为 4 个步骤去完成单个学生成绩格式化输出，如表 5-2-1 所示。

表 5-2-1　单个学生成绩格式化输出

任务名	功能	使用知识点	代码示例
步骤 1	提示用户输入各科成绩并赋值给变量	使用 input()提示用户从键盘上输入成绩并赋值给相应变量	chinese=int(input("请输入语文成绩:")) maths=int(input("请输入数学成绩:")) english=int(input("请输入英语成绩:"))

续表

任务名	功能	使用知识点	代码示例
步骤 2	利用分支结构排除三科均为 80 分及以上的情况	使用 if 分支结构	if chinese>=80 and maths >=80 and english >=80: print(“成绩优秀!”)
步骤 3	利用分支结构排除三科中有 60 分以下的情况	使用 elif 分支结构	elif chinese<60 or maths <60 or English <60: print(“还需努力!”)
步骤 4	利用分支结构排除其他情况	使用 else 分支结构	else: print(“成绩一般!”)

第 1 步：提示用户输入各科成绩并赋值给变量，代码如下：

```
chinese =int(input("请输入语文成绩:"))
maths =int(input("请输入数学成绩:"))
english =int(input("请输入英语成绩:"))
```

第 2 步：利用分支结构排除三科均为 80 分及以上的情况，代码如下：

```
if chinese >=80 and maths >=80 and english >=80 :
    print("成绩优秀!")
```

第 3 步：利用分支结构排除三科中有 60 分以下的情况，代码如下：

```
elif chinese <60 or maths <60 or english <60:
    print("还需努力!")
```

第 4 步：利用分支结构排除其他情况，代码如下：

```
else:
    print("成绩一般!")
```

经过编码，调试之后，得到完整源代码如下：

```
chinese =int(input("请输入语文成绩:"))
maths =int(input("请输入数学成绩:"))
english =int(input("请输入英语成绩:"))
if chinese >=80 and maths >=80 and english >=80 :
    print("成绩优秀!")
elif chinese <60 or maths <60 or english <60:
    print("还需努力!")
else:
    print("成绩一般!")
```

运行结果如下：

```
请输入语文成绩:88
请输入数学成绩:80
请输入英语成绩:90
成绩优秀!
```

任务技能拓展

1. 输入两个数，将较大的数输出。

参考代码如下：

```
#从键盘输入两个数字,并赋值给 num1,num2
num1 =int(input("请输入一个数字:"))
num2 =int(input("请输入一个数字:"))
#如果 num2 更大,则将 num1 和 num2 对调,以保证 num1 始终代表更大的数
if num2 >num1:
    num1,num2 =num2,num1
#输出较大的数即 num1 的值
print("较大的数是:{}".format(num1))
```

2. 输入学生考证成绩，判断考试是否通过，并给出相应提示。

参考代码如下：

```
#输入学生成绩,并赋值给 score,由于要进行比较大小,所以转成浮点数值型
score =float(input("请输入学生成绩:"))
#如果成绩高于或等于 60,则提示:"考试通过!";否则,提示:"考试不通过!"
if score >=60 :
    print("您的考试成绩是:{},考试通过!".format(score))
else :
    print("您的考试成绩是:{},考试不通过!".format(score))
```

3. 输入学生考试成绩（0～100），输出相应等级（大于或等于 90 的是 A；大于或等于 80、小于 90 是 B；大于或等于 70、小于 80 是 C；大于或等于 60、小于 70 的是 D；小于 60 的是 E）。

参考代码如下：

```
score =int(input("请输入学生成绩:"))
if score >100 or score <0:
    print("输入有误!")
elif score >=90:
    print("A")
elif score >=80:
    print("B")
```

```
elif score >=70:
    print("C")
elif score >=60:
    print("D")
else:
    print("E")
```

4. 利用选择结构的嵌套实现：输入学生考试成绩（0～100），输出相应等级（大于或等于 90 的是 A；大于或等于 80、小于 90 是 B；大于或等于 70、小于 80 是 C；大于或等于 60、小于 70 的是 D；小于 60 的是 E）。

参考代码如下：

```
score =int(input("请输入学生成绩:"))
if score >100 or score <0:
    print("输入有误!")
else:
    if score >=90:
        print("A")
    else:
        if score >=80:
            print("B")
        else:
            if score >=70:
                print("C")
            else:
                if score >=60:
                    print("D")
                else:
                    print("E")
```

任务三 统计全班“成绩优秀”的学生人数

任务引领

本任务主要利用循环结构和分支结构等编写程序，输入全班同学“语文、数学、英语”三科成绩（为了操作方便，假定全班共计 8 名学生），判定学生的学习情况，如果三科成绩都在 80 分及以上，则认定该学生“成绩优秀”；统计全班成绩优秀的学生人数。

任务目标

本任务主要根据任务实施介绍程序循环结构的定义和特点，了解循环结构程序的执行过程。

知识储备

本任务主要介绍循环结构。循环结构是指在满足指定条件下重复执行一段代码。Python 中的循环结构主要有 while 循环和 for 循环。

一、while 循环

（1）格式：

```
while 条件：
    语句块
```

（2）功能：当条件成立时，重复执行语句块（通常称循环体），直到条件不成立为止。

流程图如图 5－3－1 所示。

二、for 循环结构

（1）格式：

```
for 变量 in 序列或迭代对象：
    语句块（循环体）
```

（2）功能：对序列或可迭代对象中的每个元素执行一遍循环体。每次循环时自动把序列或可迭代对象中的当前元素分配给变量并执行循环体，直到整个序列或可迭代对象中的元素迭代完为止。

流程图如图 5－3－2 所示。

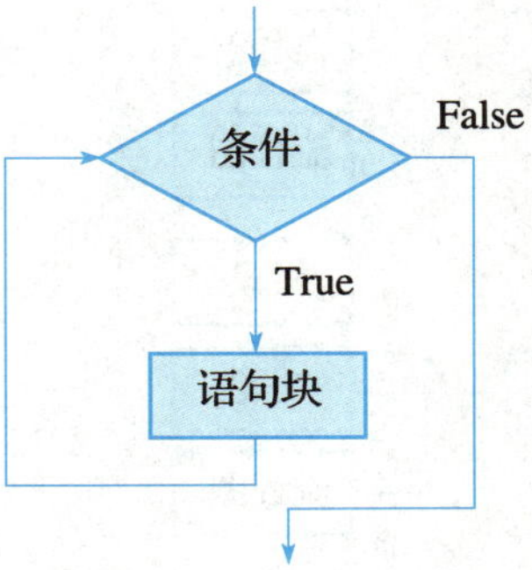

图 5－3－1　while 循环执行流程图

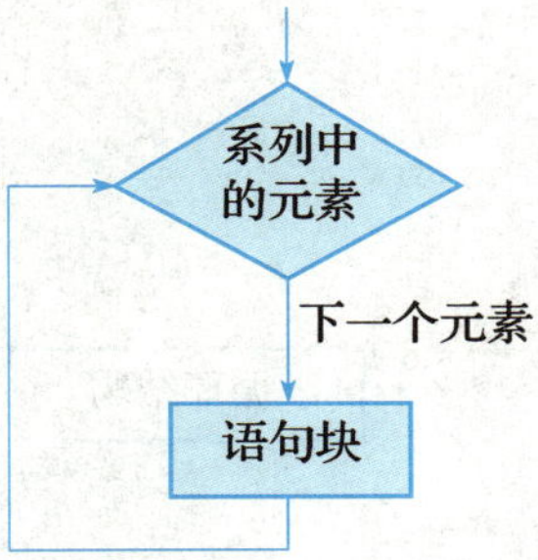

图 5－3－2　for 循环执行流程图

温馨提示：Python 提供了一个内置函数 range()，用于生成一个等差整数列表，经常用在 for 循环中。

range()函数的使用。

（1）格式：range（［start，］stop［，step］）

（2）功能：返回一个以起始值 start 开始，以终值 stop 结束，步长为 step 的等差数列。如果 start 没有指定，默认从 0 开始；如果 step 没指定，默认为 1，步长 step 可正可负；如果要指定参数 step，则必须指定参数 start。函数返回区间是一个左闭右开区间，即不包括终值在内，例如：range(1，4）生成的列表是［1，2，3］。

三、循环结构的嵌套

一个循环体内又包含另一个完整的循环结构，称为循环的嵌套，也称多重循环。不同循环结构可以互相嵌套。

同一题目可以用不同的循环方式来实现。相对而言，for 循环更简洁，但 while 循环也有它的优势，例如设置“无限循环”等。

一般而言，while 循环多用在处理循环的次数不定的情况，当条件满足即会执行，否则便会停止；for 循环多用于已知循环次数的循环，如列表、字典等的遍历。大家在使用过程中，可以根据需要选择合适的方法。

四、循环跳转语句

通常情况下，循环结构会在执行完所有循环语句后自然结束，但有时需要提前终止循环，Python 提供了 break 和 continue 两种不同的语句来实现。

（1）break 语句。break 语句用于终止整个循环，但也要注意，break 结束的只是它自身所在循环，如果有循环嵌套、内层循环时，提前结束不影响外层循环。

（2）continue 语句。continue 语句用于提前结束本轮循环，当执行到 continue 时，系统会自动跳过当前循环剩余的代码，继续进行下一轮循环。

本任务介绍了循环结构的概念和特点等知识，知识框架如图 5－3－3 所示。

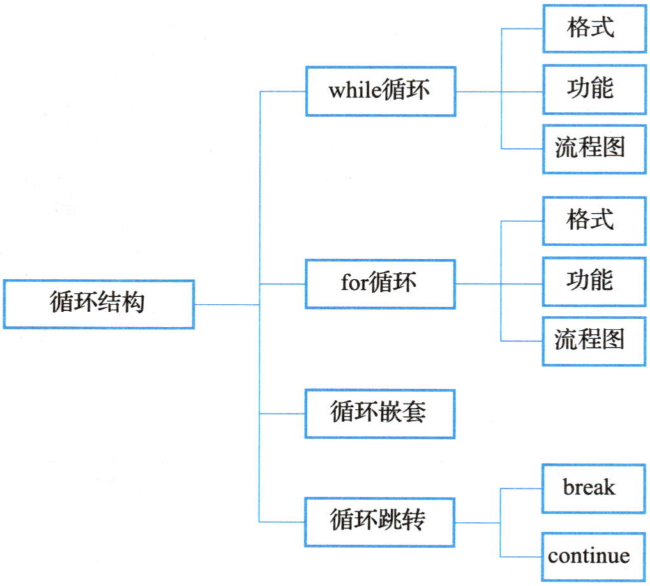

图 5－3－3　循环结构

任务实施

本任务可以分四个步骤去实施统计全班成绩优秀的学生人数，如表 5－3－1 所示。

表 5－3－1　步骤方法

任务名	功能	使用知识点	代码示例
步骤 1	计数器等变量初始化	赋值语句	count=0 i=1
步骤 2	输入全班同学各科成绩	使用循环语句输入全班每位同学的三科成绩	while i<=10: 　chinese=int(input("请输入语文成绩:")) 　maths=int(input("请输入数学成绩:")) 　english=int(input("请输入英语成绩:"))
步骤 3	利用分支结构统计三科均为 80 分及以上的人数	使用 if 分支结构	if chinese>=80 and maths >=80 and english >=80: 　count +=1
步骤 4	将统计结果输出	使用 print 输出结果	print("全班成绩优秀的人数是:{}".format(count))

第 1 步： 计数器等变量初始化。代码如下：

```
i =1
count =0
```

第 2 步： 利用循环输入全班同学语文、数学、英语三科成绩，代码如下：

```
while i <=8:
    chinese =int(input("请输入语文成绩:"))
    maths =int(input("请输入数学成绩:"))
    english =int(input("请输入英语成绩:"))
```

第 3 步： 利用分支结构判断每位同学语文、数学、英语三科成绩是否都在 80 分及以上，如果三科均是 80 分及以上，则为“成绩优秀”学生，计数变量加 1，代码如下：

```
if chinese >=80 and maths >=80 and english >=80:
        count +=1
    i +=1
```

第 4 步： 输出计数结果，代码如下：

```
print("全班成绩优秀的人数是:{}".format(count))
```

经过编码，调试之后，得到完整源代码如下：

```
i =1
count =0
while i <=8:
    chinese =int(input("请输入语文成绩:"))
    maths =int(input("请输入数学成绩:"))
    english =int(input("请输入英语成绩:"))
    if chinese >=80 and maths >=80 and english >=80:
        count +=1
    i +=1
print("全班成绩优秀的人数是:{}".format(count))
```

运行结果如下：

```
请输入语文成绩:77
请输入数学成绩:77
请输入英语成绩:88
请输入语文成绩:88
请输入数学成绩:89
请输入英语成绩:80
请输入语文成绩:77
请输入数学成绩:66
请输入英语成绩:55
请输入语文成绩:67
请输入数学成绩:87
请输入英语成绩:88
请输入语文成绩:89
请输入数学成绩:85
请输入英语成绩:86
请输入语文成绩:88
请输入数学成绩:80
请输入英语成绩:87
请输入语文成绩:55
请输入数学成绩:60
请输入英语成绩:70
请输入语文成绩:77
请输入数学成绩:66
请输入英语成绩:55
全班成绩优秀的人数是:3
```

任务技能拓展

1. 使用 Python 的 while 循环结构编写程序，输出 1～50 所有能被 7 整除且不能被 5 整除的所有整数。

参考代码如下：

```
n =1
while n <=50:
    if n %7 ==0 and n %5 ! =0:
        print(n)
    n +=1
```

运行结果如下：

```
7
14
24
28
42
49
```

2. 使用 Python 的 for 循环结构编写程序，计算 1～100 所有偶数的和。

参考代码如下：

```
sum =0
for i in range(2,101,2):
    sum +=i
print("1～100 所有偶数的和是:{}".format(sum))
```

运行结果如下：

```
1～100 所有偶数的和是:2550
```

3. 使用 Python 的 for 循环结构编写程序，计算出 1950 年～2000 年中有多少闰年。

参考代码如下：

```
count =0
for i in range(1950,2001):
    if i %400 ==0 or i %4 ==0 and i %100 ! =0 :
        count +=1
        print(i,end=',')
print("1950 年~2000 年一共有{}个闰年".format(count))
```

运行结果如下：

```
1952,1956,1960,1964,1968,1972,1976,1980,1984,1988,1992,1996,2000,1950年~
2000年一共有13个闰年
```

4. 利用 for 循环的嵌套输出九九乘法表。

参考代码如下：

```
for i in range(1,10):
    for j in range(1,i+1):
        print("{}*{}={}".format(j,i,i*j),end='  ')
    print()
```

运行结果如下：

```
1*1=1
1*2=2  2*2=4
1*3=3  2*3=6   3*3=9
1*4=4  2*4=8   3*4=12  4*4=16
1*5=5  2*5=10  3*5=15  4*5=20  5*5=25
1*6=6  2*6=12  3*6=18  4*6=24  5*6=30  6*6=36
1*7=7  2*7=14  3*7=21  4*7=28  5*7=35  6*7=42  7*7=49
1*8=8  2*8=16  3*8=24  4*8=32  5*8=40  6*8=48  7*8=56  8*8=64
1*9=9  2*9=18  3*9=27  4*9=36  5*9=45  6*9=54  7*9=63  8*9=72  9*9=81
```

5. 利用 while 循环的嵌套输出九九乘法表。

参考代码如下：

```
i =1
while i <=9:
    j =1
    while j <=i:
        print("{}*{}={}".format(j,i,i*j),end='  ')
        j +=1
    print()
    i +=1
```

6. 利用内置函数 range()，求 200 以内能被 13 整除的最大正整数。

参考代码如下：

```
#求200以内能被13整除的最大正整数
for i in range(200,0,-1):
    if i %13 ==0:
        print("200以内能被13整除的最大正整数是:{}".format(i))
        break
```

运行结果如下：

```
200 以内能被 13 整除的最大正整数是:195
```

任务四　编写猜数游戏程序

任务引领

本任务设计一个猜一猜小游戏：系统随机生成一个数字，用户猜测生成的数字，猜错了，用户重新输入数字，直至猜中，游戏结束。

任务目标

通过设计本猜数游戏，学习掌握 Python 中的 while 循环格式、逻辑运算符等知识运用。用户猜测的数字需要和系统随机生成的数字进行比较，需要用户输入自己猜测的数字。如果用户猜中，提示正确；如果用户猜错，则应给出提示，猜的数字偏大或者偏小，用户继续猜测，进行下一次猜测，直至猜中或者程序出现故障停止。

知识储备

猜数字的游戏是兴起于英国的益智类小游戏，起源于 20 世纪中期，一般由两个人或多个人玩，游戏规则为一方出数字，一方猜。

在 Python 中，先使用随机函数生成一个整数，随机生成的数应该在一定的范围内，方便用户去猜测，这里，我们随机生成 1～10 的整数。为此，完成任务就需要先生成一个 1～10 的整数。

while 循环通常用在不知道循环次数的情形之下。在条件（表达式）为真的情况下，会执行相应的代码块，只要条件为真，while 就会一直重复执行那段代码块。

任务实施

一、利用 while 循环语句实现猜字游戏

根据分析，我们可以分为以下 4 个步骤去实现。如表 5-4-1 所示。

表 5-4-1　任务实施表

任务名	功能	使用知识点	代码示例
步骤 1	随机生成一个数字	使用 random 函数，生成随机数	`random_num=random.randint(1,10)`

续表

任务名	功能	使用知识点	代码示例
步骤 2	用户输入数字，如果用户输入的数字与随机生成的数字相同，则输出“!! Great，“你猜中啦!”	使用 input 函数，输入整数	num = int (input ("请输入 1~10 的一个数字:"))

步骤 3	用户猜测的数字与系统生成数字进行比较	使用 if-else 语句来实现	if num ==random_num:
			print('!!Great,你猜中啦!')
			break
			else:
			if num >random_num:
			print('太大')
			elif num <random_num:
			print('太小')

步骤 4	循环继续进行，直至猜中数字	使用 while 生成循环	While 1: 语句

第 1 步： 随机生成一个整数，这里我们可以使用 random 函数生成一个 1～10 的随机数，并保存在 random_int 这个变量中，代码如下：

```
#导入 random 模块
import random
#生成一个 1~10 的随机数
random_num =random.randint(1,10)
```

第 2 步： 用户输入猜测的数字，由于 input() 函数返回的是一个字符串类型的数据，因此我们还需要使用 int() 函数把它转化为整数，并存放在变量 num 中，可以与系统生成的数字进行比较。代码如下：

```
#用户输入猜测的数字
num =int(input("请输入 1~10 的一个数字:"))
print(f'你输入的数字是 : {num}')
```

第 3 步： 用户猜测的数字与系统生成的数字进行比较，如果相同，就说明猜中了，给出提示，退出游戏；否则，也要给出提示，是猜测大了，还是小了，便于下次的猜测，代码如下：

```
#用户猜测数字,与系统数字进行比较
#并给出提示,大还是小,如果相等,打印出来“!! Great,你猜中啦!”,并退出循环
    if num ==random_num:
    print('!! Great,你猜中啦! ')
    #猜正确后,退出循环
    break
```

```
else:
    i +=1

    #如果猜错了,给出用户提出,是大了,还是小了,方便下次猜测
    if num >random_num:
        print('很遗憾,您猜的太大了!! ')
    elif num <random_num:
        print('很遗憾,您猜的太小了!! ')
```

第 4 步：根据提示，游戏如果猜错了，会进行下一次的猜测，直至猜对了之后退出，所以使用了 while 循环，循环一次，就代表着猜测了一次，代码如下：

```
while 1:
    #用户输入猜测的数字
    num =int(input("请输入 1~10 的一个数字:"))
    print(f'你输入的数字是 : {num}')
    #用户猜测数字,与系统数字进行比较
    #并给出提示,大还是小,如果相等,打印出来"!! Great,你猜中啦",并退出循环
    if num ==random_num:
        print('!! Great,你猜中啦! ')
        #猜正确后,退出循环
        break
    else:
        i +=1

        #如果猜错了,给出用户提示,是大了,还是小了,方便下次猜测
        if num >random_num:
            print('很遗憾,您猜的太大了!! ')
        elif num <random_num:
            print('很遗憾,您猜的太小了!! ')
```

while 后面是 1，表示循环一直执行，直到猜中，使用“break”跳出循环。

二、添加限制次数

在实际生活中，我们可能并不会一直玩，更多的时候会限制一定的次数，可以增添游戏的趣味性和刺激性。这里我们默认有 3 次猜测机会，每次猜测之后，给出用户提示，剩下的机会，可以使用下面代码来实现。

```
#猜测不正确,给出用户提示,剩下的次数
    print(f'剩余次数: {max_retry -i}')
```

经过编码，调试之后，得到完整源代码如下：

```
#导入 random 模块
import random
#生成一个 1~10 的随机数
random_num =random.randint(1,10)

max_retry =3 #表示默认最多有 3 次机会
i =0 #表示当前猜测的次数
#因为我们设置了默认有 3 次机会,所以这里最多可以猜 3 次,我们使用了 i <max_retry 来判断循环是否继续
while i < max_retry:
        #用户输入猜测的数字
        num =int(input("请输入 1~10 的一个数字:"))
        print(f'你输入的数字是 : {num}')
        if num ==random_num:
            print('!! Great,你猜中啦!')
            #猜正确后,退出循环
            break
        else:
            i +=1

            #如果猜错了,给出用户提示,是大了,还是小了,方便下次猜测
            if num >random_num:
                print('很遗憾,您猜的太大了!!')
            elif num <random_num:
                print('很遗憾,您猜的太小了!!')

            #猜测不正确,给出用户提示,剩下的次数
            print(f'剩余次数: {max_retry -i}')
else:
    print(f'错误次数超过{max_retry}次,你输啦!')
```

在以上代码中，第 2 行是导入 random 库，第 4 行是生成一个 1～10 的随机整数，并保存在变量 random_num 中。第 5 行表示默认有 3 次猜测机会，用变量 max_retry 来表示。i 代表当前的猜测的次数。我们使用了 while-else 语句，当前猜测次数 i 小于最多可猜测的数量 max_retry 时，游戏可以继续进行下一次；否则，机会用完还没有猜对时，会进入 else 子句执行，输出语句“错误次数超过 3 次，你输啦!”的提示句。

while 的子句块，即第 10～25 行，表示猜一次数字游戏的程序代码，先由用户输入猜测的数字代码，即第 10～11 行所示，接着代码第 12～24 行表示用户输入的数字与系统生成的数字进行比较，并给出用户提示。

运行结果如下：

```
请输入 1~10 的一个数字:6
你输入的数字是 : 6
很遗憾,您猜的太大了!!
剩余次数: 2
请输入 1~10 的一个数字:3
你输入的数字是 : 3
很遗憾,您猜的太大了!!
剩余次数: 1
请输入 1~10 的一个数字:2
你输入的数字是 : 2
!!Great,你猜中啦!
```

任务技能拓展

1. 求出 1～100 所有 3 的倍数之和。

参考代码如下：

```
i=1
sum=0
while i<=100;
if i%3==0;
    sum+=i
    i+=1
print("所有 3 的倍数相加",sum)
```

2. 求 1!＋2!＋…＋10! 的值。

参考代码如下：

```
n =10
jie =1
sum =0
i =1
while n >=i:
    jie =jie *i
    sum =sum +jie
    i =i +1
print(sum)
```

任务五 简单爬取网络图片

任务引领

Python 的应用范围非常广泛，在自动化、人工智能、Web 开发、软件开发、数据科学、数据分析等领域都非常出色。同时，Python 还能爬取网络中的相关信息等。爬虫的最大功能之一就是整合数据，能获取到更全面的信息，真正做好大数据分析。

任务目标

通过设计代码，爬取游戏中的皮肤，了解 os 模块、Requests、JSON 交换格式的运用。

知识储备

很多同学都喜欢玩动漫游戏，里面的人物皮肤都很漂亮，怎么获取全套皮肤？可以用爬虫爬取下来。那我们就用 Python 把它们一次性自动存放到我们电脑上吧。

相关知识

（1）os 模块是 Python 中整理文件和目录最为常用的模块，该模块提供了非常丰富的方法用来处理文件和目录。

（2）Requests 是使用 Apache-2.0 licensed 许可证的 HTTP 库。用 Python 编写，比 urllib2 模块更简洁。Requests 支持 HTTP 连接保持和连接池，支持使用 cookie 保持会话，支持文件上传，支持自动响应内容的编码，支持国际化的 URL 和 POST 数据自动编码，在 Python 内置模块的基础上进行了高度封装，从而使得 Python 进行网络请求时，变得人性化，使用 Requests 可以轻而易举地完成浏览器的任何操作。

3. JSON（JavaScript Object Notation）是一种轻量级的数据交换格式，具有数据格式简单、读写方便易懂等很多优点。许多主流的编程语言都在用它进行前后端的数据传输，大大地简化了服务器和客户端的开发工作量。相对于 XML 来说，更轻量级，更方便解析，因此许多开发者都遵循 JSON 格式来进行数据的传输和交换。

任务实施

一、编写策略

（1）获取网址的 response，分页内容，解析后提取图集的地址。

（2）获取网址的 response，图集分页，解析后提取图片的下载地址。

（3）下载图片（也就是获取二进制内容，然后在本地复刻一份）。

二、编写代码

```
#简单爬取某游戏全英雄皮肤图片
import requests
import json
import os
import time
start = time.time()  # 程序开始时间
url = requests.get('http://pvp.qq.com/web201605/js/herolist.json').content
jsonFile = json.loads(url)  # 提取json
#print(jsonFile)
x = 0  # 用于记录下载的图片张数
#目录不存在则创建
hero_dir = 'F:\skin\\'
if not os.path.exists(hero_dir):
    os.mkdir(hero_dir)
for m in range(len(jsonFile)):
    ename = jsonFile[m]['ename']  # 编号
    cname = jsonFile[m]['cname']  # 英雄名字
    skinName = jsonFile[m]['skin_name'].split('|')  # 切割皮肤的名字，用于计算每个英雄有多少个皮肤
    skinNumber = len(skinName)
    #下载图片,构造图片网址
    for bigskin in range(1, skinNumber+1):
        urlPicture = 'http://game.gtimg.cn/images/yxzj/img201606/skin/hero-info/' + \
            str(ename)+'/'+str(ename)+'-bigskin-'+str(bigskin)+'.jpg'

        picture = requests.get(urlPicture).content  # 获取图片的二进制信息

        # 保存图片
        with open(hero_dir+cname+"-"+skinName[bigskin-1]+'.jpg', 'wb') as f:
            f.write(picture)
            x = x+1
            print("正在下载....第"+str(x)+"张")

end = time.time()  # 程序结束时间
time_second = end-start  # 执行时间
print("共下载"+str(x)+"张,共耗时"+str(time_second)+"秒")
```

任务技能拓展

作为一种通用编程语言，Python 的应用场景几乎是无限的。我们可以在任何场景使用 Python，例如，从网站和游戏开发，到机器人和航天飞机控制等。从 Python 官网给出的例子来看，Python 有以下几个主要的应用场景。

1. Web 开发

Python 语言能够满足快速迭代的需求，非常适合互联网公司的 Web 开发应用场景。Python 用作 Web 开发已有十多年的历史，在这个过程中，涌现出了很多优秀的 Web 开发框架，如 Django、Pyramid、Bottle、Tornado、Flask 和 web2py。许多知名网站都使用 Python 语言开发，如豆瓣、知乎、Instagram、Pinterest、Dropbox 等。这一方面说明了 Python 作为 Web 开发的受欢迎程度，另一方面也说明 Python 语言用作 Web 开发经受住了大规模用户并发访问的考验。

2. 用户图形接口（GUI）

我们可以使用 Python 标准库的 Tkinter 模块进行 GUI 编程，也可以使用 PyGObject、PyQt、PySide、Kivy、wxPython 等编写 GUI 应用程序。使用 Python 程序可以

轻松地开发出一个可移植的应用程序。例如，Tkinter GUI 可以不做任何改变就能运行在 Windows、X Windows 和 MacOS 等平台上。

3. 数值计算和科学计算

Python 语言已经逐渐取代 MATLAB 成为科研人员最喜爱的数值计算和科学计算的编程语言。Python 标准库虽然没有提供数值计算和科学计算的功能，但是 Python 生态中有 SciPy、NumPy 和 Pandas 等非常好用的开源项目。

4. 系统管理

Python 简单易用、语法优美，特别适合系统管理的应用场景。著名的开源云计算平台 OpenStack 就是使用 Python 语言开发的。除此之外，Python 生态中还有 Ansible、Salt 等自动化部署工具。这么多使用广泛、功能强大的系统管理工具都使用 Python 语言开发，也反映了 Python 语言非常适合系统管理的事实。

5. 其他

Python 的应用领域非常广泛，远比我们这里列出的要多得多，例如可以使用 Pygame 开发游戏，使用 PIL 库处理图片，使用 NLTK 包进行自然语言分析等。

项目六

数字媒体技术

项目概述

数字媒体是数字化的内容作品，以现代网络为主要传播载体，通过完善的服务体系，分发到终端和用户进行消费的全过程。数字媒体具有数字化特征和媒体特征，不仅在于内容的数字化，更在于其传播手段的网络化。

数字媒体技术主要包括研究数字媒体的表示、记录、处理、存储、传输、显示、管理等各个环节的软件技术，融合数字信息处理、计算机技术、数字通信和网络技术等现代计算和通信手段，综合处理文字、声音、图形、图像等信息，使抽象的信息变成可感知、管理和交互的信息。

项目目标

本项目将学习如何获取和处理图像、声音、视频的典型应用。在处理图像任务中将学习如何制作供打印的 1 寸照片；在处理声音任务中将学习如何截取一段音频；在处理视频任务中将学习如何制作相册视频、如何制作抠像视频；最后还要了解虚拟现实技术。

职业素养

通过本项目的学习，同学们将了解数字媒体技术专业的基本理论、核心知识，了解数字媒体技术相关领域的基本创作及研究方法，具备资料检索与分析的能力；掌握视音频编辑技术、应用及内容制作所需的相关知识；了解影视、网络媒体创作、制作、传播、运营的基本流程；了解虚拟现实技术。

要学好数字媒体技术应用，需要有很好的问题认知能力，敏锐的洞察能力和良好的创新意识和创作能力。同学们要在学习和设计过程中锻炼独立思考的能力，培养自主学习意识和实事求是的工作态度。同时，要求同学们增强对中华优秀传统文化的学习和理解，树立文化自信，践行文化传承。

任务一 制作证件照

任务引领

日常工作和生活中常用到证件照，证件照的常见尺寸有1寸和2寸。如果家里有彩色打印机，怎么制作和打印证件照呢？

任务目标

本任务将学习如何制作和排版证件照，主要包括以下内容：

（1）新建Photoshop文件。

（2）用固定大小的选框选择对象。

（3）复制、粘贴和平均分布对象。

（4）编辑、旋转选择的对象。

知识储备

使用图像编辑软件可以进行图像编辑，例如裁剪大小、调整色彩饱和度、添加滤镜、修复照片、制作各类图片等。

如图6-1-1所示是我们常见的证件照版面，只要在打印机中放入照片纸，就可以打印证件照了。

图6-1-1 常见的证件照排版

任务实施

第 1 步：制作单张证件照

（1）拍摄一张彩色背景的证件照，注意头像大小在照片中的比例，以便截取高分辨率的证件照。如图 6－1－2 所示。

图 6－1－2　照片原图

（2）打开 Photoshop 软件，在软件中打开这张照片。如图 6－1－3 所示。

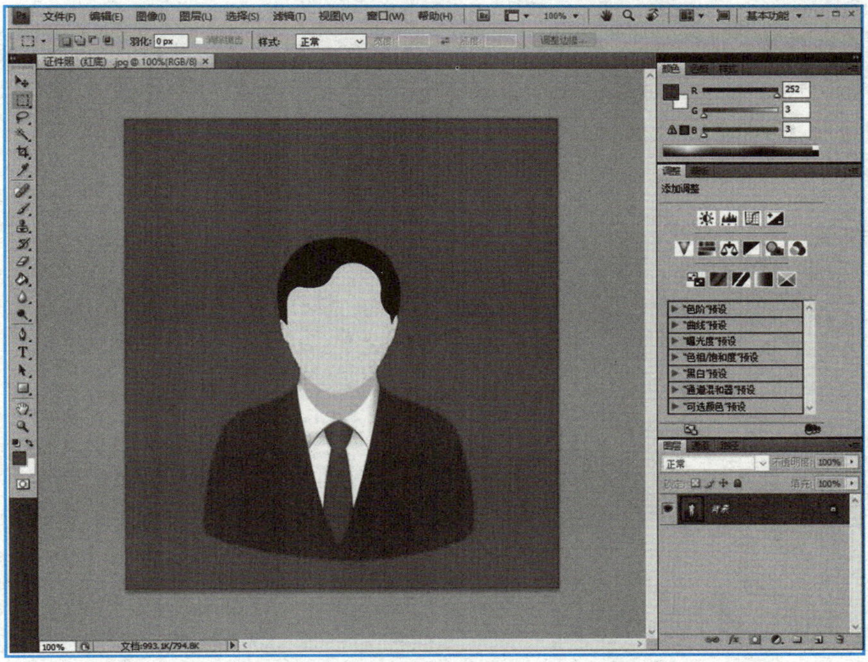

图 6－1－3　在 Photoshop 中打开照片

（3）使用矩形选框工具，样式为“固定大小”，大小为宽 295px，高 413px。选取合适的大小范围。如图 6－1－4 所示。

图 6-1-4　截取合适大小范围

相关知识

1 寸证件照的大小是 2.5cm×3.5cm，如果分辨率设成 300 像素/英寸，标准像素是 295×413。2 寸证件照的大小是 3.5cm×5.3cm，如果分辨率设成 300 像素/英寸，标准像素是 413×626。如表 6-1-1 所示。

表 6-1-1　常见照片的尺寸和用途

常用名称	英寸	厘米	用途
1 寸	1×1.5	2.5cm×3.5cm	证件照
2 寸	1.5×2	3.5cm×5.3cm	证件照
5 寸/3R	5×3.5	12.7cm×8.9cm	较常见的照片大小
6 寸/4R	6×4	15.2cm×10.2cm	比较通用的照片大小
7 寸/5R	7×5	17.8cm×12.7cm	放大的照片
8 寸	6×8	15.2cm×20.3cm	大约与 A5 纸大小相似
12 寸	10×12	25.4cm×30.5cm	A4 纸的大小是 21cm×29.7cm

（4）按“Ctrl+V”复制图像。

（5）点击 Photoshop 左上角“文件”——“新建”——输入名称“1 寸照”——“确定”。如图 6-1-5 所示。

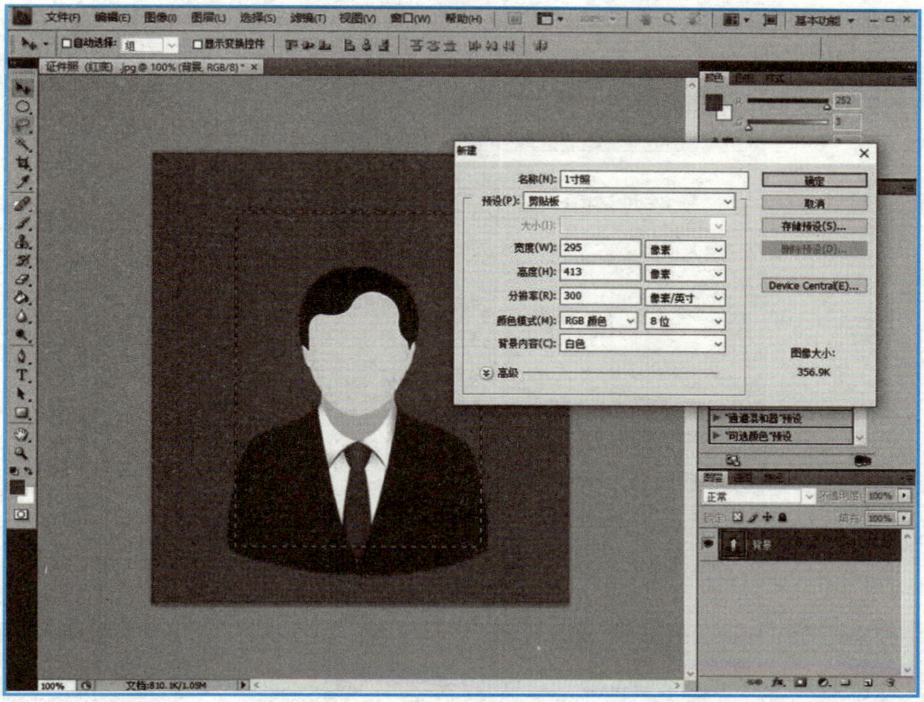

图 6－1－5　设置各参数

（6）完成 1 寸证件照的制作。按“Ctrl＋S”保存文件。如图 6－1－6 所示。

图 6－1－6　完成单张证件照

第 2 步：照片排版

（1）点击 Photoshop 左上角“文件”——“新建”，新建一个 6 寸大小的图片，背景为白色，保存 psd 文件为“6 寸照片”。如图 6－1－7、图 6－1－8 所示。

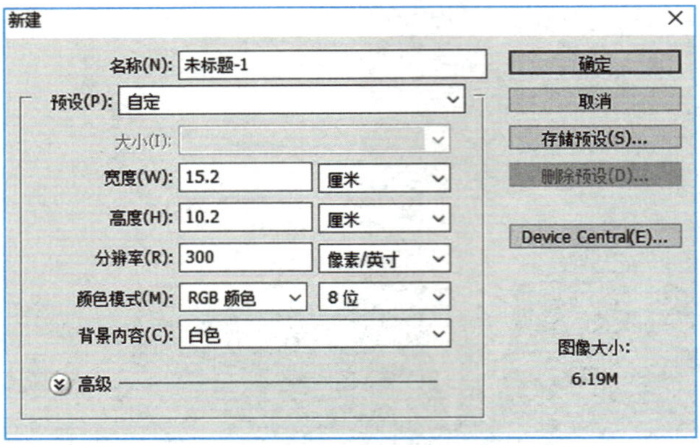

图 6－1－7　设置 6 寸照片大小的图像参数

图 6－1－8　新建 6 寸照片大小的图像

（2）把 1 寸证件照复制、粘贴到新的文件上，移动照片位置到左上角。如图 6－1－9 所示。

图 6-1-9　粘贴第一张证件照

（3）6 寸版面可以排版 5 张相片，选择图层，点击右键（或者按“Ctrl+J”组合键）复制 4 个图层。如图 6-1-10 所示。

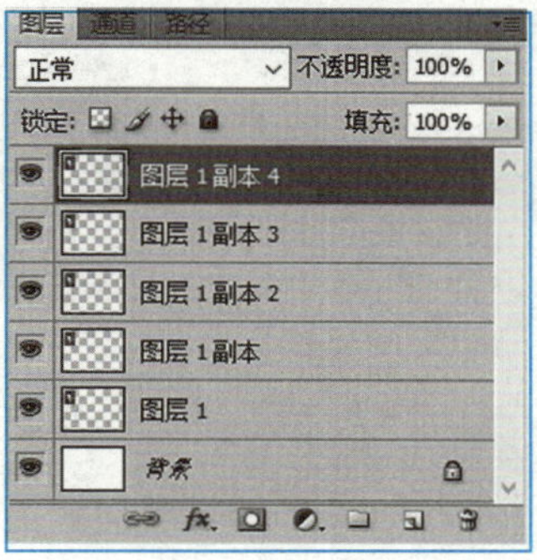

图 6-1-10　复制图层

（4）选中最上面的图层，按住“Shift”键不放，水平移到右侧。如图 6-1-11 所示。

（5）选中证件照，点击“移动工具”的“水平居中分布”。如图 6-1-12、图 6-1-13 所示。

图 6－1－11　调整最上面一张证件照的位置

图 6－1－12　选中证件照

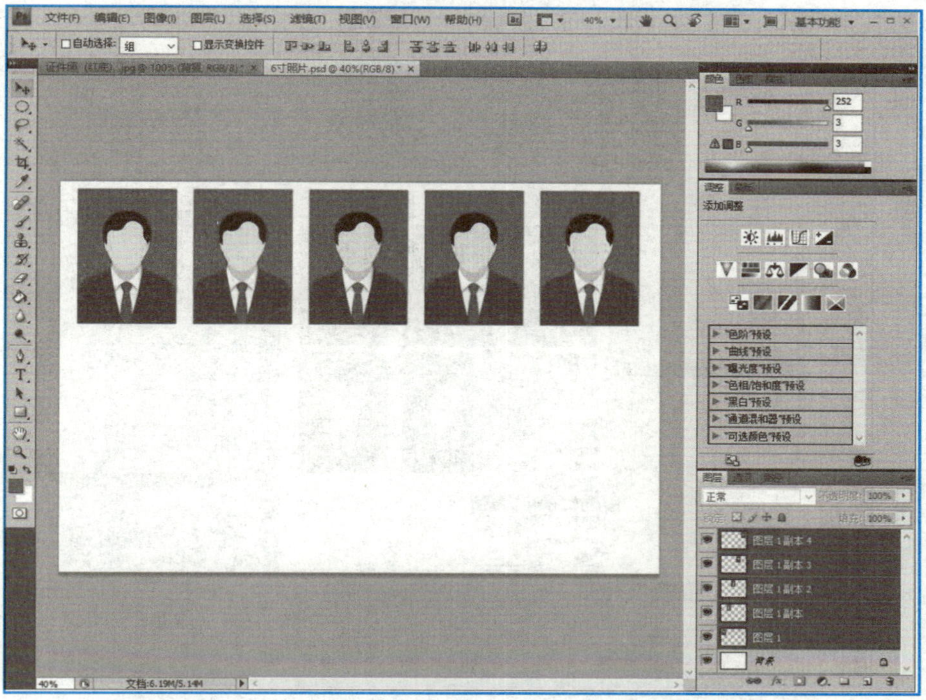

图 6－1－13　使用“水平居中分布”功能排列证件照

（6）保持 5 张照片的选中状态，再按“Ctrl＋J”复制 5 张照片。如图 6－1－14 所示。

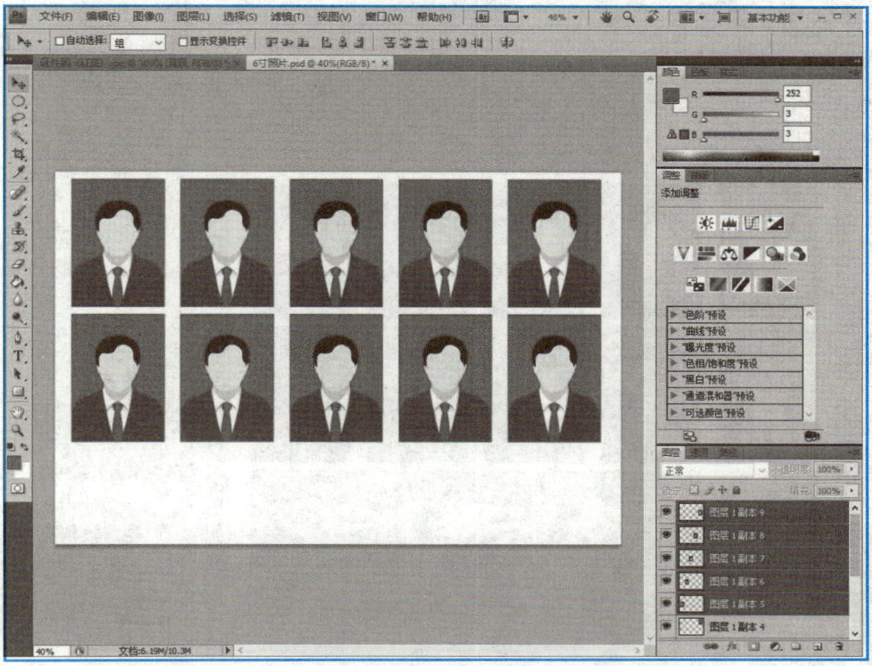

图 6－1－14　制作第二排证件照

（7）可以看到，底部还可以横排四张照片。将最上面的图层复制，点击“编辑”——“变换”——“旋转 90 度（顺时针）”。如图 6-1-15 所示。

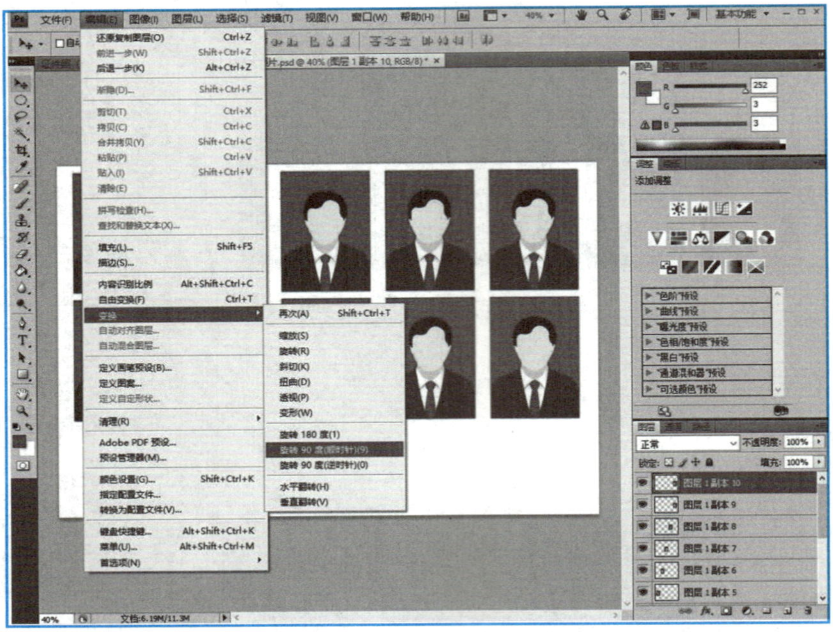

图 6-1-15　复制并调整最下面一排的证件照

（8）按“Ctrl+V”，复制三次，按上面方法，让照片平均分布。如图 6-1-16 所示。

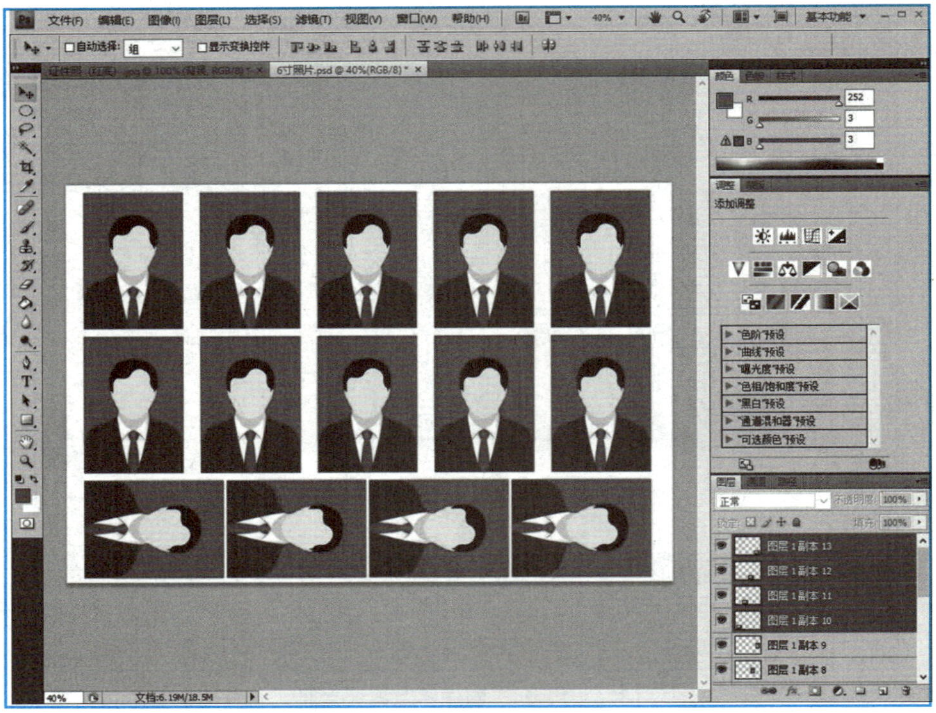

图 6-1-16　完成证件照排版

任务技能拓展

1. 常用的证件照有红底、蓝底或者白底，Photoshop 可以修改照片底色，请试着把照片底色改为另两种颜色。

2. 证件照有 1 寸和 2 寸，如果要在一张相片纸上同时放 1 寸和 2 寸证件照，怎样排版？请试着做一做。

3. 好的照片才能制作出好的证件照，为了让证件照的头像大小、清晰度达到要求，拍摄距离在什么范围内比较合适？证件照中头像大小的比例在什么范围内比较合适？

任务二　编辑音频素材

任务引领

在日常工作、学习中，常常需要对录音、视频声音进行处理，包括音频的裁剪、拼接，音频效果的处理等。

任务目标

本任务将学习音频素材的简单处理。利用 GoldWave 软件对音频进行截取、录音、编辑等操作，以便获取所需的音频片段和效果。

知识储备

在很多地方都需要用到声音，例如 PPT 的背景音、视频的声音等，各类音频的格式和时长都不同，有时候我们只需要其中的一小段音频，这时候就可以使用音频编辑软件进行裁剪。其中一种音频编辑软件是 GoldWave，这个软件比较小巧，使用方便快捷。GoldWave 软件支持 WAV 、OGG、VOC、IFF、AIFF、AIFC、AU、SND、MP3、MAT、DWD、SMP、VOX、SDS、AVI、MOV、APE 等多种音频格式。

任务实施

一、修剪一段音频

第 1 步： 安装和运行 GoldWave 软件，首先点击左上角红圈处的“打开”，选择并打开一个音频文件。如图 6－2－1 所示。

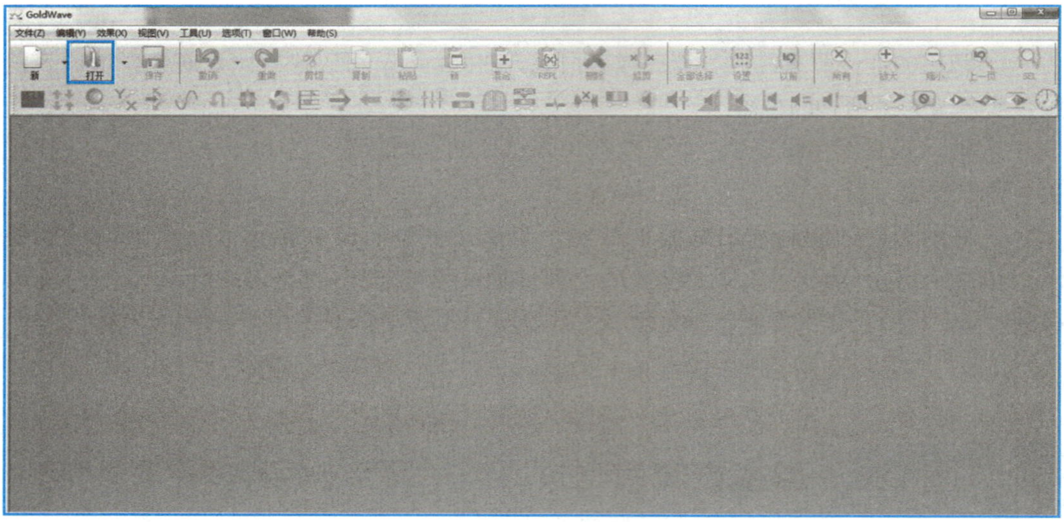

图 6-2-1 GoldWave 初始界面

第 2 步：打开一段音频后，将看到编辑界面。如图 6-2-2 所示。

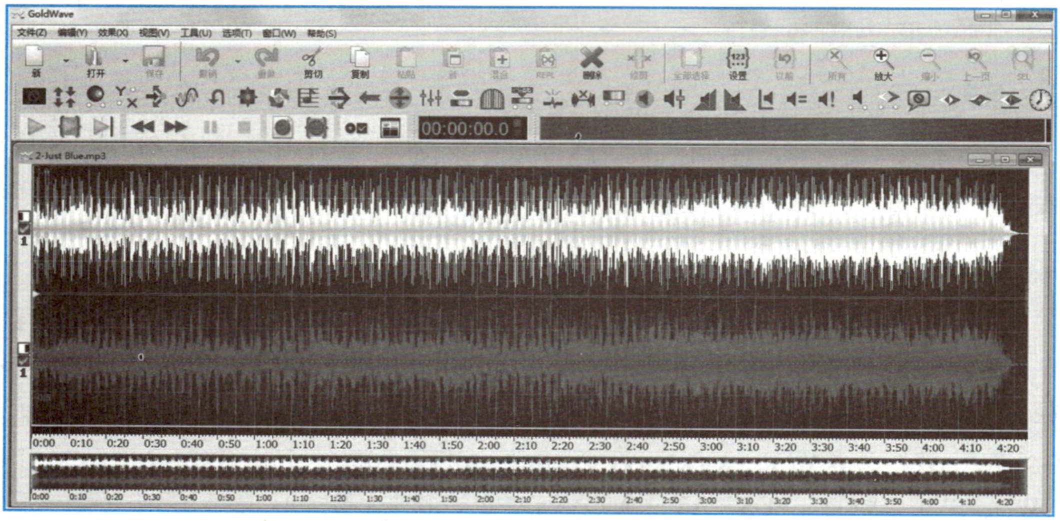

图 6-2-2 音频编辑界面

第 3 步：用鼠标在图中的声波上右击，选择“设置开始标记”，再右击一次，选择“设置结束标记”。如图 6-2-3 所示。

第 4 步：开始和结束标记都设置好后，将出现如图 6-2-4 所示的界面，相对较亮的那段声波，将是你要剪辑下来的一段音频，开始和结束的地方都可以根据你的需要用鼠标左击来进行拖动的。

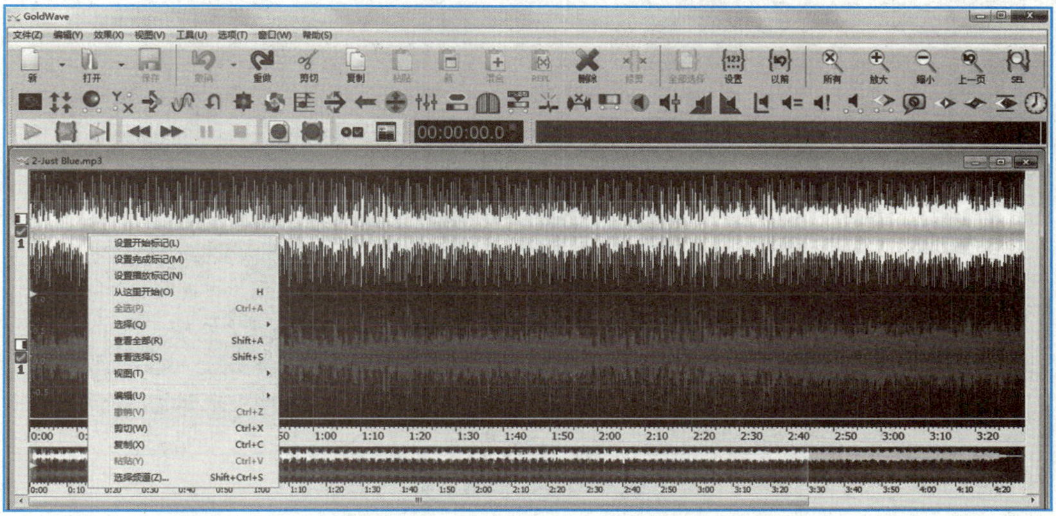

图 6-2-3 设置开始和结束标记

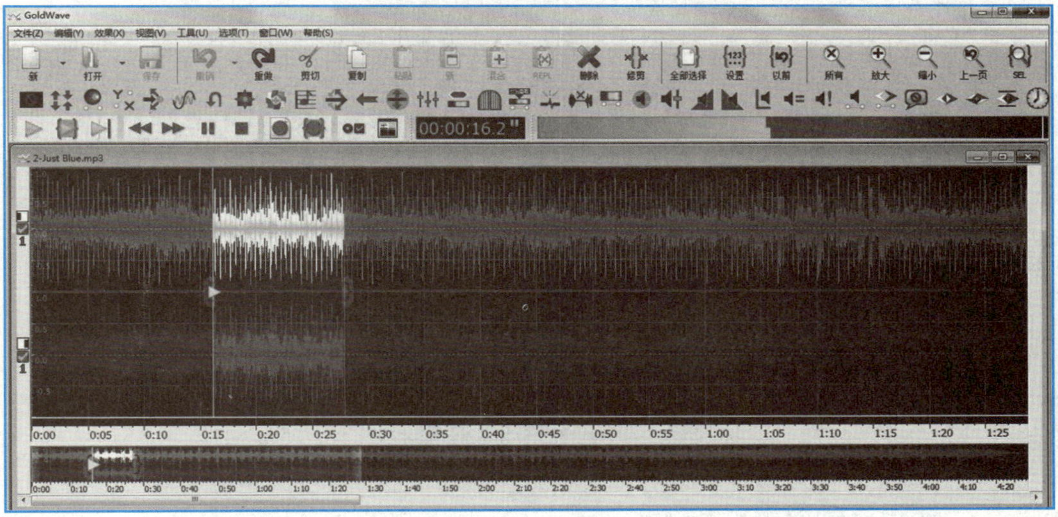

图 6-2-4 调整开始和结束标记

第 5 步： 确定需要截取的音频后，点击工具栏的“修剪”或者在“编辑”菜单的“修剪”中选择需要的功能，就能删除多余的部分。如图 6-2-5 所示。

第 6 步： 完成修剪后的效果如图 6-2-6 所示，在“文件”菜单中选择“另存为”，即可保存编辑后的音频文件。

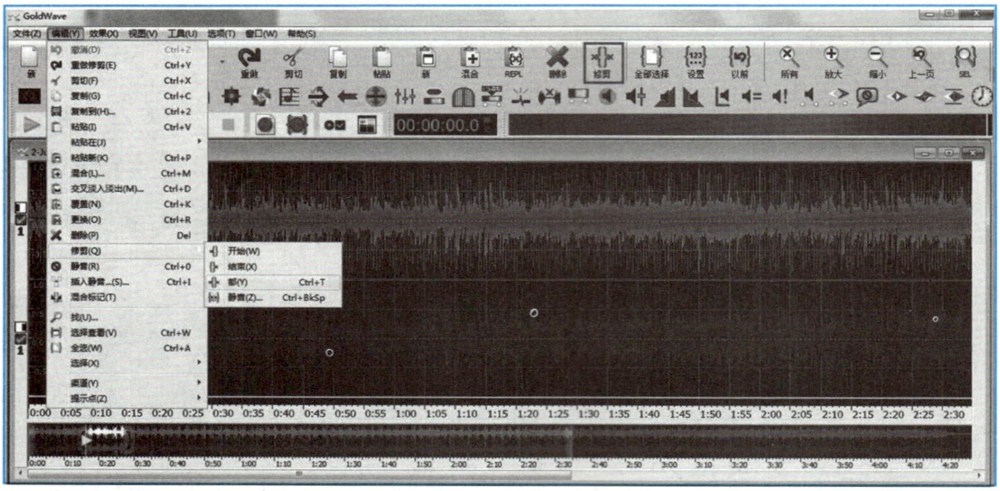

图 6-2-5　修剪音频

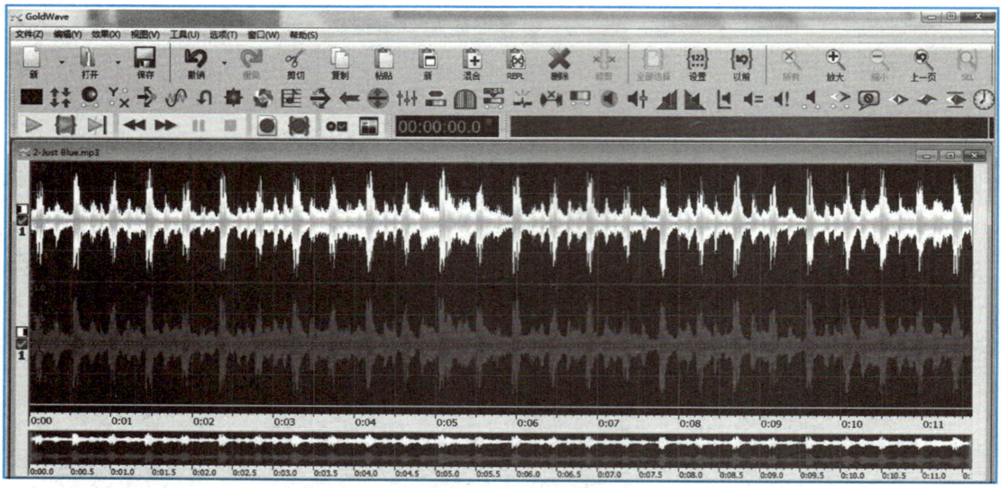

图 6-2-6　保存成新的音频文件

二、编辑音频效果

可以使用 GoldWave 软件的工具栏编辑音频效果，常用的有修改淡入淡出效果、修改标准音量等。如图 6-2-7 所示。

任务技能拓展

1. 使用 GoldWave 软件的其他工具编辑音频，例如连接两段音乐、混合两段音乐、修改音频的淡入淡出效果等。

2. 使用 GoldWave 软件转换音频格式，观察参数设置和各种音频格式的大小。

3. 寻找一段音频，并剪辑喜欢的部分，调整音效。

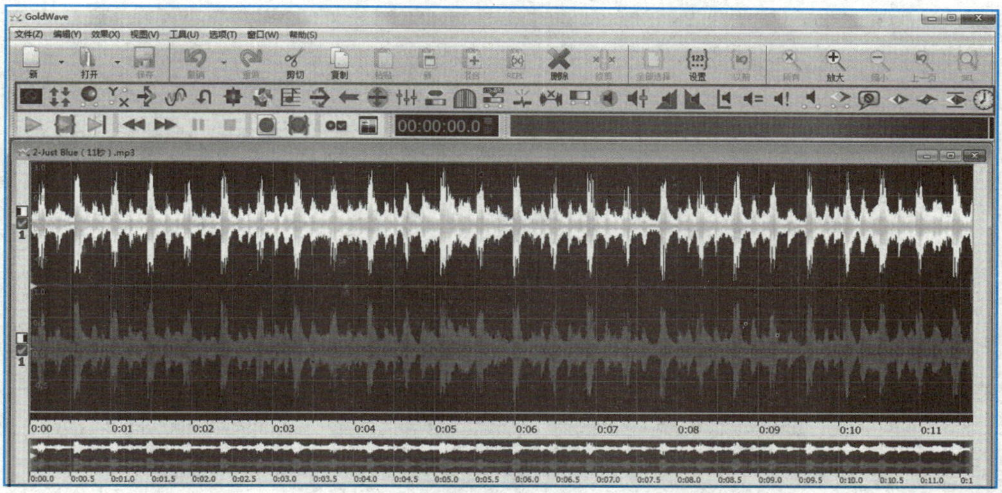

图 6-2-7 音频效果编辑界面

任务三 制作抠像视频

任务引领

在视频编辑时，有时会拍摄一段视频，再把背景换成其他场景，这种技术通常称为抠像。

任务目标

本任务将学习如何在剪映软件中制作抠像视频。

（1）剪映软件的新建、导入、导出、保存等基本操作。

（2）视频抠像和色度抠图的操作。

（3）视频裁剪的操作。

（4）添加多个视频。

（5）修改视频长度。

知识储备

在图像处理中，会使用套索、魔棒、蒙版等工具抠图、替换背景，观察抠像视频的制作效果，思考什么类型的视频便于制作抠像视频。

任务实施

一、抠除视频背景

第 1 步：打开剪映软件，如图 6-3-1 所示。

图 6-3-1　剪映软件初始界面

第 2 步： 点击"＋"导入准备好的抠像视频，并用鼠标左键点击视频，按住鼠标左键把视频拖动到下方的视频轨道。在中间的预览区域可以播放观看视频效果，可以看到，视频中除老虎外的背景都是同一个频色的，这种背景颜色单一且背景颜色与主体颜色反差比较大的视频制作的抠像视频效果较好，如图 6-3-2 所示。

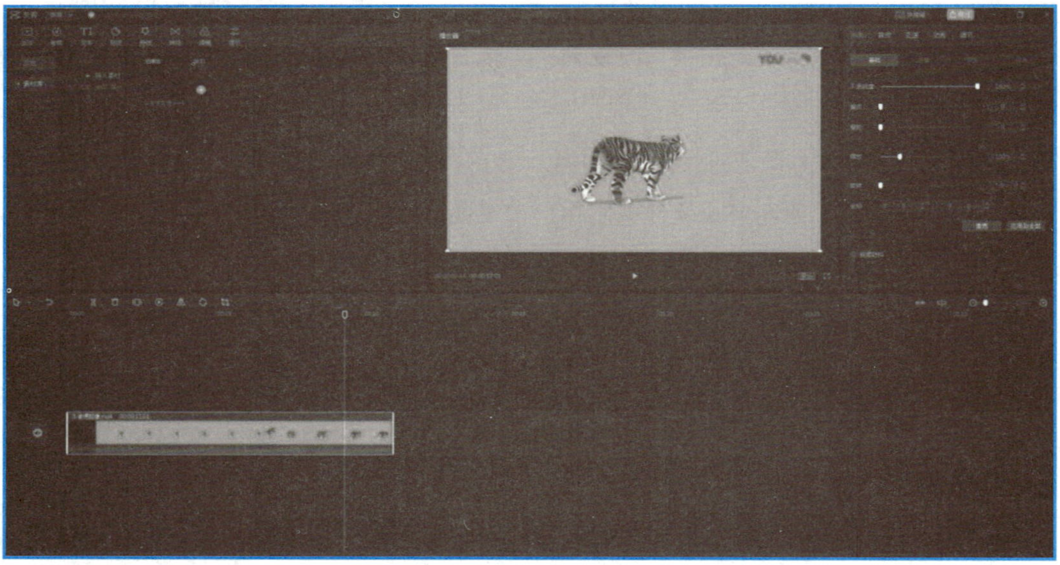

图 6-3-2　导入视频素材

第 3 步： "智能抠像"抠除背景。在"抠像"中选择"智能抠像"，右边会显示抠像进度，等到显示 100%完成时，即可观看效果。如图 6-3-3 所示。

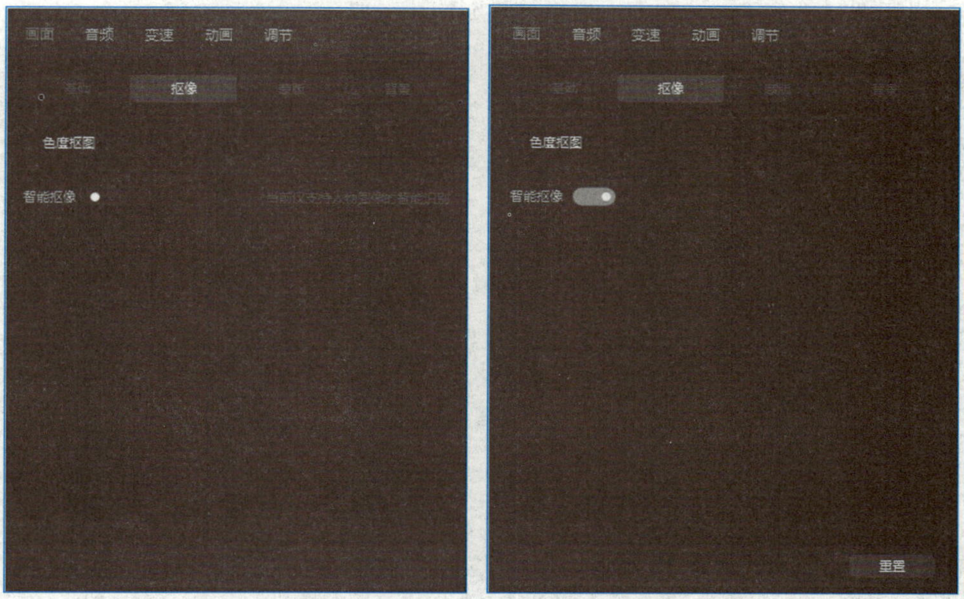

图 6-3-3　智能抠像功能

相关知识

剪映在“抠像”功能中提供了两种抠除背景的方式，一种是色度抠图，一种是智能抠像。智能抠像能用于抠除背景，但比较适合用于人像抠像。

第 4 步：“色度抠图”抠除背景。在“抠像”中选择“色度抠图”，先用取色器取色，确定要抠除的颜色范围，再调整“强度”的滑块，观察预览界面中颜色被扣除的效果，直到抠图效果合适。如图 6-3-4 所示。

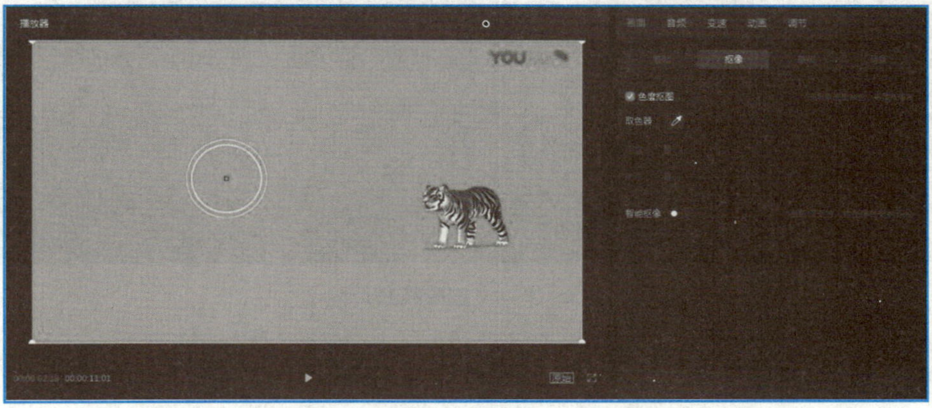

图 6-3-4　色度抠图功能

抠像完成后，在视频预览中观看效果，可以对比使用“智能抠像”和“色度抠图”的效果差别，对比不同方法抠除人像和其他内容背景的效果。抠像效果如图 6-3-5 所示，可以看到绿色背景已经消失，抠除背景的操作完成。

图 6－3－5　抠像效果

二、裁剪视频

在播放时发现老虎视频的前几秒没有内容，需要删减，把播放线移动到开始有画面的位置，并点击 “分割” 按钮，选中要删除的视频片段，点击删除键或者右键选择 “删除”。如图 6－3－6 所示。

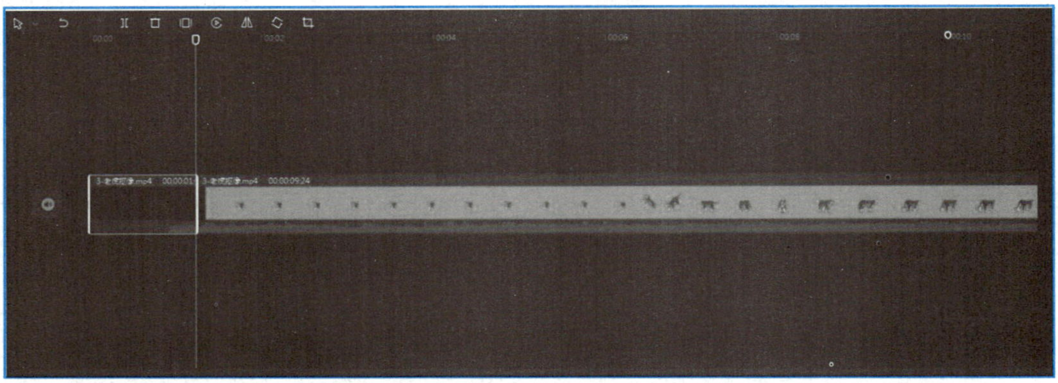

图 6－3－6　删除视频片段

三、更换视频背景

第 1 步： 视频背景可以是一段视频，也可以是一张照片。在剪映中导入草地图片，把图片拖动到视频栏，并且交换老虎和草地图片的上下顺序，让老虎在上，草地在下。如图 6－3－7 所示。

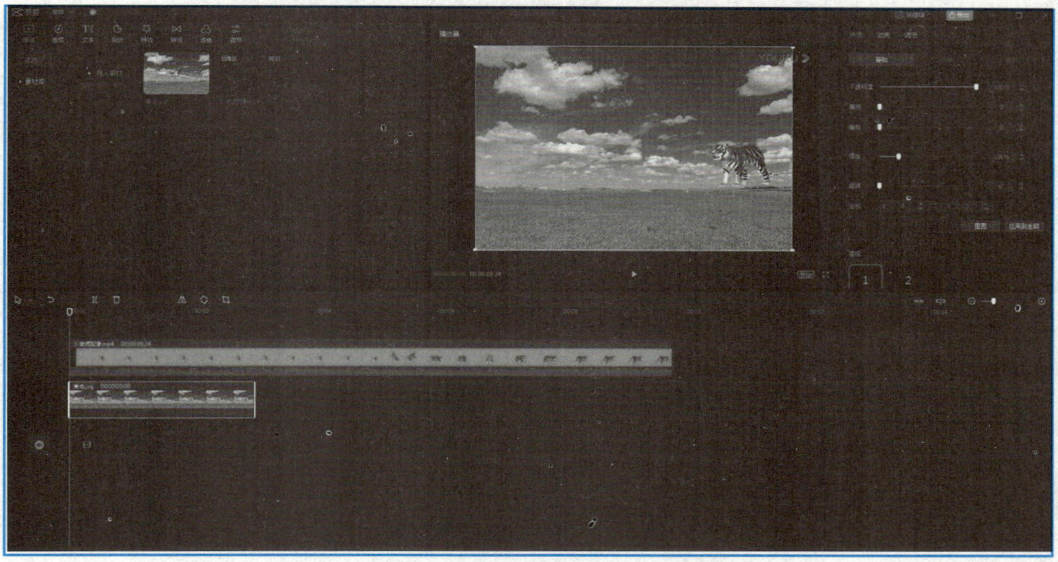

图 6－3－7 加入视频背景

第 2 步：可以看到图片的播放时长短于老虎视频，因此需要延长播放时间，选择图片视频，鼠标左键点击最右侧的白线，按住鼠标左键拖动，使草地图片的播放时间变长。如图 6－3－8 所示。

图 6－3－8 调整背景播放时长

至此，抠除视频背景、裁剪视频、更换视频背景三步操作完成，可以预览效果。如果要调整老虎视频的大小和位置，可以通过选中视频，并调整四个顶点、拖动视频位置的方式调整。保存文件方式为点击“菜单”——“文件”——“导出”，设置导出视频格式，点击“导出”按钮即可。如图 6－3－9 所示。

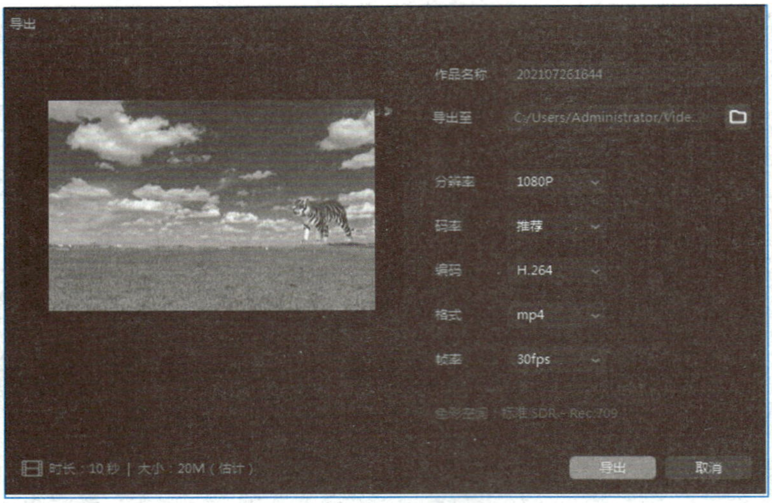

图 6-3-9　导出视频文件

任务技能拓展

使用剪映软件可以完成很多常用的视音频编辑功能，包括分割、变速、音量、动画、滤镜、更换音频等功能，可以根据视频主题需要使用不同的功能。拓展练习：

1. 把视频中的音频换成项目二的原音频或剪辑的音频，编辑音频效果。

2. 切割视频，并使用转场效果。

3. 拍摄一段绿幕或蓝幕背景的视频，或者制作一段纯背景颜色的视频，并练习视频抠像。

任务四　制作相册视频

任务引领

视频可以用视频素材和图片素材制作，在日常生活中，我们常用一些照片，添加文字、背景音乐和转场效果做成相册视频。

任务目标

本任务将学习如何制作相册视频。

（1）利用图片制作图片视频。

（2）添加和剪辑背景音乐。

（3）添加片头字幕。

知识储备

在网络上经常会看到由几张图片剪辑成的视频，这些图片按顺序播放，并且在大小、位置、角度方面会有变化，会添加一些文字、图案等内容，会使用转场、滤镜等动画和效果。

任务实施

一、制作相册图片视频

第 1 步：打开剪映软件，导入图片。如图 6－4－1 所示。

图 6－4－1　导入图片素材

第 2 步：拖动素材图片到视频轨道，可以全选后拖动，也可以一张一张拖动。在视频轨道中可以调整图片播放的顺序。在剪映中默认图片的播放时长为 3 秒，可以通过拖动视频轨道的右边线调整播放时长。如图 6－4－2 所示。

第 3 步：图片的顺序播放比较单调，缺少中间的转场和其他效果，可以在剪映中添加一些效果。在“转场”菜单中有“基础转场”“运镜转场”“特效转场”“MG 转场”等效果可供选择。选中所要使用的转场效果，拖动到两张图片的中间，即运用了该效果。如图 6－4－3 所示。

调整转场的左右边线，可以调整转场的播放时长，如图 6－4－4 所示。

图 6-4-2　拖动图片到视频轨道

图 6-4-3　使用转场效果

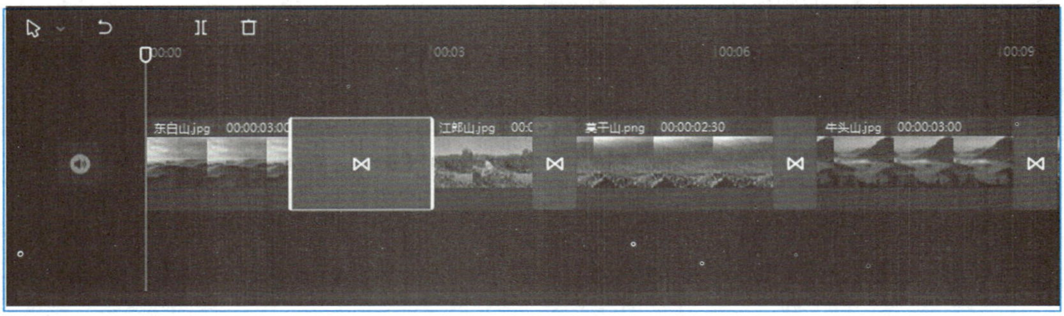

图 6-4-4　调整转场效果时长

二、添加背景音乐

第 1 步： 在“媒体”菜单下导入音频文件，如图 6－4－5 所示。

图 6－4－5　导入音频文件

第 2 步： 把音频文件拖动到视频轨道下方的音频轨道，如图 6－4－6 所示。

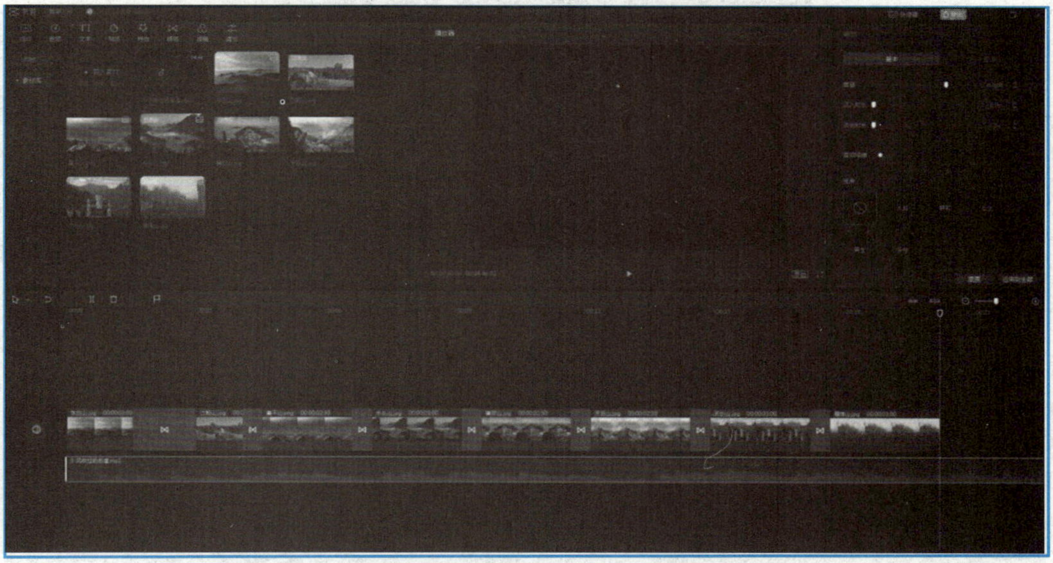

图 6－4－6　添加背景音乐

第 3 步： 音频的时长比图片视频长，根据需要进行裁剪，选择需要的部分，让视频和音频的时长保持一致。如图 6－4－7 所示。

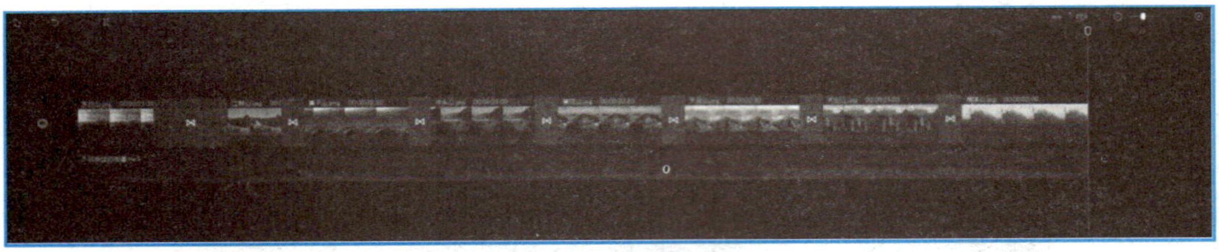

图 6-4-7 剪辑音频

三、添加片头字幕

第 1 步： 点击菜单“文本”，选择其中一种字体，如图 6-4-8 所示。

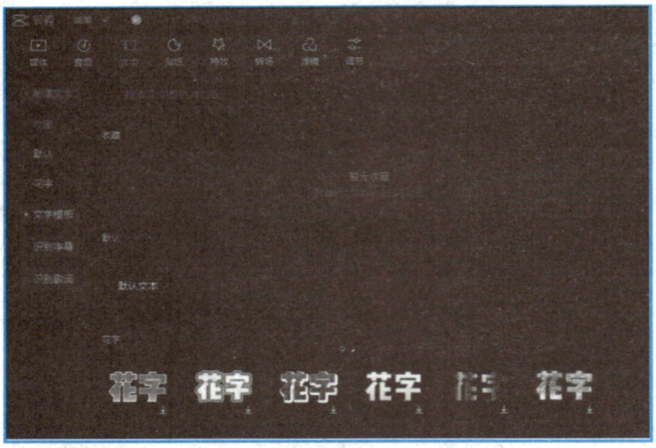

图 6-4-8 选择“文本”字体

第 2 步： 在右侧文本框中输入“浙江名山风光”片头文字。预览效果，可以根据需要调整播放时长、文字位置、字体效果等。如图 6-4-9 所示。

图 6-4-9 添加片头字幕

完成相册视频后，预览整体效果，根据需要修改内容，最后导出视频。

任务技能拓展

在日常生活和工作中，有时要把一些视频片段和照片混合编辑成视频；有时在视频中间会插入一些字幕；有时图片要添加旋转、缩放等效果；有时会根据音乐制作卡点视频。

拓展练习：

1. 采用拍照的方式记录一次校园活动或校外活动，制作成相册视频。
2. 制作一个图片、视频混合而成的卡点相册视频。

任务五 认识虚拟现实技术

任务引领

虚拟现实技术是计算机技术下一阶段的重要应用技术，在教育、医疗、工业等领域都有很好的发展前景。

任务目标

本任务将学习虚拟现实的基本概念和应用；了解虚拟现实的基本特征；了解虚拟现实系统的组成；了解虚拟现实系统的分类和应用。

知识储备

一、虚拟现实的基本概念

虚拟现实技术（Virtual Reality，VR），又称灵境技术，是由美国 VPL Research 公司创始人 Jaron Lanier 在 1984 年提出的。Virtual 是虚假的意思，其含义是这个环境或世界是虚拟的，是存在于计算机内部的。Reality 是真实的意思，其含义是现实的环境或真实的世界。

虚拟现实技术包括计算机、电子信息、仿真技术，其基本实现方式是通过计算机模拟完全虚拟或部分虚拟的环境、物体，从而给人以真实沉浸感。随着社会生产力和科学技术的不断发展，各行各业对 VR 技术的需求日益旺盛。VR 技术也取得了巨大进步，并逐步成为一个新的科学技术领域。

虚拟现实是虚拟和现实相互结合，把计算机技术产生的电子信号和现实中的事物相结合，让人有种身临其境的感觉；同时，虚拟现实具有一切人类所拥有的感知功能，比如听觉、视觉、触觉、味觉、嗅觉等感知系统；最后，它具有超强的仿真系统，真正实现了人机交互，使人在操作过程中，可以随意操作并且得到环境最真实的反馈。正是虚拟现实技术的存在性、多感知性、交互性等特征使它受到了许多人的喜爱。

二、虚拟现实的基本特征

虚拟现实技术主要有三个特征：沉浸性（Immersion）、交互性（Interactivity）和构想性（Imagination）。

（一）沉浸性

沉浸性是指用户作为主角存在于虚拟环境中的真实程度。使用者戴上虚拟眼镜、头盔显示器、数据手套等交互设备，便可产生存在于虚拟环境中的感觉，观看和使用虚拟环境中的各种对象就像在现实世界中一样。虚拟环境越逼真，沉浸性越好，越有身临其境的感觉。

（二）交互性

交互性是指用户与虚拟环境中各类物体的可操作程度和从虚拟环境得到反馈的自然程度。虚拟现实系统中的人机交互是一种模拟真实的交互，使用者不仅可以利用视觉设备观看，通过键盘、鼠标进行交互，而且能够通过手柄、数据手套等传感设备进行各类操作。虚拟现实系统根据用户的运动和动作实时显示不同内容，并使用户有真实操作的视觉和感觉。

（三）构想性

构想性是指虚拟环境的创造性。除了模拟真实之外，虚拟现实技术还可以让用户发挥想象，创造新的内容，比如虚幻的世界、各类工程设计、复杂的视觉效果等。

三、虚拟现实系统的组成

虚拟现实系统主要有四部分内容组成：输入设备、输出设备、虚拟环境数据库、虚拟现实软件。

（一）输入设备

输入设备主要有手柄、数据手套、三维球、自由度鼠标、生物传感器、头部跟踪器、语音输入设备、键盘、鼠标等。

（二）输出设备

根据人的感觉器官的工作原理，输出设备包括视觉设备、力觉设备、嗅觉设备、听觉设备等。通过输出设备，用户可以感受到多维的拟真刺激。

（三）虚拟环境数据库

虚拟环境数据库用于存放虚拟环境中所需的物体、声音、视频等信息。这些由实时系统软件管理，只显示根据用户所见、所需部分，其余保存在磁盘上，需要时再导入内存，以此提高系统运行的效率。

（四）虚拟现实软件

虚拟现实软件主要用来设计用户在虚拟环境中遇到的景和物，包括我们平时所说的建模软件、交互软件，例如 AutoCAD、3DSMAX、MAYA、VRML、Unity3D、Vega、OpenGVS 等。

四、虚拟现实系统的分类

根据交互性和沉浸感程度的不同，虚拟现实系统大体可分为四类：桌面级虚拟现实系统（Desktop VR）、沉浸式虚拟现实系统（Immersion VR）、分布式虚拟现实系统（Distributed VR）和增强式虚拟现实系统。

（一）桌面级虚拟现实系统

桌面级虚拟现实系统是利用个人计算机和低级工作站实现仿真，计算机的屏幕作为参与者或用户观察虚拟环境的一个窗口，各种外部设备一般用来驾驭该虚拟环境，并且用于操纵在虚拟场景中的各种物体。由于桌面级虚拟现实系统可以通过桌上型机实现，成本较低，功能也比较单一，主要用于计算机辅助设计（CAD）、计算机辅助制造（CAM）、建筑设计、桌面游戏等领域。

（二）沉浸式虚拟现实系统

沉浸式虚拟现实系统采用头盔显示，以数据手套和头部跟踪器为交互装置，把参与者或用户的视觉、听觉和其他感觉封闭起来，使参与者暂时与真实环境相隔离，而真正成为虚拟现实系统内部的一个参与者，并可以利用各种交互设备操作和驾驭虚拟环境，给参与者一种充分投入的感觉。沉浸式虚拟现实能让人有身临其境的真实感，因此，常常用于各种培训演示及高级游戏等领域。但是由于沉浸式虚拟现实需要用到头盔、数据手套、跟踪器等高技术设备，因此价格比较昂贵，所需要的软件、硬件体系结构也比桌面级虚拟现实系统更加灵活。

（三）分布式虚拟现实系统

分布式虚拟现实系统是沉浸式虚拟现实系统的发展，它把分布于不同地方的沉浸式虚拟现实系统通过网络连接起来，共同实现某种用途。它使不同的参与者联结在一起同时参与一个虚拟空间，共同体验虚拟经历，使用户协同工作达到一个更高的境界。目前，分布式虚拟现实主要基于两类网络平台：一类是基于 Internet 的虚拟现实；另一类是基于专用网的虚拟现实。

（四）增强式虚拟现实系统

增强式虚拟现实系统又称为混合虚拟现实系统，它是把真实环境与虚拟环境结合起来的一种系统，既可减少构成复杂真实环境的开销，因为部分真实环境由虚拟环境代替，又可对实际物体进行操作，因为部分系统就是真实环境，从而真正达到亦真亦幻的境界。另外，还有一些其他分类方法，如根据虚拟现实生成的方式，可将其分为基于几何模型的图形构造虚拟现实和基于实景图像的虚拟现实系统；根据虚拟现实生成器的性能和组成可将其分为四类：基于 PC 的虚拟现实系统、基于工作站的虚拟现实系统、高度平行的虚拟现实系统和分布式虚拟现实系统；根据交互界面的不同可将其分为五类：世界之窗、视频映射、沉浸式系统、遥控系统和混合系统。

任务实施

第 1 步：查找虚拟现实应用案例

虚拟现实系统的应用范围很广，可以从虚拟校园和数字博物馆体验网络上虚拟现实的应用。

1. 虚拟校园体验

浙江大学的校园网上提供了二维、三维、影像三种导航模式。如图 6－5－1、图 6－5－2 所示。网址：https://map.zju.edu.cn/index。

图 6－5－1　浙江大学虚拟校园导航

图 6－5－2　虚拟校园导航方式

在左侧的导航栏中选择相对应的景点，可以看到 360°实景影像。如图 6－5－3 所示。

2. 数字博物馆

在线浏览、观察全景故宫，网址 https://pano.dpm.org.cn/。

在线浏览、观察中国国家博物馆数字展厅，网址 http://www.chnmuseum.cn/Portals/0/web/vr/。

图 6-5-3　360°实景影像

第 2 步：完成记录表

分析虚拟现实应用案例，并完成表 6-5-1，根据案例数量增加行数。

表 6-5-1　虚拟现实应用案例分析记录表

序号	案例名称	应用硬件	制作软件	主要用途
1				
2				
3				
4				

任务技能拓展

合理利用人眼的视差能在平面上构造出距离，形成立体感。学习制作红蓝立体图，并配合红蓝眼镜观察效果。

项目七

信息安全基础

项目概述

生活在当今信息时代，人们在享受信息技术带来的极大便利的同时，也面临着一个严重的信息安全问题。人们越来越担心存储的信息遭受破坏或被他人盗窃，信息处理的过程中是否会出现故障，以及发出的信息是否完整、准确地送达对方等问题。信息安全不仅需要解决技术问题，还需要解决与信息安全相关的法律法规及道德规范问题。

项目目标

本项目将通过具体的案例，帮助同学们树立信息安全意识，学会病毒防范、信息保护的基本方法；了解计算机犯罪及其危害；认识网络使用规范和有关伦理道德的基本内涵，识别并抵制不良信息；了解信息技术可能带来的不利于身心健康的因素；增强自觉遵守与信息安全相关的法律法规意识，负责任地参与信息实践；养成健康使用信息技术的习惯。

职业素养

网络安全和信息化是事关国家安全和国家发展、事关广大人民群众工作生活的重大战略问题，要从国际国内大势出发，总体布局，统筹各方，创新发展，努力把我国建设成为网络强国。通过对网络信息化安全知识的学习，能够帮助同学们提升辨别虚假信息的能力，提升独立思考的能力和分析解决问题的能力；强化安全防范意识和忧患意识。同时，还可以引导学生思考信息安全与社会责任的关系，增强同学们的社会责任感和使命感。

任务一 学习信息安全及防范策略

任务引领

什么是信息安全，信息安全包括哪些内容？

任务目标

本任务学习信息安全及防范策略；了解信息安全的威胁来自哪些方面，会造成怎样的后果；日常生活中如何保障信息的安全有效。

知识储备

一、信息安全的概念

信息安全是为防止意外事故和恶意攻击而对信息基础设施、应用服务和信息内容的保密性、完整性、可用性、可控性和不可否认性进行的安全保护。

信息安全作为一个更大的研究领域，对应信息化的发展。信息安全包含信息环境、信息网络和通信基础设施、媒体、数据、信息内容、信息应用等多个方面的安全需要。

二、信息安全的现状及面临的挑战

（1）互联网体系结构的开放性带来的问题。

网络基础设施和协议的设计者遵循着一条原则：尽可能创造用户友好性、透明性高的接口，使得网络能够为尽可能多的用户提供服务，但这样也带来了另外的问题：一方面用户容易忽视系统的安全状况，另一方面也引来了不法分子利用网络的漏洞来满足个人的目的。

（2）网络基础设施和通信协议的缺陷及网络应用高速发展带来的问题。

数据包网络需要在传输节点之间存在一个信任关系，来保证数据包在传输过程中拆分重组过程的正常工作，由于在传输过程中，数据包需要被拆分、传输和重组，所以必须保证每一个数据包以及中间传输单元的安全，然而，目前的网络协议并不能做到这一点。

自 20 世纪 60 年代早期以来，互联网经历了快速的发展，特别是最近 10 多年时间，在用户使用数量和联网的电脑数量上有了爆炸式的增加，各种各样的信息安全问题也暴露了出来。

（3）黑客及恶意软件。

通常把试图突破信息系统安全、侵入信息系统的非授权用户称为黑客。然而，在计算机发展的早期，黑客通常是指那些精于使用计算机的人。黑客的范围可概括为：窃取商业秘密的间谍；意在破坏对手网站的和平活动家；寻找军事秘密的间谍；热衷于恶作剧的青少年。

恶意软件（Malware，俗称“流氓软件”），也可能被称为广告软件（adware）、间谍软件（spyware）、恶意共享软件（malicious shareware）。与病毒或蠕虫不同，这些软件很多不是小团体或者个人秘密地编写和散播，反而有很多知名企业和团体涉嫌参与此类软件的编写和传播。恶意软件是指在未明确提示用户或未经用户许可的情况下，在用户计算机或其他终端上安装运行，侵犯用户合法权益的软件，最典型的就是广告弹出。

（4）操作系统漏洞。

每一款操作系统问世的时候本身都存在一些安全问题或技术缺陷，操作系统的安全漏洞是不可避免的，只能在使用过程中逐渐完善。

（5）公司内部安全问题。

现在绝大多数的安全系统都会阻止恶意攻击者靠近系统，用户面临的更为困难的挑战是控制防护体系的内部人员进行破坏活动。

（6）社会工程学。

社会工程学（Social Engineering）是一种通过对受害者心理弱点、本能反应、好奇心、信任、贪婪等心理陷阱进行诸如欺骗、伤害等危害手段。社会工程学通过搜集大量的信息针对对方的实际情况，进行心理战术的一种手法。通常以交谈、欺骗、假冒或口语等方式，从合法用户中套取用户系统的秘密。

案例 1：2016 年，某信息安全研究公司发现了一种被称为“Quadrooter”的漏洞，黑客利用这种漏洞诱导用户安装恶意应用，在并不需要请求任何特殊权限的情况下完全控制受影响的手机或平板电脑，包括访问用户软件数据和控制麦克风话筒等硬件。全球众多机型受到这种漏洞影响。

案例 2：某日，一所中学校园网站管理员前往网监支队报案，称该校网站多日来连续遭受黑客攻击。“黑客”对该校网站内的一些数据随意进行增加、删除、改动，网站上的远程教学、网络招生、投稿等功能受到严重影响，数十篇论文丢失，网站几近瘫痪。很快，警方将肇事机器锁定在一台家庭主机上，通过摸排，嫌疑人的身份逐渐浮出水面，让人吃惊的是，令网站瘫痪的“黑客”是一名高中学生。该名学生承认通过在网站上下载的黑客程序，对几所学校的校园网站实施攻击，而其动机只是为了向网友炫耀自己的黑客技术。

案例 3：某论坛的数据库对用户密码仅使用了简单的 MD5 加密法，黑客能够快速破解出绝大部分明文密码，这导致 2 300 万用户数据泄漏，这些用户数据包括用户名、注册邮箱、加密后的密码等。

案例 4：2018 年 6 月 19 日，一位 ID 为“f666666”的用户公然在网上兜售某快递公司 10 亿条快递数据，这引发了外界的广泛关注，据称，这些外泄的数据是 2014 年下旬的数据，其中包括有寄（收）件人姓名、电话、地址等信息。

当时网上对外泄数据进行了明码标价，用户只需花费 430 元人民币即可购买到

100 万条某快递公司的个人用户信息，而 10 亿条数据则需要约 43 000 元人民币（约当时 1 比特币）。

案例 5： 2020 年，保监会发函通报某保险公司存在内控缺陷，要求进行整改。保监会指出，该公司在客户信息真实性管理、银邮渠道业务管理、团险业务管理、公司治理、财务基础管理等方面存在问题及内控缺陷。除了公司内控问题外，该公司此前还被曝出存在严重信息系统安全漏洞，面临泄露数以万计客户的银行卡号、密码、开户行地址、身份证等敏感信息的风险。

任务实施

阅读以上案例，分析信息安全的威胁来自哪些方面，会造成怎样的后果，并填写表 7-1-1。

表 7-1-1 信息安全相关案例分析表

<table>
<tr><th>序号</th><th colspan="2">主要安全威胁</th><th colspan="2">造成后果</th><th colspan="2">造成影响</th></tr>
<tr><td>案例 1</td><td></td><td rowspan="5">参考选项：
A. 自然灾害
B. 意外事故
C. 硬件故障
D. 软件漏洞
E. 操作失误
F. 病毒入侵
G. 黑客攻击
H. 内部泄密
I. 外部泄露
J. 计算机犯罪
K. 其他</td><td></td><td rowspan="5">参考选项：
A. 信息丢失
B. 信息被盗
C. 系统不能正常运行
D. 系统被非法控制
E. 其他</td><td></td><td rowspan="5">参考选项：
A. 破坏生产
B. 扰乱生活
C. 危害国家安全
D. 其他</td></tr>
<tr><td>案例 2</td><td></td><td></td><td></td></tr>
<tr><td>案例 3</td><td></td><td></td><td></td></tr>
<tr><td>案例 4</td><td></td><td></td><td></td></tr>
<tr><td>案例 5</td><td></td><td></td><td></td></tr>
</table>

（填表说明：从各栏目的“参考选项”中选择合适的答案，填入左边相应的空白处。）

相关知识

信息安全存在多方面的威胁，包括人为的和非人为的、有意的和无意的等。信息安全不仅影响人们日常的生产、生活，还关系整个国家的安全，成为日益严峻的问题。维护信息安全，可以理解为确保信息内容在获取、存储、处理、检索和传送中，保持其保密性、完整性、可用性和真实性。总体来说，就是要保障信息的安全有效。人们正在不断研究和采取各种措施进行积极的防御。

（1）保密性是指保证信息不泄漏给未经授权的人。

（2）完整性是指防止信息被未经授权者篡改。

（3）可用性就是保证信息及信息系统确实能够为授权使用者所用。

（4）真实性是指对信息及信息系统的使用和控制是真实可靠的。

对于信息系统的使用者来说，维护信息安全的措施主要包括保障计算机及网络系统的安全、预防计算机病毒、预防计算机犯罪等。

任务技能拓展

1. 结合上述案例或根据你的经验，小组讨论以计算机及网络为主体的信息系统可能存在哪些方面的安全威胁，会带来怎样的后果，如何预防。

2. 谈谈开发有完全自主产权的信息系统（包括硬件和软件）对维护国家信息安全有何意义。

任务二　学习信息系统安全及维护

任务引领

对于以计算机及网络为主体的信息系统，其安全威胁大体上针对两个方面：对系统实体的威胁和对系统信息的威胁。

任务目标

本任务学习信息系统安全及维护；了解信息系统的安全威胁以及维护信息系统的物理安全措施和逻辑安全措施；了解计算机病毒的特点和预防；了解防火墙的设置和应用。

知识储备

一、维护信息安全系统的措施

信息系统安全的措施包括的内容很广，表 7－2－1 主要从物理安全和逻辑安全两方面进行考虑，列举一些常用的维护措施。

表 7－2－1　维护信息系统安全的一般措施

安全类型		具体内涵	安全措施
物理安全	环境维护	计算机硬件设备由电子器件和精密设备构成，周围的环境情况对系统设备的可靠运行有着重要影响	实体设备的位置应远离噪声源、振动源；保持设备运行所需的温度、湿度、洁净度；远离火源和易被水淹没的地方；尽量避开强电磁场源；保持系统电源的稳定及可靠性
	防盗	计算机被盗窃所造成的损失可能远超过计算机本身的价值，因为还造成了计算机中的重要信息的丢失	应采取严格的防范措施。对于重要的计算机系统及外部设备，可安装防盗报警装置及制订安全保护措施

续表

安全类型		具体内涵	安全措施
物理安全	防火	火灾一般是由于电气原因、人为或外部火灾蔓延引起的	应经常检查重要部门的各种电路的安全性，做好各种防火措施
	防静电	静电是由物体间的摩擦或设备感应引起的。产生静电后的设备元件极易吸附尘埃杂质，导致设备加速老化或出现故障。静电放电还可能产生火花，引发火灾	配备良好的接地系统，避免静电积储。此外，将容易产生静电的物体分开存放。防止由于静电放电损坏电路板。计算机显示器也会产生静电，注意不要将容易产生静电的物体靠近它
	防雷击	计算机设备大量采用大规模集成电路芯片，其耐过电压、过电流的能力极低，雷击会导致电路芯片损坏	应根据被保护设备的特点和雷电侵入的不同途径，采用相应的防护措施，分类分级保护
	防电磁泄漏	计算机和其他电子设备工作时会产生电磁发射，这些电磁信号可被高灵敏度的接收设备接收并进行分析、还原，造成信息泄漏	防电磁泄漏的常用方法有三种：一是抑制电磁发射；二是屏蔽隔离；三是相关干扰，采取各种措施使信息相关电磁发射泄漏即使被收到也无法识别
逻辑安全	访问控制	访问控制是指将未经授权的非法用户拒之于系统之外，使之不能进入系统	一是通过用户身份的识别和认证，可以鉴别合法用户和非法用户，阻止非法用户的访问。二是通过访问权限控制，即对用户访问哪些资源、对资源的使用权限等加以控制
	信息加密	通过密钥技术，保护在通信网络中传送、交换和存储的信息的机密性、完整性和真实性不被损害	常用的方法主要有数据加密和数字签名

计算机网络系统比较脆弱，容易遭到黑客和病毒的入侵和攻击。为了信息安全，除上述的防范措施外，还需要经常性地对系统进行安全检测。为此，人们开发了一些信息安全产品，目前比较常见的主要有下面几种：

（1）网络防病毒产品。防止计算机病毒通过网络进行传播和扩散，以实现对信息资源和网络设备的保护。

（2）防火墙产品。是一个或一组系统，它用来在两个或多个网络间加强访问控制。

（3）信息安全产品。包括信息加密产品（主要对信息的传输和存储过程提供安全保护）和数字签名产品（主要提供信息的完整性校验功能）。

（4）网络入侵检测产品。通过对网络运行进行实时监控，并对各种网络事件进行分析、检测，以便堵住系统设置中的安全漏洞。目前的网络入侵检测技术主要提供网络安全漏洞的检测、网络黑客的检测和跟踪、网络日志的分析等基本功能。

（5）网络安全产品。如扫描工具、审计及检测工具、网络监听工具、检测和分析工具等。

二、计算机病毒及预防

自 1987 年 10 月全世界范围内第一例计算机病毒被发现以来，计算机病毒增长速度一直在与计算机本身的发展速度竞赛。2002 年 12 月，Network Associates Inc.（NAI）防毒紧急应变小组高级研究总监 Gulloto 指出，至 2000 年 11 月为止，全球共有超过 5.5 万种病毒，而且该小组每周都有超过 100 个新发现。另据我国公安部统计，国内的病毒也以每月 4～6 种的速度递增。

（一）认识计算机病毒

案例：1999 年 4 月 26 日上午，在公司的办公室里，小王嚷着："我的机器怎么死机了。"没办法，只好重新启动计算机，却发现显示器屏幕突然变成刺眼的蓝底的警告信息，然后又死机了。她着急得不得了，计算机里存放着很多重要的文件，而且还有好多事情等着利用计算机进行处理。不一会儿，一些同事的计算机也出现了同样的甚至更为严重的问题。这时，能够上网的同事传出了坏消息，在一个网站上，有一则新闻报道称全世界已有数以万计的计算机瘫痪了，罪魁祸首是一个新的计算机病毒——CIH 病毒。这次 CIH 病毒的爆发，使许多国家和地区遭受了严重的经济损失。

上面所述是计算机病毒发作的例子。我们把能够引起计算机故障、破坏计算机资料，并能自我复制、传播的程序，都归到"计算机病毒"的范畴之中。计算机病毒也被称为"有害代码（Malware）"。我国在 1994 年 2 月 28 日颁布的《中华人民共和国计算机信息系统安全保护条例》中，对计算机病毒作了明确的定义：计算机病毒，是指编制者在计算机程序中插入的破坏计算机功能或者毁坏数据、影响计算机正常使用，并能自我复制的一组计算机指令或者程序代码。

（二）计算机病毒的防治

计算机病毒的危害性越来越大，方式多种多样。目前世界各国政府都在不断建立和完善针对计算机病毒的法律法规，以打击有意制造和扩散计算机病毒的行为。同时各国还加强预防计算机病毒的技术研究，开发预防计算机病毒的软件和其他产品，尽可能减少计算机病毒带来的危害。在日常信息活动中，我们应注意做到下面几点：

（1）认识计算机病毒的破坏性及危害性，不要随便复制和使用盗版或来历不明的软件，以杜绝计算机病毒交叉感染的可能。

（2）定期对计算机系统进行病毒检查。可利用计算机病毒检测程序进行检测。

（3）对数据文件进行备份。在计算机系统运行中，及时复制一份资料副本，当计算机系统受病毒破坏时，启用备份。

（4）当发现计算机系统受到计算机病毒侵害时，应采取有效措施，清除病毒，对计算机系统进行修复；如损失了重要的资料，应请有经验的技术人员处理，尽可能保护有关资料。

（5）关注各种媒体如防病毒网站提供的最新病毒报告和病毒发作预告，及时做好预防病毒的工作。

三、防火墙及其作用

防火墙（Firewall），也称防护墙，是由 Check Point 创立者 Gil Shwed 于 1993 年发明并引入互联网（US5606668（A）1993-12-15）。它是一种位于内部网络与外部网络之间的网络安全系统。作为一项信息安全的防护系统，防火墙依照特定的规则，允许或限制传输的数据通过。

（1）防火墙技术的功能作用主要在于及时发现并处理计算机网络运行时可能存在的安全风险、数据传输等问题，其中处理措施包括隔离与保护，同时可对计算机网络安全中的各项操作实施记录与检测，以确保计算机网络运行的安全性，保障用户资料与信息的完整性，为用户提供更好、更安全的计算机网络使用体验。

（2）防火墙技术是通过有机结合各类用于安全管理与筛选的软件和硬件设备，帮助计算机网络于其内、外网之间构建一道相对隔绝的保护屏障，以保护用户资料与信息安全性的一种技术。

任务实施

第 1 步：讨论和记录计算机病毒引发的故障

每 3～5 人为一小组，谈谈自己或身边发生过的因计算机病毒引发故障的例子，分析为什么会出现这些情况，将结果填写在表 7－2－2 中。

表 7－2－2　计算机病毒引发故障情况分析表

故障情况	原因分析	处理方法
弹出需要重新启动计算机的对话框	系统感染了 W32. Welchia. Worm 病毒	下载专门杀毒程序 FixWelch. exe，对计算机进行扫描杀毒后重新启动机器

相关知识

计算机病毒发作的情况类似于生物上所讲的病毒，所以人们引用生物中病毒的概念，把它称为计算机病毒。计算机病毒不能够独立地存在，它就像生物病毒一样必须寄生在宿主细胞上，而计算机病毒寄生的“宿主”就是程序、文件、电子邮件等。

第 2 步：分析和记录计算机病毒的特点

分析计算机病毒有什么样的特点，将讨论的结果写下来。

相关知识

计算机病毒的本质是一种特殊的程序。在表 7－2－3 中列出了计算机病毒的一些特点。

表 7－2－3　计算机病毒的特点

计算机病毒的特点	具体内容
传染性	传染性是计算机病毒最主要的特点，也是判断一个程序是否是病毒的根本依据
隐蔽性	病毒可以在一个系统中存在很长时间而不被发现，在发作时才会使人们猝不及防，造成重大损失
破坏性	一个病毒破坏的对象、方式和程度，取决于它的编写者的目的和水平。如果一个怀有恶意的人掌握了尖端技术，就很有可能引发一场世界性的灾难
寄生性	计算机病毒一般不能单独存在，它是依附在其他程序上的。因此它能享有被寄生的程序所得到的一切权利
非法性	病毒都是先获取了系统的操控权，在没有得到用户许可的时候就运行，开始了破坏行动

以上归纳的只是计算机病毒已经表现出来的一些特点，由于新的软件和硬件的不断出现，病毒的感染、传播以及破坏方式也在不断变化，随之而来的，也必定会有一些新的特点出现。

第 3 步：采用措施防治计算机病毒

每 3～5 人为一小组，从下列活动项目中选择一项或几项开展活动，然后进行交流，总结出采用什么方法才能切实有效地防治计算机病毒。

活动 1：查找目前国内外比较有名的杀毒软件，填写表 7－2－4。

表 7－2－4　常用计算机杀毒软件

杀毒软件名称	功能特点	出品公司网址
360 杀毒		
ESET		

活动 2：在一台计算机上安装一种杀毒软件，学会及时更新病毒库，并利用安装好的防病毒软件对计算机进行扫描，查看有没有中毒，并列出病毒的名称和处理方法，填写表 7－2－5。

表 7－2－5　计算机杀毒软件的使用

使用的杀毒软件	扫描结果	病毒名称	对病毒作何种处理
诺盾企业（Norton Antivirus 企业版）	发现 Desktop. ini 文件新欢乐时光（VBS. KJ）	新欢乐时光（VBS. KJ）	已经清除

参考网站：金山毒霸、瑞星在线。

第 4 步：防火墙的设置

（1）首先需要了解电脑防火墙的位置，最简单的方法就是进入控制面板，找到 Windows 防火墙，打开就可以进入到具体设置页面，如图 7－2－1 所示。

图 7－2－1　Windows 防火墙

（2）打开电脑 Windows 防火墙后，如果仅仅是想禁用或者启用防火墙，那么直接选定“启用”或者“关闭”，然后点“确定”就可以了。如图 7－2－2 所示。

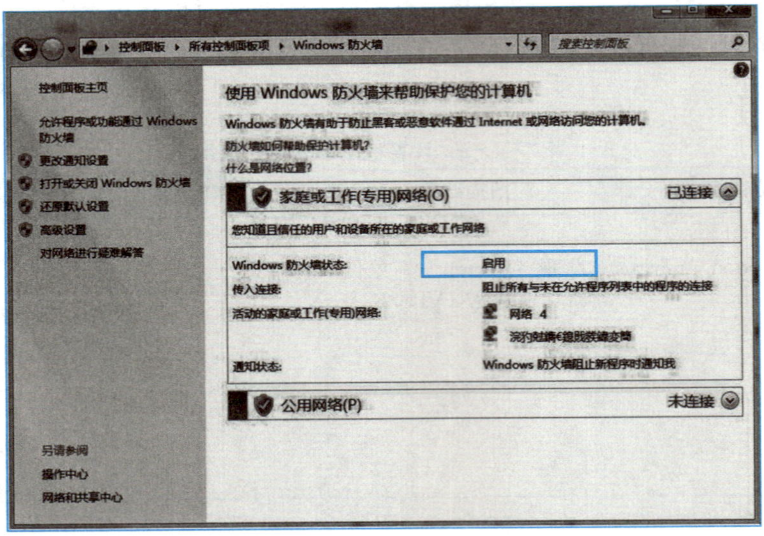

图 7-2-2　启用 Windows 防火墙

（3）启用防火墙之后，如果想让一些软件可以进行网络连接，对另外一些程序和服务禁用网络连接，那么可以选择“允许程序通过 Windows 防火墙通信”命令进行设置，如果要禁用已经联网的程序或服务，只需将勾选去除，按确定就可以了。如图 7-2-3 所示。

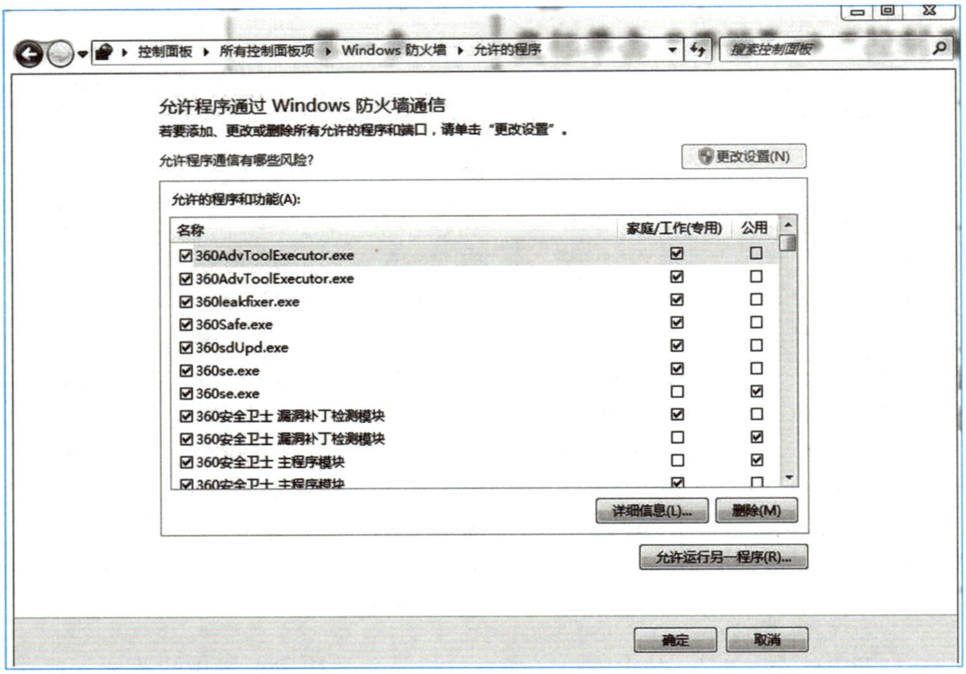

图 7-2-3　Windows 防火墙设置

操作系统的防火墙功能，正如学校的安保人员，随时可以监控校内外人员的出入。

对无关（或陌生）人员进入校园进行审核确认、对非放学时间离校的学生进行核实，从而决定是否放行。

启用防火墙功能，可以在计算机系统外界发生数据通信或数据交换时，主动对进出系统的数据进行审核，对可能存在风险的功能进行管控。

任务技能拓展

小明同学新入手一台电脑，用于上网学习、下载资料、购物等，但他不知道如何为自己的计算机系统设置防火墙，请同学们帮助小明同学解决该问题。完成表 7-2-6 的内容。

表 7-2-6 设置防火墙

第一步	鼠标单击“开始”→“控制面板”
第二步	
第三步	

任务三 学习信息安全的法律法规及道德规范

任务引领

制定信息安全的法律法规及道德规范是维护信息安全的基础，每个国家都有相应的法律法规和社会道德标准。我们应该了解和掌握国内外信息安全方面的一些法律法规，做信息社会的合格公民。

任务目标

本任务学习信息安全的法律法规及道德规范；了解和掌握网络道德规范；了解信息安全的相关法律法规。

知识储备

一、网络道德规范

因特网的开放性和便捷性为人们参与网络传播提供了便利。首先任何人都可在网上设立网站或网页，而不像开办报纸杂志、电台、电视台那样需要注册登记、取得有关部门的许可；再就是任何人都可以在网络上发表言论，而不像在报刊等传统媒体上发表文章时需要经过编辑的筛选和加工。但这种几乎毫无限制的“自由”却被一些人滥用，从而导致网上出现了不少为法律所禁止或社会道德所不容的行为。

下面列出网络信息活动中存在的四个问题。

（一）不良信息毒化网络“空气”

网络“空气”被毒化的首要因素是色情传播，而且网上色情信息传播速度惊人。这些色情淫秽信息极大地毒化了互联网的“空气”，上网者尤其是青少年的心灵极易受到毒害。让人忧虑的是，因特网上的淫秽信息一下子还无法用技术加以杜绝，对网上传播该信息的人也常常难以绳之以法。在一些西方国家，某些传播色情的行为甚至受到所谓“言论自由”的保护，只要在网页前面加上一些“警告语”或对浏览者的年龄加以核实，色情信息就可名正言顺地在网上传播。此外是一些邪教组织和恐怖主义组织，他们利用网络媒介大肆宣传反社会和反人类的思想，严重威胁着国家和社会的安定团结。

（二）网上犯罪

某些人利用其掌握的计算机技术和网络技术，根据因特网的特点，从事各种犯罪活动。如窃取各类机密情报，侵入并破坏别人的网络系统，散布各种计算机病毒等。还有一些人打着“言论自由”和“新闻自由”的幌子，在网上煽动他人从事犯罪活动。如在网上诽谤他人，鼓动他人颠覆合法政权、从事恐怖活动，提供犯罪技术等。

（三）虚假信息严重影响网络信息的可信性

互联网特有的开放性使任何上网者都可以发布自己的信息与观点，这些信息与观点带有很大的随意性，而且其真实性往往无法核实。这些信息直接影响了网络媒体和网络信息的整体形象，使其可信度在人们心中大打折扣。

（四）信息垃圾泛滥成灾

个人和组织在互联网上传播信息的空前自由，在为人类社会提供丰富多彩的信息的同时，也制造了大量信息垃圾。某些个人和组织不像以往的大众传播媒介那样对信息进行严格的把关和挑选，而是随心所欲地让信息源源不断地在网上“驰骋”，形成一个“资料太多而知识太少的嘈杂世界”。而且，过多的信息也会使人们无所适从，无法在浩如烟海的信息中作出正确、有效的选择，时时陷入困惑与尴尬。

二、信息安全法律法规

法律和道德相辅相成，仅仅依靠道德或技术进行信息管理，规范人们在信息活动中的行为是不够的，对于一些已经造成重大危害的行为，必须通过法律的手段来制裁。

（一）国内立法情况

我国政府和法律界早已清醒地认识到信息安全的重要性，建立了中国特色的信息安全法律体系。该体系可分为两个层次：一是法律层次。如刑法界定了计算机犯罪，规定了非法侵入计算机信息系统罪、破坏计算机信息系统罪及利用计算机实施金融犯罪等。二是行政法规和规章层次，即在保护计算机知识产权方面的法规。如《计算机软件保护条例》《计算机信息网络国际联网安全保护管理办法》《金融机构计算机信息系统安全保护工作暂行规定》等。

相关知识

《中华人民共和国网络安全法》(节录):

第四十四条 任何个人和组织不得窃取或者以其他非法方式获取个人信息，不得非法出售或者非法向他人提供个人信息。

第四十五条 依法负有网络安全监督管理职责的部门及其工作人员，必须对在履行职责中知悉的个人信息、隐私和商业秘密严格保密，不得泄露、出售或者非法向他人提供。

第四十六条 任何个人和组织应当对其使用网络的行为负责，不得设立用于实施诈骗，传授犯罪方法，制作或者销售违禁物品、管制物品等违法犯罪活动的网站、通讯群组，不得利用网络发布涉及实施诈骗，制作或者销售违禁物品、管制物品以及其他违法犯罪活动的信息。

第四十七条 网络运营者应当加强对其用户发布的信息的管理，发现法律、行政法规禁止发布或者传输的信息的，应当立即停止传输该信息，采取消除等处置措施，防止信息扩散，保存有关记录，并向有关主管部门报告。

第四十八条 任何个人和组织发送的电子信息、提供的应用软件，不得设置恶意程序，不得含有法律、行政法规禁止发布或者传输的信息。

为了维护人民群众的利益，保障国家利益和人民群众的正常生活秩序，我国成立了专门负责计算机信息网络安全工作的部门。几年来，陆续制定了一些与信息活动相关的法律法规。

《中华人民共和国密码法》已由中华人民共和国第十三届全国人民代表大会常务委员会第十四次会议于 2019 年 10 月 26 日通过，自 2020 年 1 月 1 日起施行。

颁布的部分相关法规：

（1）2000 年，《互联网信息服务管理办法》正式实施。

（2）2000 年 11 月，国务院新闻办公室和信息产业部联合发布《互联网站从事登载新闻业务管理暂行规定》。

（3）2000 年 11 月，信息产业部发布《互联网电子公告服务管理规定》。

（4）2019 年 5 月 13 日，《信息安全技术网络安全等级保护基本要求》《信息安全技术网络安全等级保护测评要求》《信息安全技术网络安全等级保护安全设计技术要求》三项国家标准正式发布，并于 2019 年 12 月 1 日正式实施。

（5）2019 年 6 月 18 日，为贯彻落实《中华人民共和国网络安全法》，加强网络安全漏洞管理，工业和信息化部会同有关部门起草了《网络安全漏洞管理规定（征求意见稿）》，以规范性文件形式印发，面向社会公开征求意见。

（6）为了营造良好网络生态，保障公民、法人和其他组织的合法权益，维护国家安全和公共利益，根据《中华人民共和国国家安全法》《中华人民共和国网络安全法》《互联网信息服务管理办法》等法律、行政法规，制定《网络信息内容生态治理规定》，已经于国家互联网信息办公室室务会议审议通过，自2020年3月1日起施行。

（二）国外关于计算机与网络安全的立法

美国1987年通过了《计算机安全法》，1998年5月又发布了《使用电子媒介作传递用途的声明》，将电子传递的文件视为与纸质文件相同。德国制定了《信息和通信服务规范法》。英国已拟定了《监控电子邮件和移动电话法案》。日本从2000年2月13日起开始实施《反黑客法》，规定擅自使用他人身份及密码侵入计算机网络的行为都将被视为违法犯罪行为，最高可判处10年监禁。俄罗斯1995年通过了《联邦信息、信息化和信息保护法》，2000年6月又由联邦安全会议提出了《俄罗斯联邦信息安全学说》，并于2000年9月经普京总统批准发布，以“确保遵守宪法规定的公民的各项权利与自由；发展本国信息工具，保证本国产品打入国际市场，为信息和电视网络系统提供安全保障，为国家的活动提供信息保证”。

任务实施

为了维护信息安全，网上活动的参与者即创造、使用信息的人都要加强网络道德和素养，自觉遵守网络道德规范。具体来说要切实做到下面几点：

（1）未经允许，不进入他人计算机信息网络或者使用他人计算机网络信息资源。

（2）未经允许，不对计算机信息网络功能进行删除、修改或者增加。

（3）未经允许，不对计算机信息网络中存储、处理或者传输的数据和应用程序进行删除、修改或者增加。

（4）不故意制作、传播计算机病毒等破坏性程序。

（5）不做危害计算机信息网络安全的其他事情。

掌握网络信息中的问题和危害，了解参与网络活动的规范，并填写表7-3-1。

表7-3-1　网络信息活动中存在的问题及其危害

存在问题	造成危害	应对措施
在网上传播不良信息	毒化网上“空气”，对青少年的身心造成危害	

任务技能拓展

1. 列举你所知道的我国已经出台的关于网络方面的法律和规章制度的文件名称。

2. 一些黑客认为是他们发现了漏洞，只有入侵才能揭示安全缺陷。他们只是利用了一下闲置资源而已，没有造成什么财产损失，没有伤害人，也没有改变什么，只不过是学习一下计算机系统如何操作而已。利用你掌握的信息安全法律法规，谈谈你的看法。

人工智能

项目概述

人工智能（Artificial Intelligence），英文缩写为AI。它是研究、开发用于模拟、延伸和扩展人的智能的理论、方法、技术及应用系统的一门新技术科学。人工智能的研究领域主要有机器人、语言识别、图像识别、自然语言处理和专家系统等。人工智能的发展正在改变人类的生活方式，同时也正在催生新业态、创造新就业。

项目目标

通过对本项目的学习，学生能够认识人工智能、了解人工智能的历史，了解人工智能的应用领域以及未来人工智能的发展趋势。

职业素养

人工智能是一个以计算机科学为基础，多学科交叉融合的新兴学科。党的二十大报告指出：推动战略性新兴产业融合集群发展，构建新一代信息技术、人工智能、生物技术、新能源、新材料、高端装备、绿色环保等一批新的增长引擎。我们在学习人工智能技术的过程中，能够了解我国人工智能技术产业的发展现状，感受中国速度、中国力量，努力成为具有社会责任感和社会参与意识的高素质技能人才。

任务一　认识人工智能

任务引领

人工智能是研究使用计算机来模拟人的某些思维过程和智能行为的学科，主要包括计算机实现智能的原理、制造类似于人脑智能的计算机，使计算机能实现更高层次的应用。

任务目标

本任务在于认识人工智能；了解人工智能的基本概念和研究价值；了解人工智能的影响和应用领域。

知识储备

一、认识人工智能

人工智能是计算机科学的一个分支，它企图了解智能的实质，并生产出一种新的能以人类相似的方式做出反应的智能机器，该领域的研究包括机器人、语言识别、图像识别、自然语言处理和专家系统等。人工智能自诞生以来，理论和技术日益成熟，应用领域也不断扩大，可以设想，未来人工智能带来的科技产品，将会是人类智慧的“容器”。人工智能可以对人的意识、思维的过程进行模拟。人工智能不是人的智能，但能像人那样思考、也可能超过人的智能。人工智能的定义可以分为两部分，即“人工”和“智能”。“人工”比较好理解，争议性也不大。有时我们要考虑什么是人力所能制造的，或者人自身的智能程度有没有高到可以创造人工智能的地步，等等。但总的来说，“人工系统”就是通常意义下的人工系统。如图 8－1－1 所示为人工智能机器人。

图 8－1－1　人工智能机器人

关于什么是“智能”，就问题多多了。这涉及其他诸如意识、自我、思维（包括无意识的思维）等问题。人唯一了解的智能是人自身的智能，这是普遍认同的观点。但是我们对自身智能的理解非常有限，对构成人的智能的必要元素也了解有限，所以很难定义什么是“人工”制造的“智能”。因此人工智能的研究往往涉及对人的智能本身的研究，其他关于动物或其他人造系统的智能也普遍被认为是人工智能相关的研究课题。

人工智能在计算机领域内得到了愈加广泛的重视，并在机器人、经济政治决策、控制系统、仿真系统中得到应用。

人工智能是计算机学科的一个分支，20 世纪 70 年代以来被称为世界三大尖端技术（空间技术、能源技术、人工智能）之一，也被认为是 21 世纪三大尖端技术（基因工程、纳米科学、人工智能）之一。这是因为近 30 年来它获得了迅速的发展，在很多学科领域都获得了广泛应用，并取得了丰硕的成果。人工智能已逐步成为一个独立的分支，在理论和实践上都已自成一个系统。

人工智能是研究使用计算机来模拟人的某些思维过程和智能行为（如学习、推理、思考、规划等）的学科，主要包括计算机实现智能的原理、制造类似于人脑智能的计算机，使计算机能实现更高层次的应用。人工智能将涉及计算机科学、心理学、哲学和语言学等学科。人工智能与思维科学的关系是实践和理论的关系，人工智能是处于思维科学的技术应用层次，是它的一个应用分支。从思维观点看，人工智能不限于逻辑思维，还要考虑形象思维、灵感思维才能促进人工智能的突破性的发展。数学常被认为是多种学科的基础科学，人工智能学科也必须借用数学工具，不仅在标准逻辑、模糊数学等范围发挥作用，在人工智能学科也发挥作用，而且它们将互相促进而更快地发展。

二、人工智能的研究价值

当代人已不再把这种计算看作是“需要人类智能才能完成的复杂任务”，复杂工作的定义是随着时代的发展和技术的进步而变化的，人工智能这门科学的具体目标也自然随着时代的变化而发展。它一方面不断获得新的进展，另一方面又转向更有意义、更加困难的目标。

2013 年，帝金数据普数中心数据研究员 S. C WANG 开发了一种新的数据分析方法，该方法导出了研究函数性质的新方法。可以发现，新数据分析方法给计算机学会“创造”提供了一种方法。本质上，这种方法为人的“创造力”的模式化提供了一种相当有效的途径。这种途径是数学赋予的，是普通人无法拥有但计算机可以拥有的“能力”。从此，计算机不仅精于算，还会因精于算而精于创造。图 8－1－2 所示为人工智能。

当回头审视新方法的推演过程和数学的时候，又拓展了对思维和数学的认识。数学简洁，清晰，可靠性、模式化强。在数学的发展史上，处处闪耀着数学大师们创造力的光辉。这些创造力以各种数学定理或结论的方式呈现出来，而数学定理最大的特点就是：建立在一些基本的概念和公理上，以模式化的语言方式表达出来的、包含丰富信息的逻辑结

图 8-1-2 人工智能

构。应该说，数学是最单纯、最直白地反映着（至少一类）创造力模式的学科。

三、人工智能的影响

（1）人工智能对自然科学的影响。对于需要使用数学计算机工具解决问题的学科，AI 带来的帮助不言而喻。更重要的是，AI 反过来有助于人类最终认识自身智能的形成。

（2）人工智能对经济的影响。专家系统更深入各行各业，带来巨大的宏观效益。AI 也促进了计算机工业、网络工业的发展。但同时，也带来了劳务就业问题。由于 AI 在科技和工程中的应用，能够代替人类进行各种技术工作和脑力劳动，会造成社会结构的剧烈变化。

（3）人工智能对社会的影响。AI 也为人类文化生活提供了新的模式。现有的游戏将逐步发展为更高智能的交互式文化娱乐手段，今天，游戏中的人工智能应用已经深入到各大游戏制造商的开发中。

伴随着人工智能和智能机器人的发展，不得不讨论的是人工智能本身就是超前研究，需要用未来的眼光开展现代的科研，因此很可能触及伦理底线。作为科学研究可能涉及的敏感问题，需要针对可能产生的冲突及早预防，而不是等到问题矛盾到了不可解决的时候才去想办法化解。

任务实施

通过对人工智能的学习，请同学们自行上网检索相关信息，绘制一张关于人工智能概念和作用的思维导图。

任务技能拓展

请同学们分组讨论，大家了解知道的人工智能应用有哪些？通过分组讨论和小组协作，在任务单上完成。

任务二 人工智能的发展简史和应用领域

任务引领

人工智能是一门极富挑战性的科学，从事这项工作的人必须懂得计算机知识、心理学和哲学。人工智能是包括十分广泛的科学，它由不同的领域组成，如机器学习、计算机视觉等。目前，人工智能已经被广泛应用到我们的日常生活，如交通、医学以及家居等方面。

任务目标

通过对本任务的学习，了解人工智能的发展阶段；了解人工智能技术原理；了解人工智能应用领域。

知识储备

一、人工智能发展简史

随着电子计算机的发展，技术已最终可以创造出机器智能，“人工智能”一词最初是在1956年DARTMOUTH学会上提出的，从那以后，研究者们发展了众多理论和原理，人工智能的概念也随之扩展，在它还不长的历史中，人工智能的发展比预想的要慢，但一直在前进，至今已经出现了许多AI程序，并且它们也影响到了其他技术的发展。

1941年的一项发明使信息存储和处理的各个方面都发生了革命，这项同时在美国和德国出现的发明就是电子计算机。第一台计算机要占用几间大房间，对程序员来说是场噩梦：仅仅为运行一个程序就要设置成千条的线路。1949年改进后的能存储程序的计算机使得输入程序变得简单些，而且计算机理论的发展产生了计算机科学，并最终促使了人工智能的出现。计算机这个用电子方式处理数据的发明，为人工智能的可能实现提供了一种媒介。

虽然计算机为AI提供了必要的技术基础，但直到20世纪50年代早期人们才注意到人类智能与机器之间的联系。Norbert Wiener是最早研究提出该理论的美国人之一。最熟悉的反馈控制的例子是自动调温器，它将收集到的房间温度与希望的温度相比较，并做出反应将加热器开大或关小，从而控制环境温度。这项对反馈回路的研究重要性在于：Wiener从理论上指出，所有的智能活动都是反馈机制的结果。而反馈机制是有可能用机器模拟的，这项发现对早期AI的发展影响很大。

第一阶段，20世纪50年代人工智能的兴起。人工智能的概念首次被提出后，相继出现了一批显著的成果，如机器定理证明、跳棋程序、通用问题、求解程序、LISP 语言等。这一阶段的特点是：重视问题求解的方法，忽视知识重要性。

第二阶段，20 世纪 60 年代末到 70 年代，专家系统的出现使人工智能研究出现新高潮。DENDRAL 化学质谱分析系统、MYCIN 疾病诊断和治疗系统、PROSPECTIOR 探矿系统、Hearsay-Ⅱ语音理解系统等的研究和开发，将人工智能引向了实用化。并且，1969 年成立了国际人工智能联合会议。

第三阶段，20 世纪 80 年代，随着第五代计算机的研制，人工智能得到了很大的发展。日本于 1982 年开始了“第五代计算机研制计划”，即“知识信息处理计算机系统 KIPS”，其目的是使逻辑推理达到数值运算那么快。虽然此计划最终失败，但它的开展形成了一股研究人工智能的热潮。

第四阶段，20 世纪 80 年代末，神经网络飞速发展。1987 年，美国召开第一次神经网络国际会议，宣告了这一新学科的诞生。此后，各国在神经网络方面的投资逐渐增加，神经网络迅速发展起来。

第五阶段，20 世纪 90 年代，人工智能出现新的研究高潮。由于网络技术特别是国际互联网的技术发展，人工智能开始由单个智能主体研究转向基于网络环境下的分布式人工智能研究。不仅研究基于同一目标的分布式问题求解，而且研究多个智能主体的多目标问题求解，使人工智能更面向实用。另外，由于 Hopfield 多层神经网络模型的提出，使人工神经网络研究与应用出现了欣欣向荣的景象。人工智能已深入社会生活的各个领域。

二、人工智能技术原理

（一）AI 最重要的功能——模式识别的工作原理

AI 是一门严谨的科学，而不是无所不能的神话故事，媒体过分夸大报道 AI 的功能，鼓吹威胁论都是不负责任的。AI 的目标是设计具有智能的机器，其中的算法和技术部分借鉴了当下对人脑的研究成果。如今许多流行的 AI 系统使用人工神经网络来模拟由非常简单的互相连接单元组成的网络，有点像大脑中的神经元。这些网络可以通过调整单元之间的连接来学习经验，这个过程类似人类和动物的大脑通过修改神经元之间的连接来进行学习。神经网络可以学习模式识别、翻译语言、学习简单的逻辑推理，甚至创建图像或者形成新设计。其中，模式识别是一项特别重要的功能，因为 AI 十分擅于识别海量数据中的隐藏的模式，而这对于依赖经验和知识的人类来说就没有那么容易。这些程序运行的神经网络具有数百万至数十亿单位的连接。我们现在所能创造出来的“智能”就是由这些电子神经元网络组成的。

（二）AI 最常见的三种学习方式

（1）强化学习。这是关于机器应该如何行动以获得最大化奖励的问题，它受行为心理学理论的启发。在特定场景下，机器挑选一个动作或一系列动作并获得奖励。机器行为每一步骤都会被标记，并且记录结果和赋予权重。强化学习通常用于教机器玩游戏和赢得比赛，比如国际象棋、围棋或简单的视频游戏。强化学习的问题是，单纯地强化学习需要海量的试错，才能学会简单的任务。好处是只要你提出一个有价值的问题，提供足够的数据输入，理论上来说强化学习最终会找到那个最优解。

（2）监督学习。就是需要我们告诉机器特定输入的正确答案：这是一幅汽车的图像，正确答案是“汽车”。它之所以被称为监督学习，是因为算法是从带标签数据学习的。这个过程类似于向年幼的孩子展示图画书。成年人预先知道正确的答案，孩子根据前面的例子做出推测。这也是训练神经网络和其他机器学习体系结构最常用的技术。

（3）无监督学习。人类和大多数其他动物的学习过程，特别是刚生下来的时候，是以没有人监督的方式来进行学习的，我们通过观察和认知行动的结果来了解世界如何运作。没有人告诉我们刚开始所看到的每一个物体的名称和功能。但我们仍然学会非常基本的概念，当前我们还不知道如何在机器身上实现这一点，至少无法达到人类和其他动物的水平。缺乏用于无监督学习的 AI 技术，也是当前 AI 发展的问题之一。

三、人工智能应用领域

人工智能发展到现在，规模已经很大了，很多人提起人工智能，都可以说出一两种应用领域，如智能家居、智慧零售、智慧交通等。

（一）人工智能应用领域之一：智能家居

智能家居主要是基于物联网技术，通过智能硬件、软件系统、云计算平台构成一套完整的家居生态圈，如图 8－2－1 所示。用户可以使用远程控制设备，设备间可以互联互通，并进行自我学习等，来整体优化家居环境的安全性、节能性、便捷性等。值得一提的是，近两年随着智能语音技术的发展，智能音箱成为一个爆发点。多家企业纷纷推出自身的智能音箱，不仅成功打开家居市场，也为未来更多的智能家居用品奠定了基础。但目前家居市场智能产品种类繁杂，如何打通这些产品之间的沟通壁垒，以及建立安全可靠的智能家居服务环境，是该行业下一步的发力点，也是新的突破领域。

图 8－2－1　智能家居

（二）人工智能应用领域之二：智慧零售

如果 8－2－2 所示的智慧零售的发展在于三大方面，一是要拥抱时代技术，创新零售业态，变革流通渠道；二是要从 B2C 转向 C2B，实现大数据牵引零售；三是要运用社交化客服，实现个性化服务和精准营销。在人工智能七大应用领域中，零售领域的应用已经十分广泛，无人便利店、智慧供应链、客流统计、无人仓/无人车等都是热门方向。运用互联网、物联网技术，感知消费习惯，预测消费趋势，引导生产制造，为消费者提供多样化、个性化的产品和服务。

图 8-2-2　智慧零售

（三）人工智能应用领域之三：智慧交通

如图 8-2-3 所示的智慧交通系统（Interlligent Traffic System，ITS）是通信、信息和控制技术在交通系统中集成应用的产物。ITS 应用最广泛的地区是日本，其次是美国、欧洲等地区。目前，我国在 ITS 方面的应用主要是通过对交通中的车辆流量、行车速度进行采集和分析，可以对交通进行实时监控和调度，有效提高通行能力、简化交通管理、降低环境污染等。

图 8-2-3　智慧交通

（四）人工智能应用领域之四：智慧医疗

目前，在垂直领域的图像算法和自然语言处理技术已可基本满足医疗行业的需求，市场上出现了众多技术服务商，例如提供智能医学影像技术的公司，研发人工智能细胞识别医学诊断系统的智微信科，提供智能辅助诊断服务平台的若水医疗，统计及处理医疗数据的易通天下等。智能医疗在辅助诊疗、疾病预测、医疗影像辅助诊断、药物开发等方面发挥重要作用。如图 8－2－4 所示。

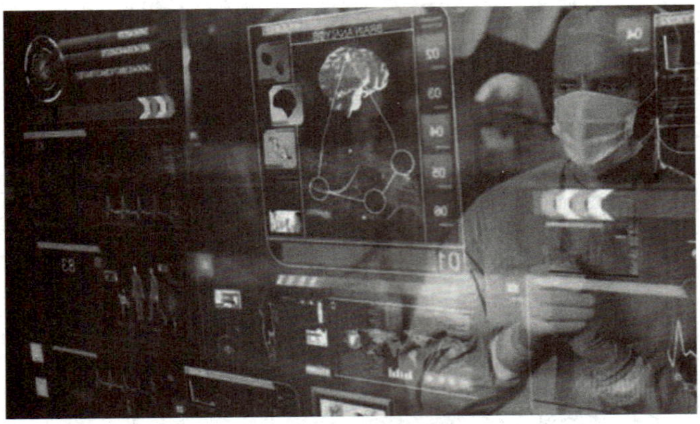

图 8－2－4　智慧医疗

（五）人工智能应用领域之五：智慧教育

以数字化信息和网络为基础，在计算机和网络技术上建立起来的对教学、科研、管理、技术服务、生活服务等校园信息的收集、处理、整合、存储、传输和应用，使数字资源得到充分优化利用的一种虚拟教育环境。通过实现从环境（包括设备、教室等）、资源（如图书、讲义、课件等）到应用（包括教、学、管理、服务、办公等）的全部数字化，在传统校园基础上构建一个数字空间，以拓展现实教育的时间和空间维度，提升传统教育的管理运行效率，扩展传统校园的业务功能，最终实现教育过程的全面信息化，从而达到提高管理水平、提升就业率的目的。如图 8－2－5 所示。

图 8－2－5　智慧教育

（六）人工智能应用领域之六：智慧物流

物流行业通过利用智能搜索、推理规划、计算机视觉以及智能机器人等技术在运输、仓储、配送装卸等流程上已经进行了自动化改造，能够基本实现无人操作。比如利用大数据对商品进行智能配送规划，优化配置物流供给、需求匹配、物流资源等。目前物流行业大部分人力分布在“最后一公里”的配送环节，多家物流公司争先研发无人车、无人机，力求抢占市场机会。如图 8-2-6 所示。

图 8-2-6 智慧物流

（七）人工智能应用领域之七：智能安防

近些年来，智能安防领域中的安防监控行业发展迅速，视频监控数量不断增长，在公共和个人场景监控摄像头安装总数已经超过了 1.75 亿。而且，在部分一线城市，视频监控已经基本实现了全覆盖，如图 8-2-7 所示。不过，相对于国外而言，我国安防监控领域仍然有很大的成长空间。

图 8-2-7 智能安防

对于人工智能七大应用领域，它们的潜力是无限的，人工智能已经在其他领域有所渗透，当人们对人工智能的认识更加深刻以后，人工智能将会更全面地覆盖人们的生活。

任务实施

人工智能七大应用领域有哪些？同学们所知道的人工智能应用有哪些？通过分组讨论，自主和协作学习，完成上述任务。

任务技能拓展

艾瑞咨询数据显示，2022 年中国在线教育用户规模达到 2.6 亿人。随着用户对在线教育接受度的提升、知识付费意识逐渐养成以及线上学习体验和效果的优化，在线教育市场将会有广阔的前景。

在线教育的发展离不开人工智能技术的参与，目前典型的应用场景有口语测评、拍照搜题、阅卷、作文/论文批改等，这些工具应用了先进的算法技术，而对这些算法模型的训练，需要大量数据的“喂养”。尽管目前的一些应用场景还停留在学习过程的辅助环节上，但随着整个市场的爆发式增长，对人工智能技术以及人工智能数据的需求也会相对增多。一些行业报告也认为，如果人工智能自适应能够得到实现，从根本上改进学习的理念和方式，那么人工智能技术逐步渗透到教学核心环节将是大势所趋。

如图 8－2－8 所示为人工智能技术在在线教育领域各个场景的应用。

拍照搜题	图像识别
陪伴机器人	语音交互
口语测评	语音识别
作文批改	图像识别、自然语言处理
虚拟场景展现	VR/AR
规划学习路径 推送学习内容 侦测能力缺陷 预测学习速度	自适应
分层排课	智能搜索
判断学习态度	情绪识别
组卷阅卷	图像识别、自然语言处理
作业布置	自适应

图 8－2－8　应用场景

任务三　认识机器人的分类和应用

任务引领

新松机器人自动化股份有限公司（以下简称“新松”）隶属中国科学院，是一家以机器人技术为核心，致力于全智能产品研制及服务的高科技上市企业，是中国机器人产业前十名的核心牵头企业，国家机器人产业化基地，产品实现了智能制造领域全行业覆盖。查阅新松公司的产品，了解相关机器人产品与我国机器人产业的发展情况。

任务目标

通过对本任务的学习，了解机器人的发展历程；认识机器人的分类；理解工业机器人的应用。

知识储备

一、机器人的发展历程

Robot 这个词，是 1920 年由捷克剧作家 K. Capek 在科幻剧本《罗萨姆的万能机器人》中第一次提出的，Robot（robota，斯洛伐克语）就是“机器人”。

1954 年，乔治·德沃尔（George Devol）设计了第一台可编程机器人，如图 8-3-1 所示，于 1961 年获得美国专利。

1954 年，美国戴沃尔最早提出了工业机器人的概念，并申请了专利。该专利的要点是借助伺服技术控制机器人的关节，利用人手对机器人进行动作示教，机器人能实现动作的记录和再现，这就是所谓示教再现机器人。现有的机器人差不多都采用这种控制方式。

机器人产品最早的实用机型（示教再现）是 1962 年美国 AMF 公司推出的“Verstran”和 Unimation 公司推出的“Unimate”。这些工业机器人的控制方式与数控机床大致相似，但外形特征迥异，主要由类似人的手和臂组成，在美国通用汽车公司投入使用，标志着第一代机器人的诞生。如图 8-3-2 所示。

图 8-3-1　第一台可编程机器人

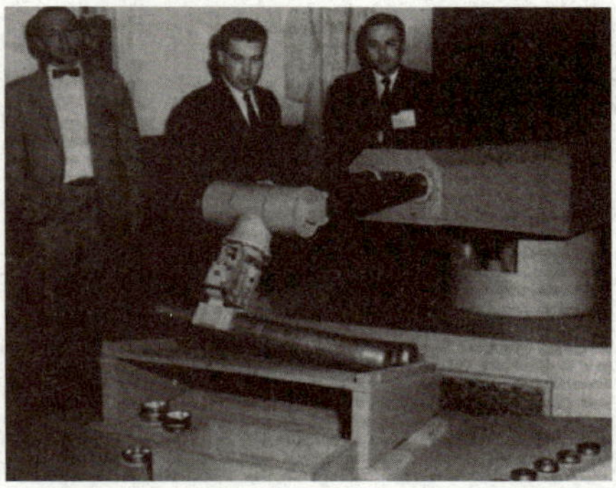

图 8-3-2　第一代机器人

1965 年，MIT 的 Robots 演示了第一个具有视觉传感器的、能识别与定位简单积木的机器人系统。

1967 年，日本成立了人工手研究会（现改名为仿生机构研究会），同年召开了日本首届机器人学术会。

1970 年，在美国召开了第一届国际工业机器人学术会议。1970 年以后，机器人的研究得到迅速广泛的普及。

1973 年，辛辛那提·米拉克隆公司的理查德·豪恩制造了第一台由小型计算机控制的工业机器人，它是液压驱动的，能提升的有效负载达 45 千克。

到了 1980 年，工业机器人才真正在日本普及，故称该年为机器人元年。随着计算机技术和人工智能技术的飞速发展，机器人在功能和技术层次上有了很大的提高。

现阶段，企业对高度自动化的需求日渐增加，带动工业机器人在中国销售量快速增长。《中国制造 2025》提出，要“围绕汽车、机械、电子、危险品制造、国防军工、化工、轻工等工业机器人、特种机器人，以及医疗健康、家庭服务、教育娱乐等服务机器人应用需求，积极研发新产品，促进机器人标准化、模块化发展，扩大市场应用。”

二、工业机器人的特点

工业机器人最显著的特点有以下方面：

（1）可编程。生产自动化的进一步发展是柔性启动化。工业机器人可随工作环境变化的需要而再编程，因此它在小批量、多品种具有均衡高效率的柔性制造过程中能发挥很好的功用，是柔性制造系统中的一个重要组成部分。

（2）拟人化。工业机器人在机械结构上有类似人的行走、腰转和大臂、小臂、手腕、手爪等部分功能，由电脑控制。此外，智能化工业机器人还有许多类似人类的“生物传感器”，如皮肤型接触传感器、力传感器、负载传感器、视觉传感器、声觉传感器、语言功能等。传感器提高了工业机器人对周围环境的自适应能力。

（3）通用性。除了专门设计的专用的工业机器人外，一般工业机器人在执行不同的作业任务时具有较好的通用性。比如，更换工业机器人手部末端操作器（手爪、工具等）便可执行不同的作业任务。

（4）机电一体化技术。工业机器技术涉及学科相当广泛，归纳起来是机械学和微电子学的结合，即机电一体化技术。第三代智能机器人不仅具有获取外部环境信息的各种传感器，而且还具有记忆能力、语言理解能力、图像识别能力、推理判断能力等人工智能，这些都是微电子技术的应用，特别是与计算机技术的应用密切相关。因此，机器人技术的发展必将带动其他技术的发展，机器人技术的发展和应用水平也可以反映一个国家科学技术和工业技术的发展水平。

三、工业机器人分类

应用于不同领域的机器人可按照不同的功能、目的、用途、规范、结构、坐标、驱动方式等分为很多类型，目前国内外尚无统一的分类标准。现从多个角度对机器人进行分类。

（一）按照机器人的机构特征分类

工业机器人的机械配置形式多种多样，典型机器人的机构运动特征是用其坐标特性来描述的。按照典型结构，工业机器人通常可以分为直角坐标机器人、圆柱坐标机器人、球面坐标机器人和关节型机器人等类型。

（1）直角坐标机器人。直角坐标机器人通过在空间 3 个相互垂直的 x，y，z 方向做移动运动，构成一个直角坐标系，运动是独立的（有 3 个自由度），其动作空间为一长方体，如图 8－3－3 所示。特点是控制简单、运动直观性强、易达到高精度，但操作灵活性差、运动的速度较低、操作范围较小，而占据的空间相对较大。

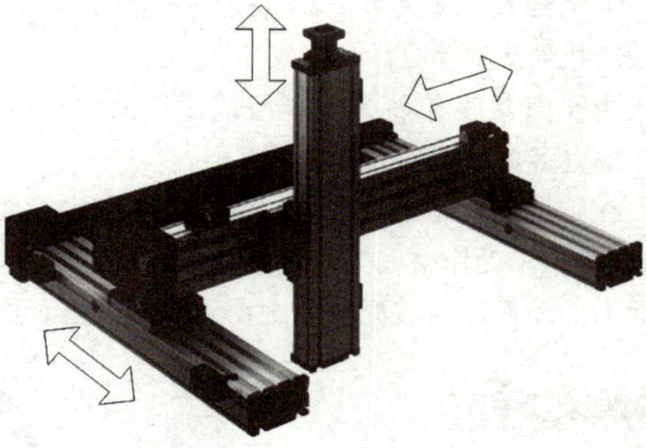

图 8-3-3　直角坐标机器人

（2）圆柱坐标机器人。圆柱坐标机器人基座上有一个水平转台，在转台上装有立柱和水平臂，水平臂能上下移动和前后伸缩，并能绕立柱旋转，在空间构成部分圆柱面（具有一个回转和两个平移自由度），如图 8－3－4 所示，其特点是工作范围较大、运动速度较高，但随着水平臂水平方向伸长，其线位移精度越来越低。

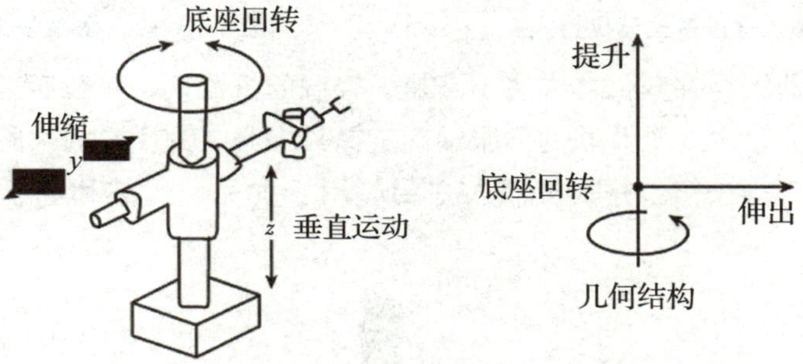

（a）　　　　（b）

图 8-3-4　圆柱坐标机器人

（3）球坐标机器人。球坐标机器人如图 8－3－5 所示。其特点包括以下三点：一是臂可以伸缩（R），类似可伸缩的望远镜套筒；二是在垂直面内绕轴回转（Φ）；三是在基座水平面内转动（a）。机器人机构的运动是球坐标运动，因此机器人被称为球坐标机器人。由于机械和驱动连线的限制，机器人的工作包络范围是球体的一部分。

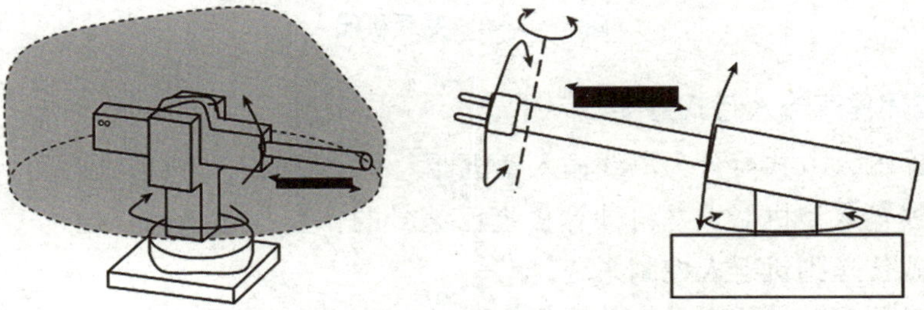

图 8-3-5　球坐标机器人

(4) 多关节机器人。关节机器人也称关节手臂机器人或关节机械手臂，是当今工业领域应用最为广泛的一种机器人。多关节机器人按照关节的构型不同，又可分为垂直多关节机器人和水平多关节机器人。

垂直多关节机器人主要由基座和多关节臂组成，目前常用的关节臂数是 3～6 个，图 8-3-6 所示是新松垂直多关节机器人。

水平多关节机器人在结构上具有串联配置的两个能够在水平面内旋转的手臂，自由度可以根据用途选择 3～5 个，动作空间为一圆柱体。其优点是在垂直方向上的刚性好，能方便地实现二维平面上的动作，在装配作业中得到普遍应用，如图 8-3-7 所示。

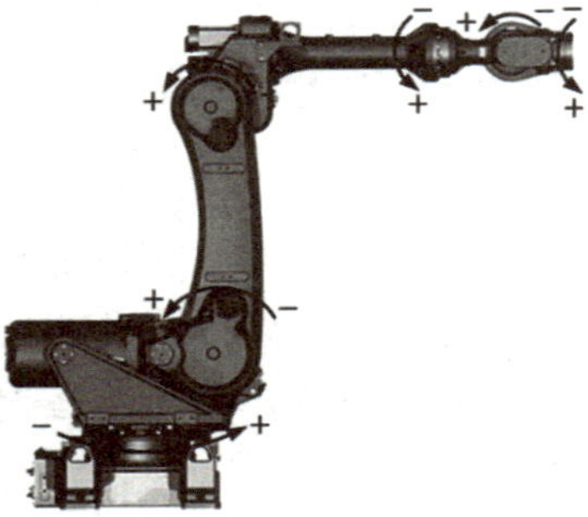

图 8-3-6　垂直多关节机器人

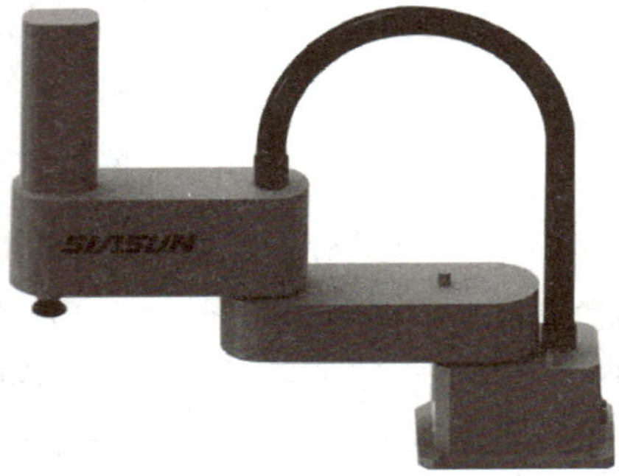

图 8-3-7　水平多关节机器人

(5) 并联机器人。并联机器人属于高速、轻载的机器人，一般通过示教编程或视觉系统捕捉目标物体，由 3 个并联的伺服轴确定抓具中心（TCP）的空间位置，实现目标物体的运输、加工等操作。并联机器人主要应用于食品、药品和电子产品等加工、装配，如图 8-3-8 所示。

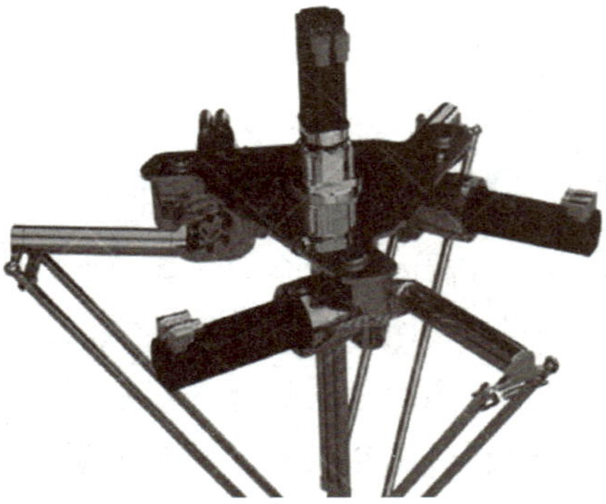

图 8-3-8　并联机器人

（二）按照程序输入方式分类

按照程序输入方式可分为离线输入型机器人和示教输入型机器人两类。

(1) 离线输入型机器人是将计算机上已编号的作业程序文件，通过 U 口或者以太网等通信方式传送到机器人控制系统。

(2) 示教再现型机器人是一种可重复再现，通过示教编程存储起来的作业程序的机器人。示教方式有两种：一种是由操作者手动操作示教器，将指令信号传给驱动系统，使执行机构按照要求的动作顺序和运动轨迹操演一遍；另一种是由操作者直接移动执行机构，按照要求的动作顺序和运动轨迹操演一遍。

四、工业机器人的应用

随着微电子和人工智能技术的发展，机器人成为人类工作和生活的好助手。在工业生产制造方面，工业机器人在众多领域大显身手。

工业机器人按照作业任务的不同可以分为焊接机器人、装配机器人、搬运机器人、码垛机器人、喷涂机器人、上下料机器人等。

（一）焊接机器人

采用机器人进行焊接作业，一方面可以极大地提高生产效益和经济效率；另一方面，机器人的移位速度快，可达 3m/s，甚至更快。因此，一般而言，采用机器人焊接比同样用人工焊接效率可提高 2～4 倍，焊接质量优良且稳定。

（二）装配机器人

装配机器人是工业生产中，用于装配生产线上对零件或部件进行装配的工业机器人。装配机器人由主体、驱动系统和控制系统三个基本部分组成。主体即机座和执行机构，包括臂部、腕部和手部。大多数装配机器人有 3～6 个运动自由度，其中腕部通常有 1～3 个运动自由度；驱动系统包括动力装置和传动机构，用于使执行机构产生相应的动作，控制系统是按照输入的程序对驱动系统和执行机构发出指令信号，并进行控制。

带有传感器的装配机器人可以更好地对物体进行操作。装配机器人经常使用的传感器有视觉传感器、触觉传感器、接近觉传感器和力传感器等。

（三）搬运机器人

搬运作业是指用一种握持工件设备，从一个加工位置移到另一个不同高度加工位置的过程。机器人可安装不同的末端执行器以完成各种不同形状的工件的搬运工作，大大减轻人类繁重的体力劳动。

搬运工作站是由搬运机器人和周边设备组成。搬运机器人可用于搬运重达几千克甚至几吨的负载。微型机械手可搬运轻至几克甚至几毫克的样品，用于传送超纯净实验室内的样品。周边设备包括工件自动识别装置、自动起动及自动传输装置等。为适用对不同种类工件的抓取，根据用户要求可配备不同手爪，如机械手爪、真空吸盘及电磁吸盘等。搬运机器人是近代自动控制领域出现的一项高新技术，涉及力学、机械学、电器液压气动技术、自动控制技术、传感器技术、单片机技术和计算机技术等学科领域，已成为现代机械制造生产体系中的一项重要组成部分。它的优点是可以通过编程完成各种预期的任务，在自身结构和性能上有人工和机器的各自优势，尤其体现出人工智能自适应性。

（四）码垛机器人

码垛机器人是能将不同外形尺寸的包装货物，整齐、自动地码（或拆）在托盘上的机器人，所以也称为托盘码垛机器人。为了充分利用托盘的面积和保证码堆物料的稳定性，机器人具有物料码垛顺序、排列设定器。通过自动更换工具，码垛机器人可以适应不同产品，并能够在恶劣环境下工作。

码垛机器人对各种形状的产品（箱、罐、包或板材类等）均可作业，还能根据用户要求进行拆垛作业。

数控机床上下料机器人与数控机床（CNC）进行组合，可以实现所有工艺过程中的工件自动抓取、上料、下料、装卡、工件移位翻转、工件转序加工等处理，能够极大地节约人工成本，提高企业生产效率。特别适用于大批量、小型零部件的加工，如轴承座、电机端盖、增压涡轮、换向器、刹车盘、汽车变速箱齿轮、金属冲压结构件等的加工。

（五）喷涂机器人

喷涂机器人广泛应用于汽车车体、家电产品和各种塑料制品的喷涂作业，一般分为液压喷涂机器人和电动喷涂机器人两类。

液压喷涂机器人的结构为六轴多关节式，工作空间大，腰回转采用液压马达驱动，手臂采用油缸驱动。手部采用柔性手腕结构，可绕臂的中心轴沿任意方向做$\pm 110°$转动，而且在转动状态下可绕腕中心轴扭转420°。由于腕部不存在奇异点，所以能喷涂形态复杂的工件，并具有很高的生产率。

（六）上下料机器人

数控机床上下料机器人，采用工业机器人替代操作工，自动完成加工中心、数控车床、冲压、锻压等机床在加工过程中工件的取件、传送、装卸，包括工件翻转、工序转换等一系列上下料工作任务，实现生产车间的少人或无人化，从而可以降低生产成本，提高工效和产品质量，提升企业的经济效益。

任务实施

工业机器人的应用有哪些？同学们所知道的有哪些工业机器人？

通过分组讨论，自主和协作学习，完成上述任务。

任务技能拓展

机器人虽然已被广泛应用，且越来越受到人们的重视，但机器人这一名词却还没有一个统一、严格、准确的定义。不同国家、不同研究领域的学者给出的定义不尽相同，虽然定义的基本原则大体一致，但仍有很大区别。

1. 1987年国际标准化组织的定义

1987年，国际标准组织对工业机器人进行了定义："工业机器人是一种具有自动控制的操作和移动功能，能完成各种作业的可编程操作机"。

（1）机器人的动作机构具有类似于人或其他生物的某些器官（肢体、感受等）的功能；

（2）机器人具有通用性，可从事多种工作，可灵活改变动作程序；

（3）机器人具有不同程度的智能，如记忆、感知、推理、决策、学习等；

（4）机器人具有独立性，完整的机器人系统在工作中可以不依赖人的干预。

2. 美国国家标准局（NBS）的定义

机器人是一种能够进行编程并在自动控制下执行某些操作和移动作业任务的机械装置。

3. 日本科学家的定义

1967 年，在日本召开的第一届机器人学术会议上，日本科学家提出具有如下三个条件的机器称为机器人：

（1）具有脑、手、脚等三要素的个体；

（2）具有非接触传感器（用眼、耳接收远方信息）和接触传感器；

（3）具有平衡觉和固定觉传感器。

4. 中国科学家的定义

机器人是一种具有高度灵活性的自动化机器，这种机器除能动作外，还具备一些与人或其他生物相似的智能，如感知、规划、动作和协同能力。

参考书目

1. 陶成兵，杨国富，郭旭辉．信息技术．北京：中国人民大学出版社，2021.

2. 吕宇飞，姚建红．信息技术．北京：高等教育出版社，2020.

3.《信息技术（职教版）》编写组．信息技术（职教版）．成都：电子科技大学出版社，2020.

4. 樊月辉．计算机应用基础项目化教程．西安：西安电子科技大学出版社，2019.

5. 金航，陈俊浩，陈窕．信息技术．北京：中国人民大学出版社，2022.

6. 汪英杰，曲艺峰，王勇．计算机信息技术．北京：中国人民大学出版社，2020.